建筑空间结构理论与实践

高兑现　王洪臣　郭宏超　邹　琼　编著

中国建筑工业出版社

图书在版编目（CIP）数据

建筑空间结构理论与实践 / 高兑现等编著. — 北京：
中国建筑工业出版社，2022.11
ISBN 978-7-112-28193-0

Ⅰ. ①建…　Ⅱ. ①高…　Ⅲ. ①建筑空间-建筑结构-
研究　Ⅳ. ①TU3

中国版本图书馆 CIP 数据核字（2022）第 221760 号

本书共 7 章，阐述了作者多年来主持参与的数个空间结构工程的设计与施工，包括管桁架屋盖工程，单层方管网壳工程，球节点柱壳煤棚工程，大跨长悬挑钢结构工程及可变形槽式光伏结构抗风工程等，给出了结构设计的方法和施工的流程，对主要问题进行了深入分析和研究。旨在提高设计及施工管理人员的技术水平和组织能力，提高效率，减少工程事故的发生。

本书文字通俗易懂，论述由浅入深，循序渐进，工程案例相互独立，便于阅读理解。

本书面向空间结构设计及施工技术人员，可作为行业入职人员的学习材料，也可作为高校结构专业学生的辅导教材。

责任编辑：刘瑞霞　梁瀛元
责任校对：李美娜

建筑空间结构理论与实践

高兑现　王洪臣　郭宏超　邹　琼　编著

*

中国建筑工业出版社出版、发行（北京海淀三里河路 9 号）
各地新华书店、建筑书店经销
北京鸿文瀚海文化传媒有限公司制版
北京建筑工业印刷厂印刷

*

开本：787 毫米×1092 毫米　1/16　印张：19　字数：474 千字
2022 年 11 月第一版　　2022 年 11 月第一次印刷
定价：69.00 元
ISBN 978-7-112-28193-0
（40265）

前　言

空间结构是一个富有生命力的结构领域。就如董石麟院士所述，建筑物的跨度和规模越来越大，采用了许多新材料和新技术，创造了丰富的空间结构形式。许多宏伟而富有特色的大跨度建筑已成为当地的象征性标志和著名人文景观。大跨度空间结构技术已成为代表一个国家建筑科技发展水平的重要标志之一。随着国家经济实力的增强和社会发展的需要，空间结构在我国取得了迅猛的发展。随着工程实践数量的增多，空间结构的形式趋向多样化，相应的理论研究、设计技术及施工工艺也逐步得到完善。这些为满足人们不断追求覆盖更大活动空间的需求成为可能。

伴随着空间结构的迅猛发展，工程事故也多有发生。部分原因是对空间结构理论认识的不足，更多的是随着工程项目的剧增，施工队伍的数量及技术水平存在差距。基于此，本书通过作者参与完成的数个空间钢结构工程实例，结合结构特点，阐述空间结构的设计理论和方法，对具体施工方案进行分析和比较，提出合理的施工组织方案。最终目的是提高施工人员的技术水平和施工组织能力，提高施工效率，减少工程事故的发生。

全书共7章，第1章通过对多起空间结构工程事故案例分析，总结工程经验及事故教训。结合国家行业部门的有关文件要求，指出应加强施工技术及组织管理工作。第2章结合作者完成设计的某管桁架训练馆工程，给出设计的核心内容及施工流程。同时，针对该工程的加高改造向体育馆的功能提升，对顶升方案进行了分析，给出施工涉及的主要计算内容。第3章结合作者完成的某单层方管网壳采光顶结构研究课题，对设计内容与施工流程进行了详细介绍，对影响单层网壳设计与施工的几个问题进行了专门阐述。第4章介绍了球节点柱壳煤棚工程，作者参与了施工方案的论证工作，并对该工程的设计与施工方案进行了深入研究。第5章介绍了作者作为结构专业设计负责人完成的第十四届全国运动会的配套项目——科技馆和规划馆项目。该工程多项超限，超限报告通过了专家审查。第6章介绍了西安某大学新建文体馆工程，作者参与了施工方案的论证工作，并对该工程的设计与施工方案进行了深入研究。第7章对空间可变形结构——槽式太阳能聚光器的抗风设计进行了深入研究。作者多年从事风工程的教学与研究工作，参与了多项光伏工程项目的设计研究工作。

全书由高兑现主持编写，并撰写了第1章、第2章、第3章的3.6节和3.7节、第4章和第6章，王洪臣撰写了第5章，郭宏超撰写了第3章的3.1节～3.5节，邹琼撰写了第7章。在撰写过程中，我们引用了部分专家学者的资料，在此一并感谢。

本书面向建筑空间结构的设计人员，特别是从事建筑空间结构施工的技术人员。对同类工程的设计与施工有参考价值。可以作为初步进入本行业人员的学习材料，也可以作为高校结构专业学生的辅导教材。

鉴于作者水平有限及其他原因，有不当之处，敬请读者批评指正。

作者
2022年9月

目 录

第**1**章

绪论

1.1 引言

空间结构是三维空间形体，在荷载作用下具有三维受力特点。三维空间结构的技术美，是继自然美、艺术美之后的第三种美。技术美追求的是建筑形态与使用功能的有机统一。建筑形态与造型均反映了时代的技术水平[1]。相较于平面结构，空间结构具有结构受力合理、使用空间大、工业化程度高和结构形式多样等特点，是大跨度结构的主要形式。大跨度空间结构常常跨越 60m 的空间，结构形式包括折板结构、壳体结构、网架结构、悬索结构、充气结构和张力结构等。大跨度空间结构是一个国家建筑科学技术发展水平的重要标志之一[2]。世界各国对空间结构的研究和发展都极为重视，借助国际性的博览会、奥运会和洲际运动会等大型活动平台，都以新型的空间结构来展示本国的建筑科技水平。

自 20 世纪 80 年代以来，随着我国科技的进步及材料科学的发展，以及综合国力的增强和人民生活水平的提高，新型空间结构形式不断涌现[3]。造型新颖的地标性大型公用建筑和民用设施在国内广泛应用，其中具有代表性的有国家体育场、国家速滑馆和北京大兴国际机场等。

快速发展空间结构的同时，更要重视潜在的安全风险。设计、施工及使用维护等方面都可能出现安全隐患。其一，空间结构大多为创新性的结构设计，因为追求创新难免少有历史设计经验所借鉴，对支座及节点等约束方式的处理上多有欠妥之处；其二，空间结构工程规模庞大，施工过程复杂，部分新工艺缺乏充足的工程实践经验；最后，空间结构在长期服役过程中的荷载作用具有显著的随机性，加之环境侵蚀、材料老化、疲劳效应等各种因素的影响，其性能状态存在较大的不确定性[4]。

通过对已有空间钢结构工程案例的分析，总结设计经验，优化施工方案及技术措施，加强安全检测与维护措施的应用，掌握空间结构的实际性能状态，提高数值分析与模型试验的准确度，精准模拟施工和运营的全过程，对保障空间结构的安全、提高社会及经济效益具有重要意义。

1.2 工程事故案例分析

1.2.1 案例1：天津某正放四角锥螺栓球节点网架屋盖事故

天津某网架工程屋盖为螺栓球节点正放四角锥网架[5]，平面尺寸48m×72m，总面积3456m²，网格3m×3m，网架高度3m，柱顶支承，柱距6m。据设计者称，该网架采用简化计算方法进行内力分析，网架设计荷载为3.25kN/m²，按照施工图和竣工图，杆件规格见表1.1。

	杆件规格		表 1.1
编号	杆件规格	截面面积(cm²)	屈服强度(N/mm²)
1	φ60×3.5	6.21	389.4
2	φ76×4.0	9.05	320.0
3	φ89×4.0	10.68	300.8
4	φ114×4.0	13.82	300.0
5	φ140×4.5	19.60	286.7
6	φ133×12.0	45.60	304.3
7	φ159×14.0	63.80	300.0

该网架工程于1994年10月8日开工，结构的正式安装于10月13日开始，10月31日网架拼装完成，11月3日通过验收，12月4日坍塌。

文献［5］作者按线性互补方法对该网架进行极限承载力的计算，参数按照实际采用。荷载-位移曲线如图1.1所示。当结构所加荷载为174.72kg/m²时，截面为60mm×3.5mm的腹杆首先压曲。随着荷载的进一步增加，相继有一批腹杆以及与支座相连的上弦压杆超过实际屈服强度，当荷载加到227.89kg/m²时，就再也加不上去了。极限荷载227.89kg/m²仅为设计荷载的70.12%，破坏的杆件位置如图1.2所示，破坏的杆件截面有60mm×3.5mm、76mm×4.0mm、89mm×4.0mm三种。

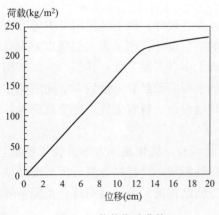

图 1.1 荷载位移曲线

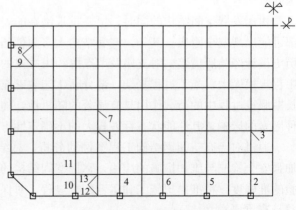

图 1.2 极限荷载时破坏杆件位置

网架塌落有设计和施工两方面的原因。设计者采用非规范推荐的简化计算方法，支承条件与设计不符，造成内力计算错误，截面选择不合理，尤其是受压腹杆和上弦边杆的截面面积不足，致使网架在承受实际荷载的 70.12% 时就遭到破坏。施工方面，据了解，网架坍塌前曾发现有一根腹杆松动，螺栓的拧入深度不足，出现假拧紧现象。这样，相当于抽掉了这根杆件，无疑对网架的塌落起到一个加速作用。

网架结构要求设计人员和施工人员素质较高。不能盲目认为网架是高次超静定结构，安全度高，从而忽视了网架结构的复杂性和重要性，致使各地不断出现网架坍塌事故，这种现象应引起有关部门的高度重视。

1.2.2 案例 2：某体育场屋盖钢结构挑棚破坏

某体育场屋盖为钢结构挑棚[6]，结构平面形状为月牙形，焊接空心球正放抽空四角锥网壳，铝合金屋面板系统。屋面结构长 207.2m，宽 35m，平面投影面积 5122m²，效果图见图 1.3。挑棚结构由预应力拉索吊挂在 10 根钢管格构柱上。上部钢管格构柱通过杆件与网壳相连，以承担网壳传递的水平荷载。

2009 年某日晚，深圳地区刮起了 6、7 级大风，同时气温骤降 12℃ 左右。当晚，格构柱靠近场内的两柱肢发生破裂，破坏图片如图 1.4 所示。

图 1.3 体育场效果图

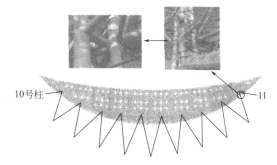

图 1.4 体育场破坏示意图

文献［6］作者对结构按实际受力状态进行分析，指出该空间结构发生事故的主要原因是结构设计计算模型与结构实际构造情况不符和拉索预拉力取值过大。

计算模型将网壳杆件和格构柱的连接处设为铰接，但实际工程中因连接处弦杆和格构柱杆柱肢截面相同采用相贯焊缝连接，连接处实际上接近于刚接。格构柱连接处拉应力最大值超过钢材屈服强度的 2 倍。

该工程按照任何荷载组合情况下拉索均不退出工作的原则决定拉索预拉力的取值，最大预拉力值达 750kN。拉索预拉力取值过大，使结构在初始状态应力超过屈服强度，是导致本次事故的第二原因。

可按在永久荷载控制的组合作用下拉索不松弛、在可变荷载控制的组合作用下容许拉索松弛但结构各项指标应符合设计要求的原则确定拉索预拉力取值。

1.2.3 案例 3：某螺栓球节点网架厂房坍塌事故

某厂房建于 2002 年，厂房建筑主体结构采用钢筋混凝土框架，屋顶采用正交正放四角锥形式螺栓球网架，网格尺寸 3.0m×3.0m，网架矢高 3.0m，网架轴网尺寸 62.8m×29.6m，建筑投影面积约 1859m²，建筑高度约 27m，双向起坡 4%；网架钢材选用 Q235B 高频焊接和无缝钢管，长轴方向周边上弦每三个螺栓球节点设一个支承。网架构造见图 1.5，坍塌现场见图 1.6[7]。

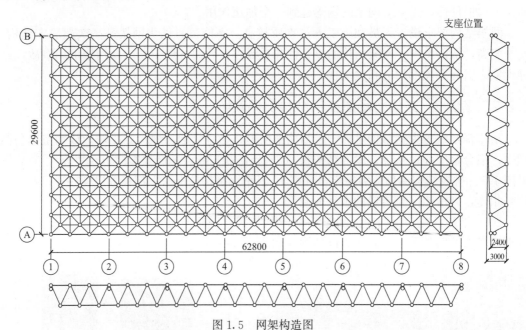

图 1.5 网架构造图

图 1.6 网架坍塌现场

销钉缺失如图 1.7 所示。销钉在安装前缺失，套筒没有了销钉的卡扣作用，安装时高强度螺栓不会跟随套筒旋转拧紧，致使高强度螺栓没有拧进螺栓球或者拧进长度不够。螺栓假拧见图 1.8。高强度螺栓与下弦螺栓球发生滑脱，说明该螺栓球网架在安装施工过程中存在螺栓假拧问题，施工质量不高。

通过对事故现场的观察发现，网架西南角支座在长轴方向连接上弦杆的 M33 高强度螺栓断口呈现出明显的疲劳断裂形貌（图 1.9），说明该螺栓球网架存在疲劳问题。疲劳断裂属于脆性断裂，很可能是网架坍塌的破坏源，需要引起必要的重视。

图 1.7 螺栓套筒销钉缺失

图 1.8 高强度螺栓带出丝扣

图 1.9 M33 高强度螺栓断口

1.2.4 案例 4：某经济技术开发区湖畔里项目大坍塌事故

2021 年 11 月 23 日 13 时 20 分许，某经济技术开发区在建工程湖畔里项目酒店宴会厅钢结构屋面在进行刚性保护层混凝土浇捣施工时发生坍塌事故，共造成 6 人死亡、6 人受伤，直接经济损失 1097.55 万元[8]。

事故发生经过：2021 年 11 月 23 日 9 时许，项目施工泥工班组 11 名作业人员进行酒店宴会厅钢结构屋面 C20 细石混凝土刚性保护层施工，计划浇筑厚度为 50mm，从 10 轴向 16 轴方向浇筑，采用汽车泵将混凝土输送至浇筑部位。13 时许，作业面上共有 13 人（图 1.10）。13 时 20 分许，浇捣至 12～16 轴时，10～16 轴钢结构屋面发生整体坍塌。

事故直接原因：屋面钢结构设计存在重大错误，结构设计计算荷载取值与建筑构造做法不一致，钢梁按排架设计，未与混凝土结构进行整体计算分析；未按经施工图审查的设计图纸施工，将钢结构屋面构造中 20mm 厚水泥砂浆找平层改为 50mm 厚细石混凝土，且浇筑细石混凝土超厚，进一步增加了屋面荷载。因上述原因造成钢梁跨中拼接点高强度螺栓滑丝、钢梁铰接支座锚栓剪切和拉弯破坏，导致 11、12 轴二榀屋面钢梁坍塌。

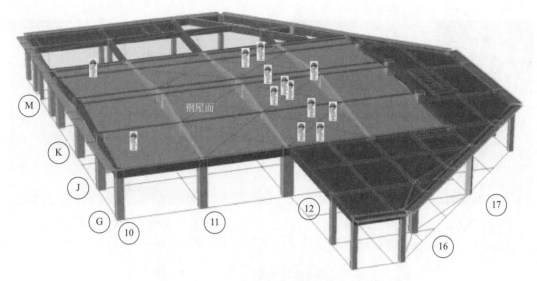

图 1.10　钢屋面及作业人员分布示意图

1.2.5　案例 5：某县储煤场棚化钢网架倒塌事故

储煤场棚化钢网架采用正放四角锥网架结构，平面投影面积约 22560m²[9]。网架总跨度 178.486~200.974m，网架高度 43.773m，厚度 3.5m，总长度 123.836m。采用纵向两边柱列与跨间 3 处格构式钢结构 Y 形支架支承。纵向两边柱列支承柱间距 18m，高度 6.5m；3 根跨间 Y 形支架下均为 10.5m 高的四肢混凝土格构柱，纵向中心间距分别为 41.233m 和 44.478m，跨度方向为不对称布置，距北侧柱列 99.818~118.216m，南侧柱列 78.668~82.758m。

事故直接原因：

施工方案未经计算设置临时支架，施工中拆除北侧临时支架，致使已安装网架在临时支架拆除区域刚度极度削弱、变形增大，在未恢复已拆除临时支架的前提下，继续违规冒险组织安装作业，导致网架失稳倒塌。见图 1.11。

图 1.11　网架失稳倒塌

事故间接原因：

违反相关规定，在施工图纸无设计单位签字盖章、图纸审查无结论、监理未进驻现场的情况下，允许施工单位进场施工。

施工技术质量管理失控。未按规定将大跨度网架工程按照危险性较大分部分项工程实施管理，未对架设施工临时支架作规定。

设计单位对黎城国新能源公司储煤场棚化钢网架的设计风荷载参数取值不符合规定要求，钢网架支座约束刚度取值与实际不符，不符合相关规定，无法可靠传递水平推力，在正常使用条件下该网架安全承载设计存在隐患。

1.2.6　案例 6：成都轨道交通建设北路站在搭建地面防尘降噪棚网架发生垮塌

成都轨道交通 17 号线二期工程建设北路站在搭建地面防尘降噪棚网架发生垮塌（图 1.12）[10]。2021 年 9 月 10 日 14 时 1 分，中国铁建股份有限公司、中铁十一局集团有限公司联合体承建的成都轨道交通 17 号线二期工程建设北路站在搭建地面防尘降噪棚时，部分棚网架发生垮塌。事故造成 18 人受伤，其中 4 人经抢救无效死亡。

图 1.12　网架部分杆件设计承载力不足

事故直接原因：网架中部分杆件设计承载力不足，部分与支座相连的竖腹杆承载力标准值不足，施工过程中网架上弦支座未与支承柱有效连接，使网架结构处于不稳定工作状态，网架顶部堆载和多工序交叉施工作业产生的外力扰动加速不稳定结构体系失稳坍塌。

间接原因：违法生产经营。违法发包、转包，无资质和超资质承揽工程；施工现场管理不到位；项目审查把关不严；设计存在缺陷。

1.2.7　案例 7：江西省赣州市安远县某在建钢结构厂房发生倒塌

2020 年 12 月 30 日，江西省赣州市安远县某在建钢结构厂房发生倒塌（图 1.13）[11]。

造成 4 死 4 伤。

该项目为总建筑面积 19584m²，建筑长度 192m，宽度 102m，每开间 8m，檐口高度 12m，跨度 34m 的三连跨钢框架结构厂房。项目于 2020 年 10 月 22 日开工建设，未取得施工许可证。

经专家现场勘查，初步分析事故原因为施工单位未按设计图施工，未安装柱间支撑及屋面水平支撑，屋面水平系杆制作安装位置不符合设计要求，跨度大于 6m 的钢梁未设置临时支撑，导致厂房钢结构体系平面外刚度不足。

同时，工程施工前未按照危险性较大分部分项工程安全管理有关规定编制专项施工方案，开展安全技术措施交底。施工单位也未响应安远县气象局发布的寒潮大风蓝色预警，在恶劣天气（平均风速 6 级，阵风 7~8 级）环境下仍组织施工作业。

图 1.13　钢结构厂房发生倒塌

1.2.8　案例 8：广西百色市发生钢结构楼顶坍塌事故

2019 年 5 月 20 日广西百色市发生钢结构楼顶坍塌事故（图 1.14）[12]，造成 6 死 87 伤。

图 1.14　钢结构楼顶坍塌

企业违规将事故建筑屋面的钢结构屋顶工程发包给不具备钢结构设计、施工资质的个人，施工图未经审查合格即组织施工，造成屋面正常使用状态的实际作用力严重超出屋面钢结构体系极限承载力，钢结构屋顶随时可能出现因稳定性和抗弯强度不足而垮塌。

事发当晚刮风下雨，风荷载和积水荷载诱发了钢结构屋顶主、次梁失稳破坏，最终造成钢结构屋顶坍塌。

具体原因分析如下：

（1）根据现行国家标准和工程现场屋面吊挂情况，按照 50 年设计使用年限采用荷载值和荷载组合的各项系数计算。当仅为轻钢屋面时，有 72.22％（78/108 根）的杆件的强度、稳定、挠度不满足规范要求，会因结构构件的承载能力不足而出现破坏。其中最不安全的梁为 69 号单元，按整体稳定性验算，其实际作用力是设计承载力的 6.475 倍；按抗弯强度验算，其实际作用力是设计承载力的 5.463 倍。

（2）根据现行国家标准和工程现场屋面吊挂情况，按照 50 年设计使用年限采用荷载值和荷载组合的各项系数计算。当为组合楼板时，所有（108 根）杆件的强度、稳定、挠度不满足规范要求，会因结构构件的承载能力不足而出现破坏，其中最不安全的梁为 68 号单元，按整体稳定性验算，其实际作用力是设计承载力的 6.944 倍；按抗弯强度验算，其实际作用力是设计承载力的 6.157 倍。

（3）依据事故当晚结构的实际受力情况，结构采用组合楼板，会有 96.30％（104/108 根）的杆件的抗弯强度、稳定、挠度不满足规范要求，会因结构构件的承载能力不足而出现破坏。其中最不安全的主梁为 22 号、37 号、94 号、98 号单元，按整体稳定性验算，其实际作用力是极限承载力的 1.69 倍；按抗弯强度验算，其实际作用力是极限承载力的 1.687 倍。最不安全的次梁为 68 号单元，按整体稳定性验算，其实际作用力是极限承载力的 3.512 倍；按抗弯强度验算，其实际作用力是极限承载力的 1.687 倍。

（4）破坏荷载影响分析情况如下：由于结构主、次梁属受弯构件，对结构构件主要受力影响程度有大小之分。

综上分析，计算各构件受力及稳定性，该屋架结构均有构件不满足规范要求，随时可能出现因抗弯强度和稳定性不足而垮塌的危险。

1.2.9　案例 9：中德生态园中英生物药物研发平台建设项目[13]

2021 年 3 月 31 日 16 时许，中德生态园中英生物药物研发平台建设项目发生一起钢结构四角锥网架屋面整体坍塌事故（图 1.15），共造成 1 人死亡，7 人受伤，直接经济损失 265.3 万元。

事故发生的原因：

（1）直接原因

5 号楼屋面网架坍塌的直接原因是设计深度不足，导致屋面做法产生的荷载超过了网架的实际承载能力，个别杆件发生破坏引起连锁反应，导致屋面整体坍塌。

（2）间接原因

设计单位：公用建筑设计公司。建筑与结构设计人员没有沟通，未对钢结构网架的实际情况，给出明确的屋面建筑做法；设计文件提供的建筑做法中屋面做法荷载超出钢结构网架承载力；《5 号楼屋面板布置图、屋面板做法详图》给出的钢结构网架轻型屋面板屋面做

图 1.15　钢结构楼顶坍塌

法术具体、不明确，引用的 09CG12 图集中《钢骨架轻型屋面板屋面的热工性能指标》的屋面构造简图中没有明确防水层的保护形式及防水材料的规格、型号、性能等技术指标；在建筑工程做法图纸会审过程中，未根据钢结构网架屋面的实际情况给出明确答复。

施工单位：荣华集团公司。施工过程中，盲目接受公用建筑设计公司 5 号楼的图纸会审答复意见；未针对"屋面结构形式完全不同，而建筑工程做法完全一致"的问题与建设单位、设计单位再进行深入沟通；未针对变化了的钢网架结构形式编制屋面施工方案；屋面实际施工做法与设计单位图纸会审答复意见"屋面 2：不上人屋面"的建筑工程做法也不完全一致。

监理单位：营特公司。盲目接受公用建筑设计公司对图纸会审答复意见，未发现其"屋面的结构形式完全不同，而建筑工程做法完全一致"的问题；未对施工方案进行严格审核，未发现施工单位没有根据"5 号楼多功能厅为钢结构网架轻型板屋面"的实际工况编制施工方案；在 5 号楼网架结构屋面施工时，在建筑工程做法不清晰、施工方案操作性不强的前提下，未认真进行巡视旁站，未及时发现问题隐患。

1.2.10　其他案例

（1）某大跨度轻钢结构厂房施工中整体倒塌见图 1.16。事故原因分析：钢柱与混凝土

图 1.16　大跨度钢结构厂房

基础固定的施工质量不合格；缆风绳的设置没有严格按照规定来设置；施工顺序没有严格按照规范规定。

（2）上海市某钢结构工程事故原因是施工尺寸偏差过大，见图 1.17 和图 1.18。事故原因分析：缺少熟练的技术工人和高素质的管理人员。

图 1.17 梁安装偏移

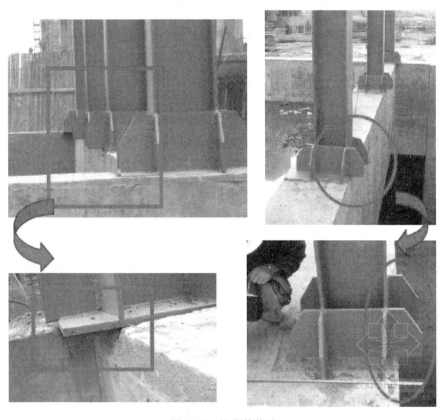

图 1.18 柱安装偏移

（3）上海某大跨度工程施工节点裂纹事故原因分析：制作质量差，见图 1.19。

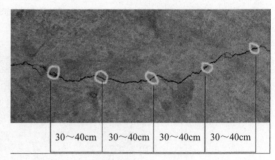

| 30～40cm | 30～40cm | 30～40cm | 30～40cm |

图 1.19　节点裂纹

（4）热电厂厂房球形网架坍塌

事故原因分析：未设置临时支撑；连接错位；违规强行焊接，见图 1.20。

图 1.20　球形网架坍塌

1.3　事故原因总结

由宋晋魏[14]总结归纳的 36 起事故的数据资料可知，因为设计方面问题导致事故发生的所占比例为 47.2%，因为施工问题导致事故发生的所占比例为 44%。设计方面主要问题是：结构受力考虑不准确，与实际情况不符，对外界环境的影响考虑不足，构件材料选用不正确，忽略结构构件细部形状，忽视应力集中等因素的影响，分析软件选择不合理等；施工方面主要问题是：施工时没有严格按照原设计图纸要求进行，未经同意私自更改施工方案，偷工减料，焊接施工质量不满足要求，螺栓假拧等危险操作，不按规范要求进行施工验收导致安全隐患没有及时被发现，施工方案制定存在问题等。同时，事故数据分析归纳发现，网架事故所占比例最高，事故发生的破坏源往往都是杆件和节点连接处的断裂失效。

雷宏刚[15] 指出，已建钢结构由于先天性缺陷的存在，潜在着事故发生的危险；若不解决好设计、施工和使用等一系列现存的问题，钢结构事故发生的概率必将大大增加。提出将钢结构事故作为一门新兴的学科开展系统的研究大有必要。

作者多年的工程设计、施工及技术咨询经验表明，空间结构特别是球接网架结构，在设计方面已经较为成熟，常出现的问题就是分析模型与实际的一致性问题，铰接与刚接选取是核心。还有就是对外界荷载作用的准确选取问题。空间结构事故的主要问题都是出在施工方面。特别是小型空间结构更容易出大问题！主要原因在于施工队伍的管理水平和技术人员的技术水平。

大型空间结构工程，其承包单位往往是大型国企，有完善的管理体系，有充足的技术人员储备和完备的施工机械设备，受外界干扰而随意变更施工方案及工期等的可能性较小，所以出现工程事故的概率就少些。但是，对于中小型工程，设计及施工承包商的资质要求不高，特别是施工企业及其人员，流动性很大，很难严格按照相关标准施工。技术储备和设备都有不小的差距，出现施工事故的概率就较大。

1.4　钢结构失效分类[16]

1.4.1　钢结构承载力和刚度的失效

承载力失效：钢结构的承载力失效是指正常使用状态下结构构件或连接因材料强度不足而导致破坏。主要原因为：钢材的强度指标不合格；连接强度不满足要求；使用钢结构刚度失效；荷载和条件的改变。

刚度失效：钢结构主要指结构构件产生影响其继续承载或正常使用的塑性变形或振动，主要原因为：结构支撑体系不够；结构或构件的刚度不满足设计要求。

1.4.2　钢结构的失稳

钢结构的失稳主要发生在轴压、压弯和受弯构件。可分为两类：丧失整体稳定性和丧失局部稳定性。两类失稳都将影响结构构件的正常使用，也可能引发其他形式的破坏。

影响稳定性的主要原因：

整体稳定性：构件整体稳定不满足要求；构件有各类初始缺陷；施工临时支撑体系不够；构件受力条件的改变。

局部稳定性：构件局部稳定不满足要求；局部受力部位加劲肋构造措施不合理；吊装时吊点位置选择不当。

1.4.3　构件的疲劳破坏

钢结构疲劳分析时，习惯上当循环次数 $N < 10^5$ 时称为低周疲劳，$N > 10^5$ 时称为高周疲劳。经常承受动力荷载的钢结构如吊车梁、桥梁等在工作期限内经历的循环应力次数往往超过 10^5。钢结构构件的实际循环应力特征和实际循环次数超过设计时所采取的参数，就可能发生疲劳破坏。

此外影响钢结构疲劳破坏的因素还有：所用钢材的抗疲劳性能差；结构构件中较大应力集中区；钢结构构件加工制作时有缺陷，其中裂纹缺陷对钢材疲劳强度的影响比较大；钢材的冷热加工、焊接工艺所产生的残余应力和残余变形对钢材疲劳强度也会产生较大影响。

1.4.4 钢结构的脆性断裂

钢结构的脆性断裂：钢结构脆性破坏是极限状态中最危险的破坏形式之一。它的发生往往很突然，没有明显的塑性变形，而破坏时构件的应力很低，有时只有其屈服强度的0.2倍。

影响钢结构脆性断裂的因素主要有：

（1）钢材抗脆性断裂性能差。钢材的塑性、韧性和对裂纹的敏感性都影响其抗脆性断裂性能，其中冲击韧性起决定作用。

（2）构件制作加工缺陷。构件的高应力集中会使构件在局部产生复杂应力状态，它们也将影响构件局部和韧性，限制其塑性变形，从而提高构件脆性断裂的可能。

（3）构件的应力集中和应力状态。

（4）构件的尺寸。

（5）低温和动载。随着温度降低，钢材的屈服强度 f_y 和抗拉强度 f_u 会有所升高，而钢材的塑性指标截面收缩率 ϕ 却有所降低，使钢材变脆。通常把钢结构构件在低温下的脆性破坏称为"低温冷脆现象"。

1.4.5 钢结构的腐蚀破坏

普通钢材的抗腐蚀能力比较差，这一直是工程上关注的重要问题。腐蚀使钢结构杆件净截面面积减损，降低结构承载力和可靠度，腐蚀形成的"锈蚀"使钢结构脆性破坏的可能性增大，尤其是抗冷脆性能下降。

一般来说钢结构下列部位容易发生锈蚀：

（1）埋入地下及地面附近部位，如柱脚。

（2）可能遭受水或水蒸气侵蚀部位。

（3）经常干湿交替又未包混凝土的构件。

（4）易积灰又湿度大的构件部位。

（5）组合截面净空小于12mm，难于涂刷油漆的部位。

（6）屋盖结构、柱与屋架节点、吊车梁与柱节点部位等。

1.5 钢结构施工

有关钢结构施工的文献资料较多，很多是从事施工管理人员的工程经验总结。这些资料更贴近实际，更接地气。

尹德钰等[17] 分析了20世纪末的20年空间结构快速发展的原因，对新出现的施工工艺和方法进行了系统总结，探讨了施工质量验收检验的若干问题并提出建议。结合工程事故，论述了事故分析的重要性和对策。

刘锡霖等[18] 介绍了钢结构在我国的发展及基本分类，简述了设计制作及安装过程中的质量控制点。通过工程实例，强调施工安装质量关系到整个工程的质量。

庞京辉等[19] 认为伴随着钢结构的快速发展，出现了许多施工安全问题。指出影响钢结构安全生产的因素主要有操作人员、施工设备与环境、施工技术与材料等。提出通过采用合格的建筑材料、进行施工过程安全计算、加强对操作人员的安全教育等措施来保证钢结构施工安全。

刘中华等[20] 介绍了空间钢结构施工的典型特点，对目前在空间钢结构施工中应用较多的滑移、提升、张拉整体成形、累积旋转、整体起扳及折叠展开成形等施工方法的工作原理、适用范围和结构形式等进行了分析。指出空间钢结构施工不仅要确保施工过程中每一个状态下构件强度不超标和结构整体稳定可靠，同时，还应将施工在结构构件中产生的附加内力或残余应力控制在较低的合理水平。

空间钢结构的结构形式非常多样，选择合理的施工方法不仅是施工成本控制的关键，也是结构安全保障的关键。每一种施工方法均有一定的适用范围，实际工程中应根据结构受力特点、约束条件和周边场地、结构情况进行具体分析比较后确定。

空间钢结构的施工，施工技术与施工组织管理同等重要。众多工程事故教训提醒人们，施工组织管理到位，可以及时有效地发现设计及施工中的问题，并为采取合理的应对措施提供了时间与可能。同时可以加强技术交底，危大工程专家论证，监理人员的技术跟进。

自 2018 年 6 月 1 日起施行《危险性较大的分部分项工程安全管理规定》（住房城乡建设部令第 37 号）（附录 1），对工程前期保障、专项施工方案、现场安全管理、监督管理、法律责任等做了详细规定。

为贯彻实施《危险性较大的分部分项工程安全管理规定》（住房城乡建设部令第 37 号），进一步加强和规范房屋建筑和市政基础设施工程中危险性较大的分部分项工程（以下简称危大工程）安全管理，专门发文《住房城乡建设部办公厅关于实施〈危险性较大的分部分项工程安全管理规定〉有关问题的通知》（建办质〔2018〕31 号）（附录 2、附录 3），对有关内容进行了详实的解读。

2021 年 12 月 8 日，为进一步加强和规范房屋建筑和市政基础设施工程中危险性较大的分部分项工程安全管理，提升房屋建筑和市政基础设施工程安全生产水平，发布了《住房和城乡建设部办公厅关于印发危险性较大的分部分项工程专项施工方案编制指南的通知》（建办质〔2021〕48 号）（附录 4）。

参考文献

［1］聂桂波，王薇，杜柯，等．大跨空间结构抗震理论发展综述［J］．世界地震工程，2020，36（2）．

［2］斋藤公男．空间结构的发展与展望［M］．北京：中国建筑工业出版社，2006．

［3］DONG S，ZHAO Y，XING D．Application and development of modern long-span space structures in China［J］．Frontiers of Structural and Civil Engineering，2012，6（3）：224-239．

［4］ 罗尧治，赵靖宇．空间结构健康监测研究现状与展望［J］．建筑结构学报，2022，43（10）：16-28.

［5］ 姜丽云，刘锡良．天津某网架工程事故分析［J］．空间结构，1997，3（1）：62-64.

［6］ 朱丙虎，张其林．从某工程事故看计算模型和设计原则的重要性［C］//第九届全国现代结构工程学术研讨会论文集，2009.

［7］ 林健．某螺栓球节点网架厂房坍塌事故分析［D］．太原：太原理工大学，2016.

［8］ http://news. sohu. com/a/520957459＿121123897

［9］ https://wenku. baidu. com/view/329b2d8fc47da26925c52cc58bd63186bceb92dc. html

［10］ https://baike. baidu. com/item/9％C2％B710％E6％88％90％E9％83％BD％E5％9C％A8％E5％BB％BA％E5％B7％A5％E5％9C％B0％E5％9E％AE％E5％A1％8C％E4％BA％8B％E6％95％85/58511267?fr＝aladdin

［11］ https://baike. baidu. com/item/12％C2％B730％E5％AE％89％E8％BF％9C％E5％8F％82％E6％88％BF％E5％80％92％E5％A1％8C％E4％BA％8B％E6％95％85/55678328?fr＝aladdin

［12］ https://mp. weixin. qq. com/s?＿＿biz＝MzAxODczOTM0MQ＝＝&mid＝2656653337&idx＝1&sn＝6c890e9c9ff7847041aed5f286033628&chksm＝807c49fbb70bc0ed3ab94604c5e7a879d0bb1ca6a0486907e-23cd787c73798b8b58e4f57dd31&scene＝27

［13］ http://www. qingdao. gov. cn/zwgk/xxgk/yjj/ywfl/sgdc/202111/P020211115331254679439. pdf

［14］ 宋晋魏．网架结构事故原因分析及对策研究［D］．北京：北京工业大学，2014.

［15］ 雷宏刚．钢结构事故分析与处理［M］．北京：中国建材工业出版社，2003.

［16］ https://new. qq. com/rain/a/20201011A01ZZ500. html

［17］ 尹德钰，肖炽．20 年来中国空间结构的施工与质量问题［C］//第十届空间结构学术会议论文集，2002.

［18］ 刘锡霖，陶明霞．浅谈空间结构钢结构的发展、分类及其质量控制［C］//第七届全国现代结构工程学术研讨会论文集，2007.

［19］ 庞京辉，路克宽，张斌，等．浅谈钢结构施工安全综合技术［C］//第二届全国钢结构施工技术交流会论文集，2008.

［20］ 刘中华，李建洪，苏英强，等．现代空间钢结构施工方法综述［J］．空间结构，2016，22（3）：70-76.

［21］ 董石麟．中国空间结构的发展与展望［J］．建筑结构学报，2010，31（6）：38-51.

第**2**章

管桁架训练馆到体育馆的建设及改造

2.1 概述

陕西省咸阳市某县根据全民运动的需要,计划新建体育训练馆。训练馆主体结构为混凝土框架结构,采用矩形平面布置。柱网长度方向为 $4\times7.8+6\times8.1=79.8m$,宽度方向为 $8\times7.5=60m$。具体平面布置见图 2.1。采用灰土挤密桩基础,管桁架网格结构屋盖。

训练馆的设计分两阶段完成。

第一阶段设计由某设计院完成,完成了除屋盖部分外的所有设计图纸,并对屋盖部分的具体造型和结构形式提出要求。训练馆外观效果见图 2.2。

第二阶段设计工作——屋盖设计,是在主体结构开始施工准备时开始的。屋盖结构采用倒立三角形管桁架结构。根据主体结构设计,屋架结构沿短向分别在 A~L 轴布置 11 榀主桁架(ZHJ1~ZHJ11),沿长度方向在轴 1、3、5、7、9 布置 5 榀次桁架(CHJ1~CHJ3)。屋盖结构布置见图 2.3~图 2.6。

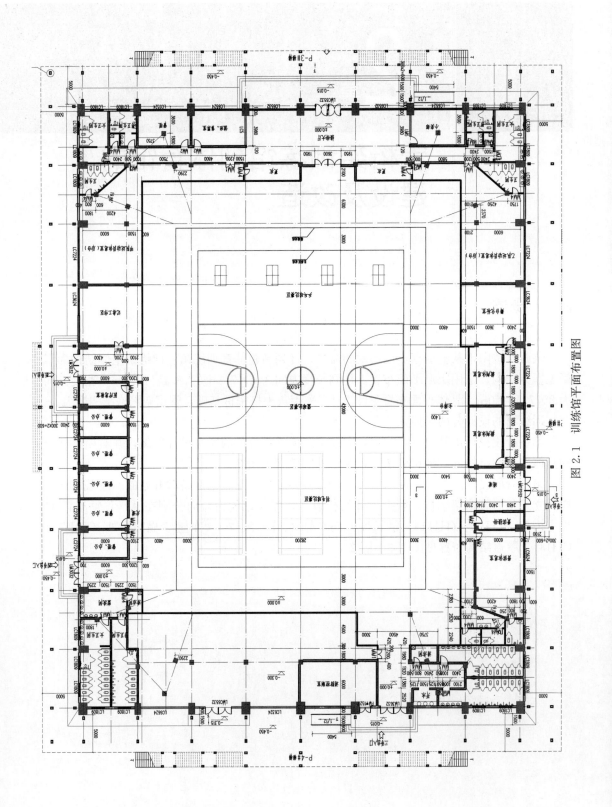

图 2.1 训练馆平面布置图

图 2.2　训练馆效果图

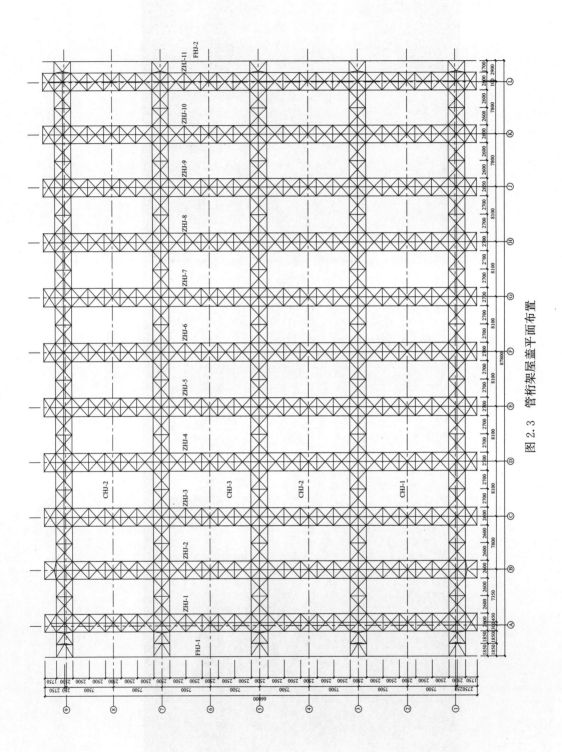

图 2.3 管桁架屋盖平面布置

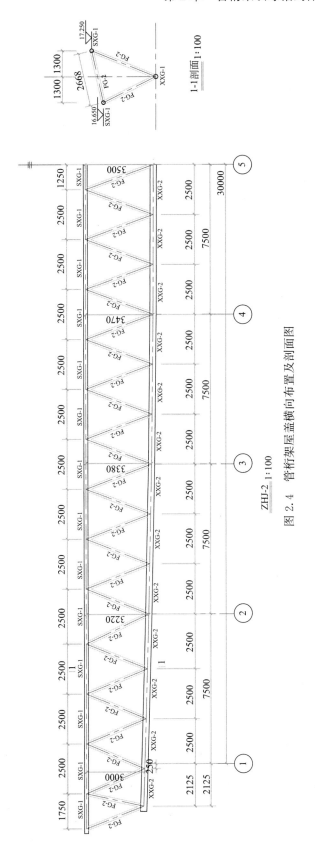

图 2.4　管桁架盖屋盖横向布置及剖面图

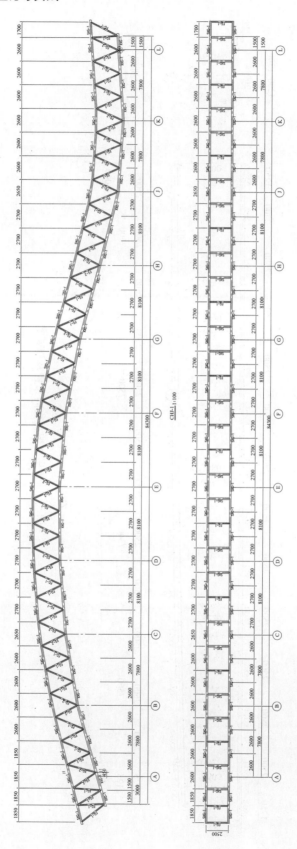

图 2.5 管桁架屋盖纵向布置图

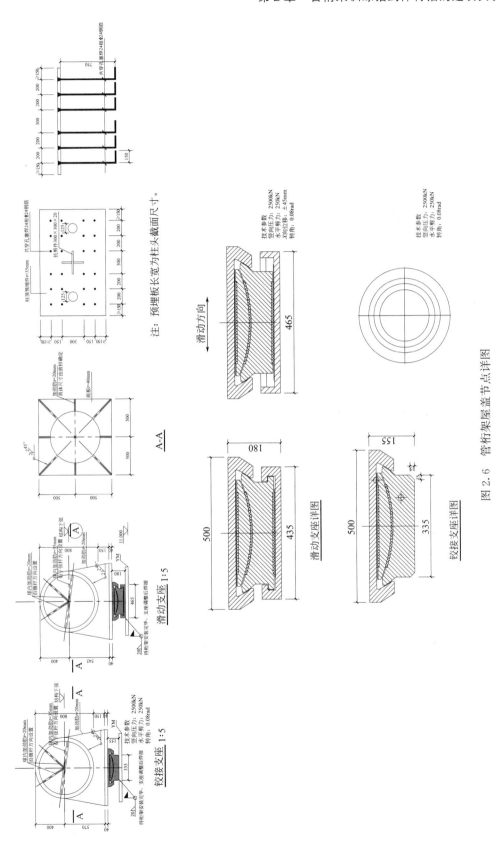

图 2.6　管桁架屋盖节点详图

2.2 训练馆屋盖结构设计

2.2.1 结构设计说明

屋盖管桁架结构布置受主体结构的影响较大。

屋盖沿纵向的 S 形建筑设计，使横向布置的主桁架没有统一的标准构件，这样导致设计及施工的难度加大。

结构主材料均选用 Q345B 钢，截面具体尺寸见 CAD 图材料表。

本设计采用结构分析软件 SAP2000 进行了各种工况下的分析。根据相关规范验算了所有杆件在各种工况下的强度、稳定、挠度、侧移等指标。

2.2.2 荷载计算

（1）恒荷载：上弦杆：1.0kN/m²；下弦杆：0.6kN/m²。

（2）活荷载：上弦杆：0.5kN/m²。

（3）风荷载：

本地区基本风压按 50 年一遇考虑，基本风压为 0.35kN/m²，地面粗糙类别按 B 类计算。考虑到结构体型复杂，风振系数适当放大按 1.0 考虑。体型系数参考《建筑结构荷载规范》GB 50009-2012 第 35 页表 8.3.1 项次 4 取值，见表 2.1。

| | | | | | 体型系数 | 表 2.1 |

	体型系数 μ_s	高度系数 μ_z	风振系数 β_z	基本风压 w_0 (kN/m²) （50 年一遇）	总计 (kN/m²)
迎风面	+0.60	1.23	1.20	0.35	+0.310
背风面	+0.50	1.23	1.20	0.35	+0.258

注：鉴于本大跨度屋盖，将风荷载按风压和风吸两种作用分别考虑，施加在结构上。

（4）地震作用：

本工程抗震设防烈度为 7 度，设计基本地震加速度为 0.15g，设计地震分组属第二组，场地类别为Ⅱ类，场地特征周期为 0.40s。

（5）温度作用：

根据《建筑结构荷载规范》GB 50009-2012 有关规定，本大跨度结构考虑±30℃温差作用。

2.2.3 荷载工况组合

荷载组合原则：荷载组合按《建筑结构荷载规范》GB 50009-2012 执行，温度作用的分项系数取 1.4，组合系数取 0.5。恒荷载则按其对结构有利和不利两种情况分别取 1.0 和 1.2。恒荷载为控制工况，则其分项系数为 1.35。屋面活荷载与雪荷载不同时组合，取不利组合进行承载力验算，温度作用与地震作用不同时组合，重力荷载代表值中考虑 0.5

倍屋面雪荷载。

(1) DEAD：恒荷载；

(2) LIVE：活荷载；

(3) windZS：左风吸荷载；

(4) windYS：右风吸荷载；

(5) windZP：左风压荷载；

(6) windYP：右风压荷载；

(7) EX：X 方向地震作用；

(8) EY：Y 方向地震作用；

(9) EZ：Z 方向地震作用；

(10) T－：降温；

(11) T＋：升温。

荷载分析工况：

(1) 1.2D＋1.4L

(2) 1.35D＋0.98L

(3) 1.0D＋1.4windZS

(4) 1.0D＋1.4windYS

(5) 1.2D＋1.4L＋0.84windZP

(6) 1.2D＋1.4L＋0.84windYP

(7) 1.2D＋0.98L＋1.4windZP

(8) 1.2D＋0.98L＋1.4windYP

(9) 1.35D＋0.98L＋0.84windZP

(10) 1.35D＋0.98L＋0.84windYP

(11) 1.0D＋1.4T＋

(12) 1.2D＋1.4T－

(13) 1.35D＋0.84T－

(14) 1.2D＋1.4L＋0.84T－

(15) 1.2D＋0.98L＋1.4T－

(16) 1.35D＋0.98L＋0.84T－

(17) 1.0D＋1.4windZS＋0.84T＋

(18) 1.0D＋1.4windYS＋0.84T＋

(19) 1.0D＋0.84windZS＋1.4T＋

(20) 1.0D＋0.84windYS＋1.4T＋

(21) 1.2D＋1.4L＋0.84windZP＋0.7T－

(22) 1.2D＋1.4L＋0.84windYP＋0.7T－

(23) 1.2D＋0.98L＋1.4windZP＋0.7T－

(24) 1.2D＋0.98L＋1.4windYP＋0.7T－

(25) 1.2D＋0.98L＋0.84windZP＋1.4T－

(26) 1.2D＋0.98L＋0.84windYP＋1.4T－

(27) 1.35D＋0.98L＋0.84windZP＋0.7T－

(28) 1.35D＋0.98L＋0.84windYP＋0.7T－

(29) 1.2D＋0.6L＋1.3EX

(30) 1.2D＋0.6L＋1.3EY

(31) 1.2D＋0.6L＋1.3EZ

(32) 1.2D+0.6L+1.3EX+0.5EZ

(33) 1.2D+0.6L+1.3EY+0.5EZ

(34) 1.2D+0.6L+1.3EZ+0.5EX

(35) 1.2D+0.6L+1.3EZ+0.5EY

(36) 1.2D+0.6L+1.3EX+0.28windZP

(37) 1.2D+0.6L+1.3EX+0.28windYP

(38) 1.2D+0.6L+1.3EY+0.28windZP

(39) 1.2D+0.6L+1.3EY+0.28windYP

2.2.4 结构计算控制指标

桁架跨中挠度限值：

恒荷载+活荷载标准值作用下：$L_0/250$；

活荷载标准值作用下：$L_0/500$。

2.2.5 计算模型与振型

1. 计算模型

采用目前应用较为成熟的结构分析软件SAP2000（15版）分析计算。屋盖计算模型见图2.7。

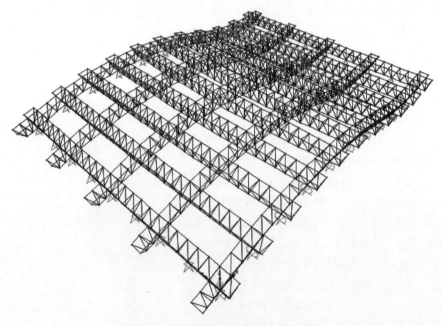

图2.7 体育馆空间管桁架计算模型

2. 周期及振型

屋盖结构的动力特性见图2.8。

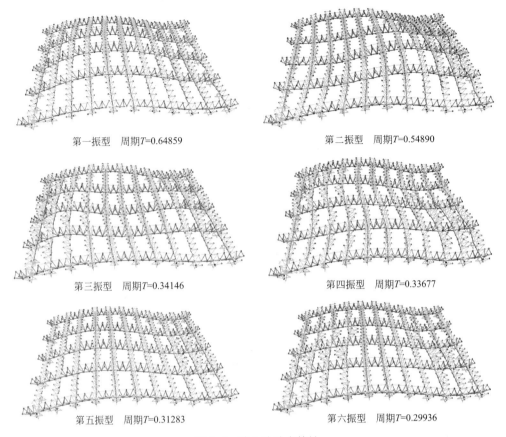

第一振型　周期T=0.64859　　　　第二振型　周期T=0.54890

第三振型　周期T=0.34146　　　　第四振型　周期T=0.33677

第五振型　周期T=0.31283　　　　第六振型　周期T=0.29936

图 2.8　前 6 阶动力特性

2.2.6　计算结果（各工况挠度、侧移、应力比）

1. 挠度（图 2.9）

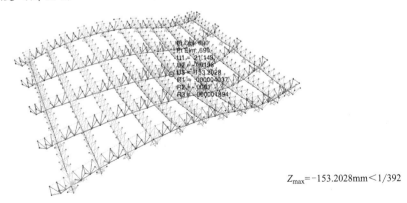

$Z_{max}=-153.2028mm<1/392$

图 2.9　挠度

2. 侧移

（1）风荷载作用下柱顶最大侧移（图 2.10）

（2）地震作用下柱顶最大侧移（图 2.11）

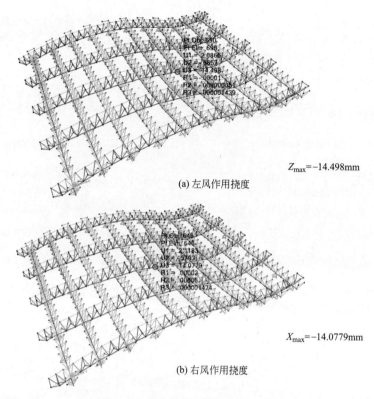

$Z_{max}=-14.498\text{mm}$

(a) 左风作用挠度

$X_{max}=-14.0779\text{mm}$

(b) 右风作用挠度

图 2.10 风荷载作用下柱顶最大侧移

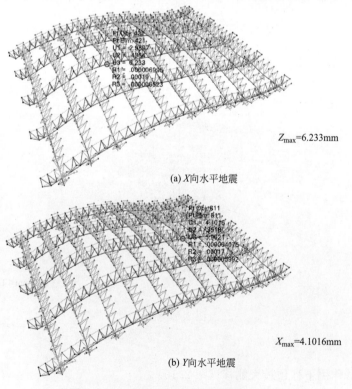

$Z_{max}=6.233\text{mm}$

(a) X 向水平地震

$X_{max}=4.1016\text{mm}$

(b) Y 向水平地震

图 2.11 地震作用下柱顶最大侧移（一）

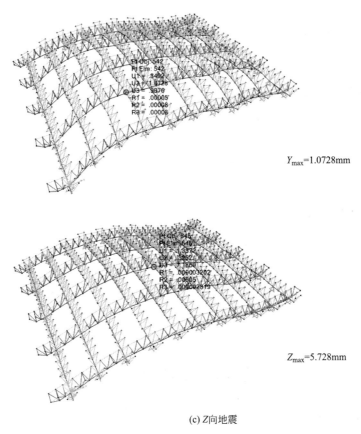

Y_{max}=1.0728mm

Z_{max}=5.728mm

(c) Z向地震

图 2.11　地震作用下柱顶最大侧移（二）

地震作用下结构应力比如图 2.12 所示。

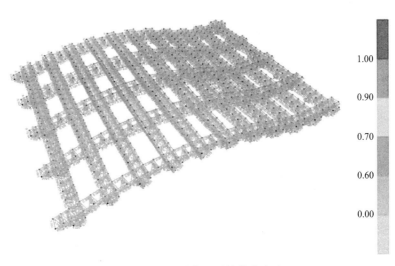

图 2.12　地震作用下结构应力比

29

主桁架应力比最大集中在 5、6、7、8 榀，最大应力比为 0.83；

次桁架应力比均匀，最大应力比为 0.64。

经以上分析，结构的位移、变形及构件应力比均满足规范要求。

2.3 训练馆管桁架屋盖施工方案

受场地条件限制，屋盖主桁架采用现场地面焊接拼装，汽车起重机两点吊装，场馆外侧分部移位方式吊装。次桁架提前地面分段拼装，与主桁架穿插吊装焊接，对主桁架起到支撑作用。

2.3.1 主桁架吊装流程

吊装顺序：屋盖桁架由主次桁架组成，吊装先从主桁架开始，次桁架跟随主桁架同时进行，主桁架跨中处设置 5 套临时支撑架，循环使用。安装过程中在结构未形成稳定体系前增加缆风绳临时固定；固定滑移支座，整个屋盖安装完成后统一释放。吊装流程示意如图 2.13 所示。

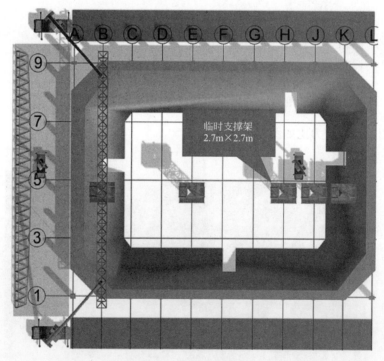

第 1 步：搭设临时支架，L 轴桁架翻身起吊至 B 轴临时固定

图 2.13 吊装流程（一）

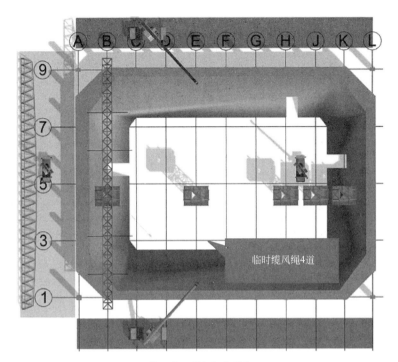

第 2 步：吊机松钩移位

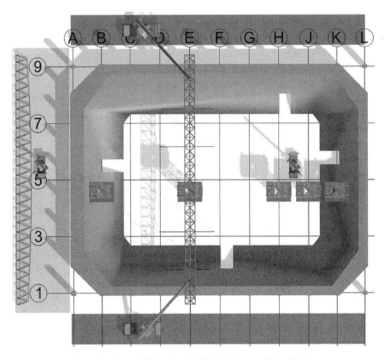

第 3 步：将 L 轴桁架从 B 轴吊装移位至 E 轴临时固定

图 2.13 吊装流程（二）

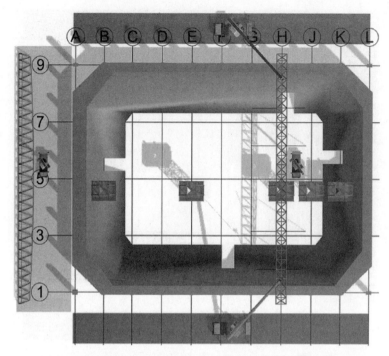

第 4 步：重复第 3 步将 L 轴桁架从 E 轴吊装移位至 H 轴临时固定

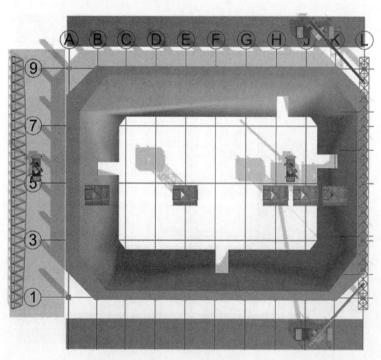

第 5 步：重复移动起重机将 L 轴桁架从 H 轴吊装移位至 L 轴就位固定

图 2.13　吊装流程（三）

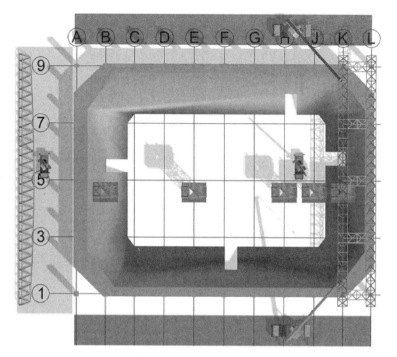

第 6 步：同样方法安装 K 轴桁架并及时连接次桁架

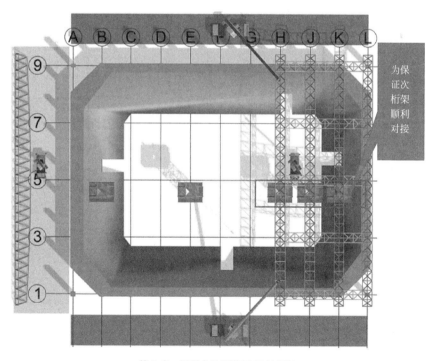

第 7 步：同样方法安装至 H 轴桁架

图 2.13　吊装流程（四）

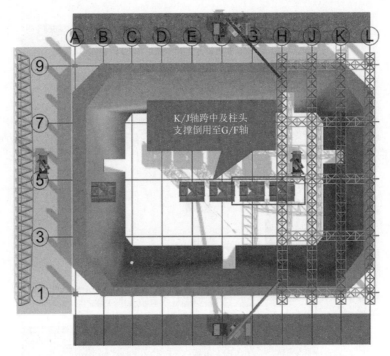

第8步：拆除K/J轴跨中及柱头支撑倒用至G/F轴

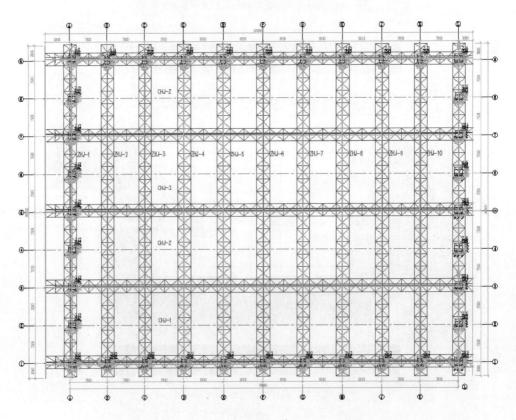

第9步：采用同样的方法安装剩余屋盖主结构，拆除临时支撑

图2.13　吊装流程（五）

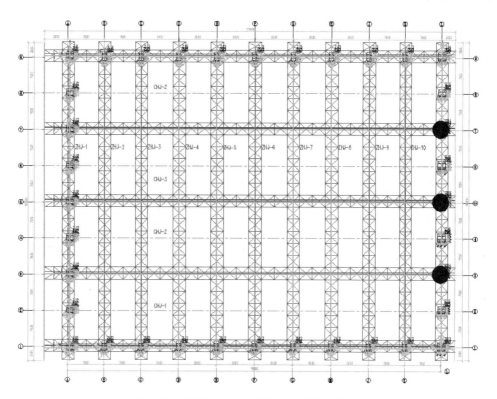

第 10 步：割除 3、5、7 轴滑动支座限位挡块

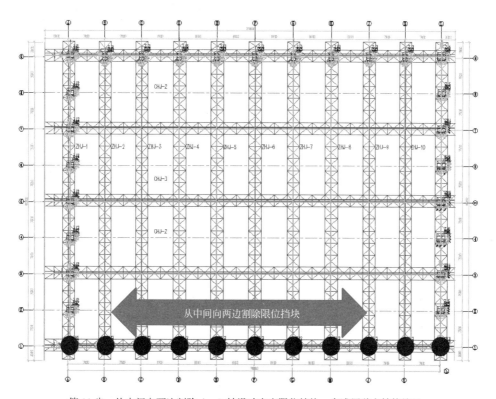

第 11 步：从中间向两边割除 A～L 轴滑动支座限位挡块，完成屋盖主结构施工

图 2.13　吊装流程（六）

滑动支座限位挡块示意图见图 2.14。

2.3.2 吊装设备的选择

根据本工程桁架吊装重量和现场场地特点，桁架吊装采用轮式汽车起重机 QAY180（图 2.15）作为主要吊装机械（汽车起重机详细性能数据见表 2.2），QY25A 为辅助吊装与拼装机械。

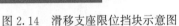

图 2.14 滑移支座限位挡块示意图　　　　图 2.15 轮式汽车起重机 QAY180

汽车起重机详细性能数据　　　　　　表 2.2

工作幅度	主臂											
	配重 55t，支腿全伸，全方位作业											
	13.8	18.12	22.4	26.77	31.09	35.42	39.74	44.07	48.39	52.71	57.1	61
3	180											
3.5	140	120										
4	131	116	115	95								
4.5	120	110	112	95	80							
5	115	105	104	92	75	65						
6	100	92	92	88	69	62	50					
7	89	82	82	82	65	58	48	40				
8	80	73	73	72	64	57	45	39	35			
9	72	65	65	65	63	54	43	37	33	26		
10	61	59	59	58	59	51	41	35	31.5	25.5	21.5	
12		50	50	50	51	48	36.5	32.6	29	24.6	20	17.5
14		42	41	40.5	43	42	32	29	26.5	23.5	19.5	17
16			35	36	36.5	36.5	28.5	26	23.6	21.5	18.8	16.5
18			30	32	31.5	31	25.5	23.5	21.5	20	18	16
20				27	27.5	27	23.2	21	20	18.5	16.8	15.5
22				23	24	24.1	21.1	19.5	18	16.8	15.8	15
24					20.5	21.5	20.5	17.8	16.5	15.4	14.8	14.2
26					18	19	18.4	16.3	15.3	14.5	13.5	12.8
28						16.5	16.2	15.1	14	13.5	12.5	11.5
30						14.5	14.2	14	13	12.5	11.8	10.8
32							12.5	12.5	12	11.5	11	10.2
34							11.2	11.2	11.2	10.5	10.2	9.5
36								10	10	9.8	9.6	8.8
38								9	9	9	8.7	8.3
40									8	8	7.9	7.8

选择最不利工况进行吊装分析，高度最高为 19.25m，当主桁架从 E 轴转运至 H 轴时为最不利工况。主桁架构件重量最大为 37t，临时马道 1t，吊钩吊具 2t，总吊重 40t。吊臂长度 39.74m，起重装半径 18m，双机起重量 51t，起重机利用率为 78.4％。如图 2.16、图 2.17 所示。

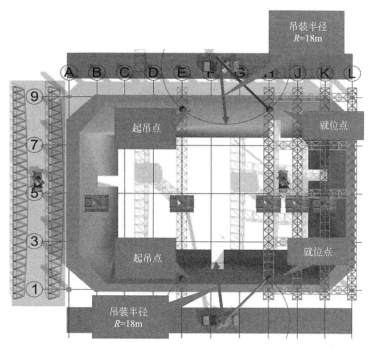

图 2.16　E 轴主桁架吊装平面

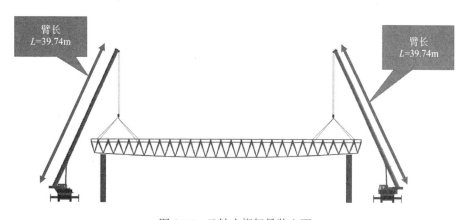

图 2.17　E 轴主桁架吊装立面

2.3.3　主桁架地膜焊接、翻身及起吊

主桁架安装如图 2.18～图 2.24 所示。

图 2.18　主桁架地膜焊接组装

图 2.19　主桁架翻身、起吊

图 2.20　主桁架移位安装

图 2.21　次桁架安装

图 2.22　次桁架相贯节点

图 2.23　次桁架现场加工　　　　　图 2.24　主次桁架安装就位

2.4　训练馆到体育馆的改造

2.4.1　工程概况

训练馆到体育馆的改造工程包括两方面内容：

（1）屋面结构整体顶升约 5m，以满足正式比赛对室内净空的要求。

《体育建筑设计规范》JGJ 31-2003 第 6.2.7 条规定，综合体育馆比赛场地上空净高度不应小于 15.0m，专项用体育馆内场地上空净高应符合该专项的使用要求。

（2）在原有屋面上方增加一层中部镂空的屋面飘板。

屋面飘板结构采用网壳结构，在原有屋盖桁架上方增加若干小立柱支撑屋面网壳结构，网壳上下表面和四周侧边均采用 3mm 铝板；在体育馆四周增加一圈钢结构平台和楼梯，采用框架结构。

体育馆改造后外部效果见图 2.25。

2.4.2　设计依据及说明

1. 规范及标准

（1）《冷弯薄壁型钢结构技术规范》GB 50018-2002

图 2.25　体育馆外观效果图

（2）《建筑结构荷载规范》GB 50009-2012

（3）《建筑抗震设计规范》GB 50011-2010（2016 年版）

（4）《钢结构设计标准》GB 50017-2017

（5）《钢结构焊接规范》GB 50661-2011

（6）《钢结构工程施工质量验收规范》GB 50205-2001

（7）《结构用无缝钢管》GB/T 8162-2018

（8）《空间网格结构技术规程》JGJ 7-2010

国家和地方的其他相关规范及标准。

2. 荷载及作用

（1）恒荷载：

结构自重：由程序自动计算。

恒荷载：桁架上弦层（屋面系统）：0.3kN/m^2（包括檩条、撑杆、拉条等重量）。

（2）活荷载：

桁架上弦层（屋面系统）：0.7kN/m^2。

（3）温度作用：$+30℃$（升温温差）；$-30℃$（降温温差）。

（4）风荷载：基本风压：0.35kN/m^2（50 年一遇）。

（5）雪荷载：基本雪压：0.25kN/m^2（50 年一遇）。屋面活荷载不与雪荷载同时考虑。

（6）地震作用：

本工程地震峰值加速度值为 $0.15g$（相当于地震基本烈度 7 度半），地震动反应谱特征周期为 0.35s。建筑结构设计使用年限为 50 年，结构安全等级为二级。

3. 设计荷载与工况

荷载工况　名称

恒荷载　DL

活荷载　LL

风荷载（X 向）　　W+X　W-X

风荷载（Y 向）　　W+Y　W-Y

升温温差　TS

降温温差　TJ

地震反应谱（X 向）　QX

地震反应谱（Y 向）　QY

4．控制指标

（1）变形指标

在正常使用极限状态下的荷载组合作用下，跨中挠度≤$L/250$（L 为桁架跨度）。

在地震作用下，钢结构的侧向位移≤$H/250$（H 为钢柱高度）。

在风荷载下，钢结构的侧向位移≤$H/500$（H 为钢柱高度）。

（2）应力指标

构件最大组合设计应力不大于 $0.9f$（f 为钢材设计强度）。

（3）稳定指标

受压杆件：$[\lambda]=150\sqrt{\dfrac{235}{f_y}}$；受拉杆件：$[\lambda]=350\sqrt{\dfrac{235}{f_y}}$。

5．材料选用

（1）主要受力构件

钢梁钢柱采用 Q345B 焊接箱形截面，屋盖新增钢结构采用无缝钢管。钢材的力学、机械性能、化学成分，应分别符合《结构用无缝钢管》GB/T 8162-2018，《碳素结构钢》GB/T 700-2006，《低合金高强度结构钢》GB/T 1591-2018。凡板厚（管壁厚）≥40mm或节点构造及焊接形式中容易出现层状撕裂的板厚≥25mm 的钢板，板厚方向截面收缩率均应满足《厚度方向性能钢板》GB 5313-2010 中 Z15 级及以上规定的要求。

（2）紧固连接件

锚栓：Q345B，锚筋：HRB400。

高强度螺栓：摩擦型 10.9 级，摩擦系数＞0.45。

普通螺栓：C 级，强度等级 5.6 级。

销轴：40Cr，螺杆牌号为 45 号，优质碳素结构钢。

高强度螺栓性能及施工应遵照《钢结构用高强度大六角螺栓、大六角螺母、垫圈技术条件》GB/T 1231-2006 和《钢结构高强度螺栓连接技术规程》JGJ 82-2011 中的相关要求；普通螺栓性能应满足《六角头螺栓 C 级》GB/T 5780-2016 和《六角头螺栓》GB/T 5782-2016 中的相关规定。

（3）焊接材料

焊接 Q235 钢时可按表 2.3 选用焊条和焊丝，或由施工单位根据其工艺评定及有关国家标准进行选定。

焊接材料

表 2.3

钢号	焊接方法	焊条、焊丝型号
Q235B	手工焊	E43
	埋弧自动焊	F4A0，H08A
	CO_2 气体保护焊	ER49-1

焊条应满足《碳素焊条》GB 5117-85 中的有关规定，焊丝应满足《气体保护焊用焊丝》GB/T 14958-94 和《熔化焊用钢丝》GB/T 14957-94 中的有关规定，焊剂应满足《低合金钢埋弧焊用剂》GB/T 12470-2018 中的相关规定。

6. 钢结构的制作运输与安装

（1）钢结构的放样、号料、切割、矫正、成型、边缘加工、制孔、组装均应满足《钢结构工程施工质量验收规范》GB 50205-2001 的要求。热轧钢的下料宜采用锯切。高强度螺栓的制孔应满足《钢结构高强度螺栓连接技术规程》JGJ 82-2011 的要求，需对构件摩擦面进行处理，并做抗滑系数检验。

（2）焊接质量的检验等级：构件主材的工厂拼接和工地拼接焊缝，及所有对接焊缝均为一级焊缝；梁和柱连接，钢柱与锚板连接，以及相贯线焊缝按二级焊缝检查；角焊缝和非熔透焊缝按三级焊缝检查。柱腹板和翼缘组装焊缝，柱内水平劲板和柱焊缝为全熔透二级焊缝。经检查不合格的焊缝应铲重焊，并重新进行检查。焊缝等级为一级时超声波探伤比例为 100%，其合格等级应为现行国家标准《焊缝无损检测　超声检测　技术、检测等级和评定》GB/T 11345-2013 中 B 级检验的 Ⅱ 级及 Ⅱ 级以上；焊缝等级为二级时超声波探伤比例不小于 20%，其合格等级应为现行国家标准《焊缝无损检测　超声检测　技术、检测等级和评定》GB/T 11345-2013 中 B 级检验的 Ⅲ 级及 Ⅲ 级以上。

（3）对于板厚大于 50mm 的碳素结构钢和板厚大于 36mm 的低合金结构钢，施焊前应进行预热，焊后应进行后热。预热温度宜控制在 $100 \sim 150 ℃$；后热温度由试验确定。预热区在焊道两侧，每侧宽度均应大于焊件厚度的 2 倍，且不应小于 100mm，预热温度的测量应根据工艺试验确定。

（4）钢管焊接采用电弧焊；平板间焊接采用 CO_2 气体保护焊，CO_2 气体纯度不应低于 99.5%（体积法），其含水量不应大于 0.005%（重量法）。

（5）钢管等空心构件节点图中未表示的外露端均采用 PL-6 作为封头板，并采用连续焊缝密闭，使内外空气隔绝，并确保组装、安装过程中构件内不会积水。

（6）低合金钢结构焊缝，在同一位置返修次数不得超过 2 次。

（7）构件制作、组装、安装时应制定合理的焊接顺序，必要时采取有效技术措施，减少焊接变形及焊接应力。

（8）焊接方法的工艺评定：钢结构制作单位应进行焊接方法的工艺评定，其试验内容及结果均应得到工程部门和设计部门的认可。

（9）材料表中，所选用规格不得任意替换，若备料确有困难时，须经设计单位同意。

（10）钢结构安装前，应对建筑物的定位轴线、平面封闭角、底层柱位置线、混凝土强度及构件的质量进行检查，合格后才能开始安装工作。

（11）尽量按照杆件最大长度下料，必须拼接时拼接位置需离开节点位置。柱在 1/3 高度，梁在 1/3 跨度，且最多只允许一个接头。

2.4.3　设计主要内容及相关图纸

由于屋面结构增加，致使原有结构局部应力水平过高，不满足设计要求。需要对原结构局部进行加强。具体加强部位及参数见图 2.26。

屋面飘板结构布置见图 2.27～图 2.29。柱、梁及桁架改造详图见图 2.30。

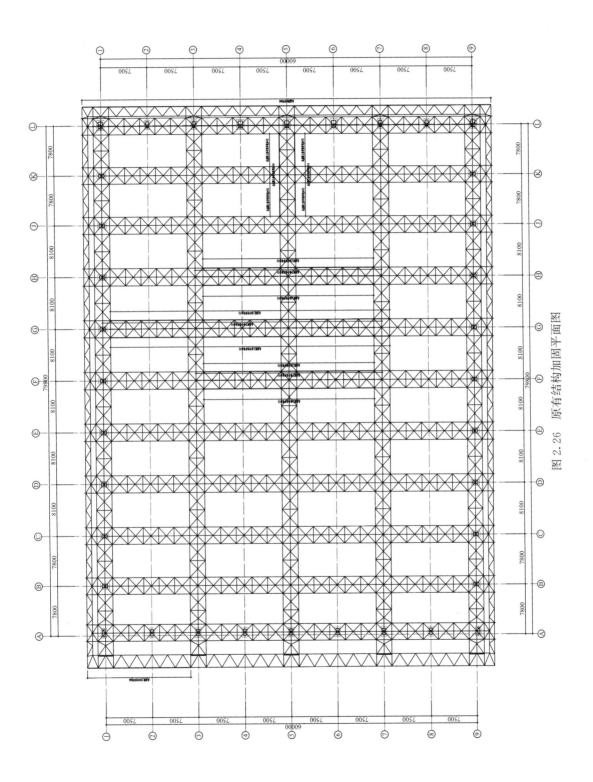

图 2.26　原有结构加固平面图

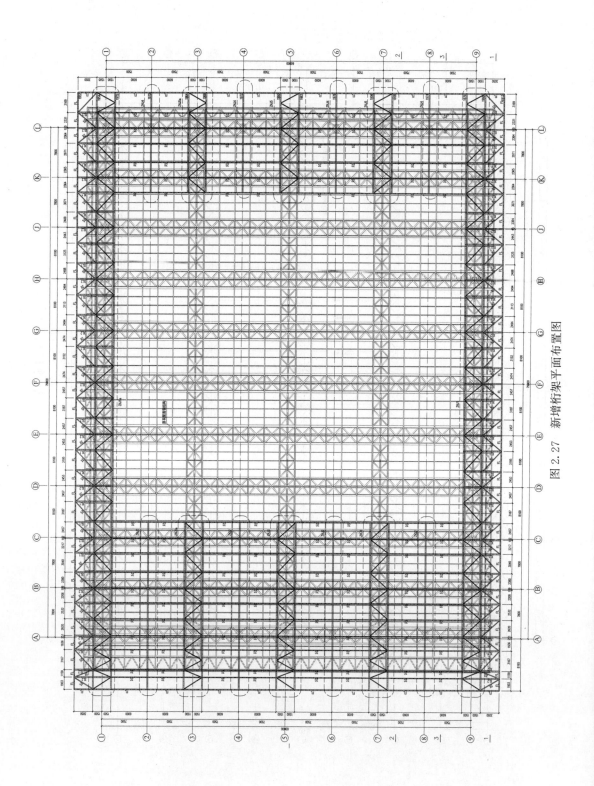

图 2.27 新增桁架平面布置图

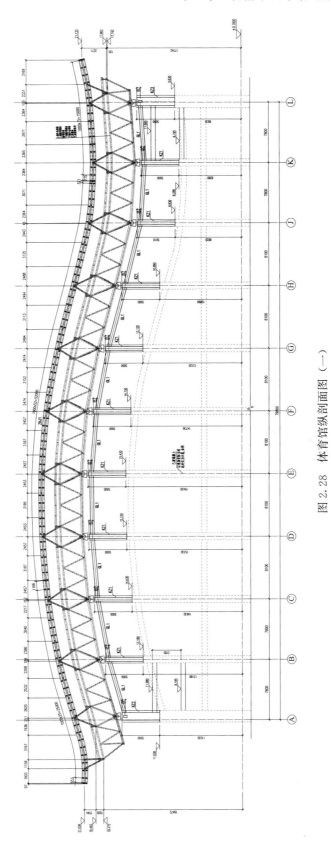

图 2.28　体育馆纵剖面图（一）

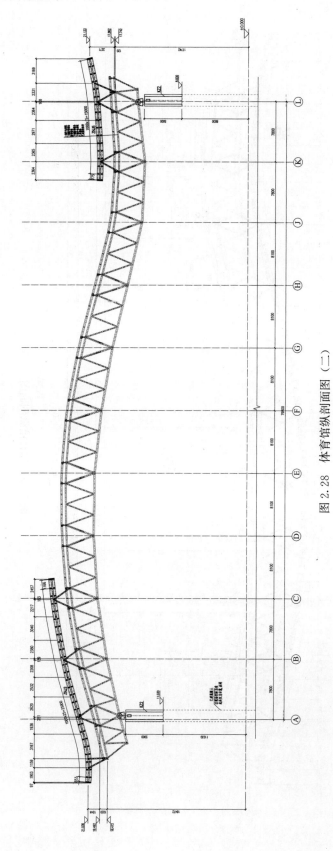

图 2.28　体育馆纵剖面图（二）

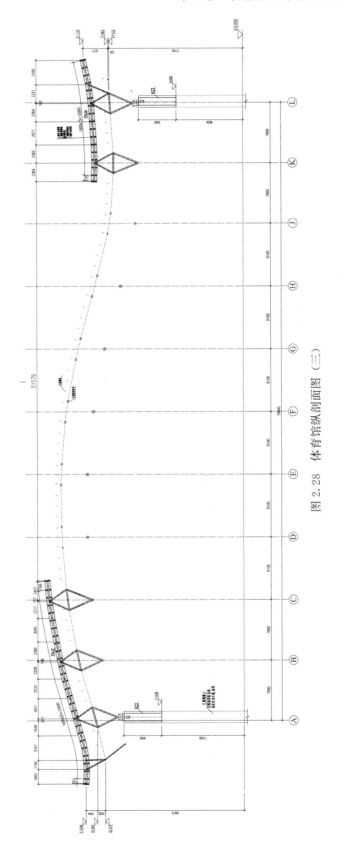

图 2.28　体育馆纵剖面图（三）

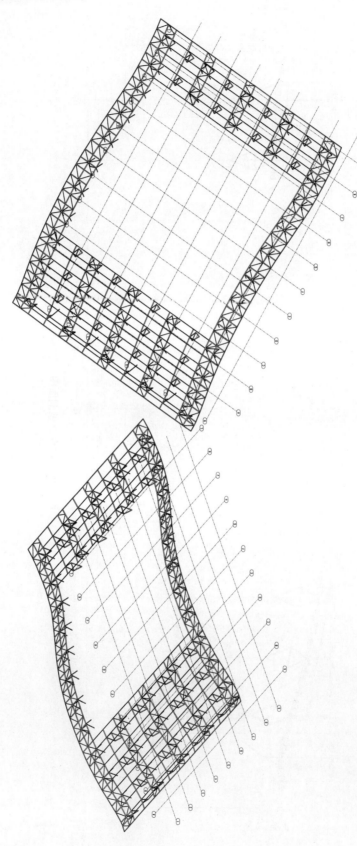

图 2.29　新增屋盖轴测图

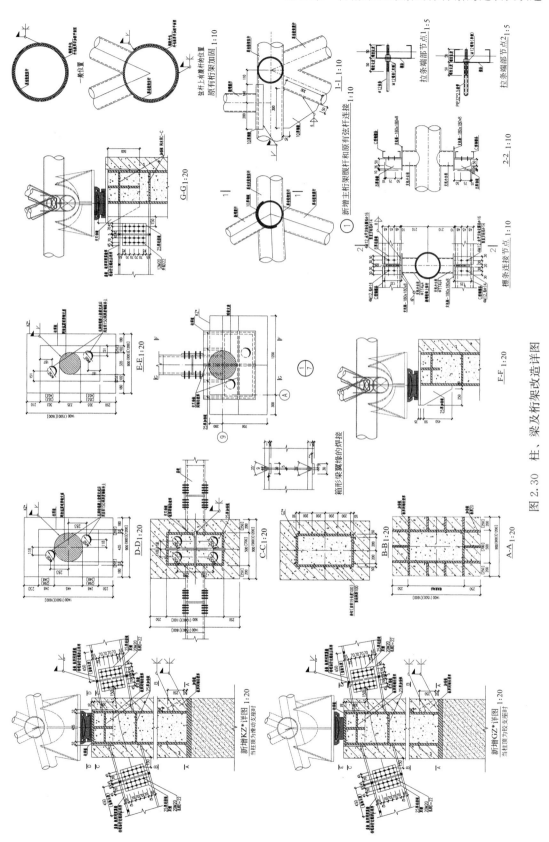

图 2.30　柱、梁及桁架改造详图

2.4.4 结构计算分析

结构计算分析为有限元程序结构分析软件 SAP2000（15 版）。计算模型分原有结构和新增结构。

1. 计算模型（图 2.31）

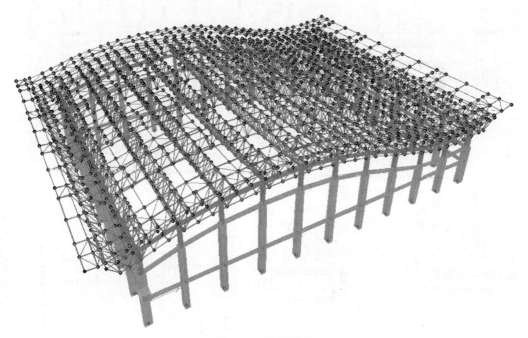

图 2.31 计算模型

2. 屋盖新增结构（图 2.32）

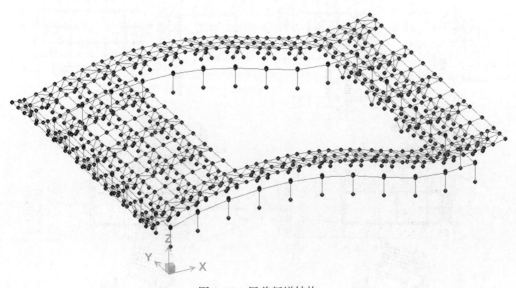

图 2.32 屋盖新增结构

3. 设计选用截面（含原有结构）（表2.4）

结构杆件截面（mm）　　　　　　　　　　　　表 2.4

杆件截面	材料	形状	长度	宽度	厚度（腹板）	厚度（翼缘/管壁）
1200×1600	混凝土	矩形	1600	1200		
140×6(壁厚增加6)	345	圆管	152			12
203×10(壁厚增加10)	345	圆管	223			20
203×10(壁厚增加14)	345	圆管	231			24
300×500×25	345	矩形管	500	300	25	25
325×10(壁厚增加10)	345	圆管	345			20
350×700	混凝土	矩形	700	350		
402×14(壁厚增加10)	345	圆管	422			24
426×14(壁厚增加10)	345	圆管	446			24
500×1000	345	矩形管	1000	500	35	35
500×900	345	矩形管	900	500	30	30
700×1100	345	矩形管	1100	700	35	35
900×1400	混凝土	矩形	1400	900		
900×1500	混凝土	矩形	1500	900		
GB-SSP121×6	345	圆管	121			6
GB-SSP140×6	345	圆管	140			6
GB-SSP140×8	345	圆管	140			8
GB-SSP159×6	345	圆管	159			6
GB-SSP180×8	345	圆管	180			8
GB-SSP194×8	345	圆管	194			8
GB-SSP203×10	345	圆管	203			10
GB-SSP245×10	345	圆管	245			10
GB-SSP325×10	345	圆管	325			10
GB-SSP402×14	345	圆管	402			14
GB-SSP426×14	345	圆管	426			14
GB-SSP89×5	345	圆管	89			5

4. 荷载作用

（1）风荷载标准值计算（表2.5）

基本风压 $w_0 = 0.35 \text{kN/m}^2$

风压高度变化系数 $\mu_z = 1.34$

风振系数 $\beta_z = 2$

$w_0 \mu_s \mu_z = 0.938 \text{kN/m}^2$

风荷载标准值   表 2.5

	μ_s	$w_k(\text{kN/m}^2)$
迎风面	0.8	0.75
背风面	−0.5	−0.47
两侧	−0.7	−0.66
顶面	−0.6	−0.56

（2）风荷载标准值折算为线荷载

A～L 轴荷载宽度（mm）分别是：7357、7575、7950、8100、7950、7850、5564

1～9 轴荷载宽度（mm）分别是：6039、7550、7500、7550、6039

顶面 1～9 轴荷载宽度（mm）是：1525、3025、4500、6000

檐口荷载宽度（mm）：800

W+X 下的线荷载（kN/m）：

迎风面：4.5、5.7、5.6、5.7、4.5

背风面：−2.8、−3.5、−3.5、−3.5、−2.8

两侧：−4.8、−5.0、−5.22、−5.32、−5.2、−5.2、−3.7

顶面：−0.9、−1.7、−2.5、−3.4

迎风面檐口：0.6

背风面檐口：−0.4

W+Y 下的线荷载（kN/m）：

迎风面：5.5、5.7、6.0、6.1、6.0、5.9、4.2

背风面：−3.5、−3.6、−3.7、−3.8、−3.7、−3.7、−2.6

两侧：−4.0、−5.0、−4.9、−5.0、−4.0

顶面：−0.9、−1.7、−2.5、−3.4

迎风面檐口：0.6

背风面檐口：−0.4

（3）屋面恒荷载、活荷载折算为线荷载

恒荷载、活荷载取值分别是（kN/m²）：0.3、0.7

DL（桁架上弦）（kN/m）：0.5、0.9、1.4、1.8

LL（桁架上弦）（kN/m）：1.1、2.1、3.2、4.2

5. 钢构架整体结构模态分析

模态分析用于确定结构的振型。这些振型本身对于理解结构的性能很有帮助。采用 MIDAS 对整体结构进行模态分析，采用特征向量法分析结构模态，分析 12 个振型，保证获得超过 90% 的振型参与质量。具体见表 2.6～表 2.8。

质量参与系数   表 2.6

模态阶数	方向	质量参与系数
1	Ux	91.8785
2	Uy	97.1178
3	Uz	94.5700

周期和频率　　　　　　　　　　　　　　表 2.7

模态阶数	周期(s)	频率(Hz)	圆频率(rad/s)	特征值(rad²/s²)
1	0.743063	1.3458	8.4558	71.5
2	0.680809	1.4688	9.229	85.174
3	0.574303	1.7412	10.941	119.7
4	0.515331	1.9405	12.193	148.66
5	0.493866	2.0248	12.722	161.86
6	0.487552	2.0511	12.887	166.08
7	0.434391	2.3021	14.464	209.22
8	0.42424	2.3572	14.81	219.35
9	0.421827	2.3706	14.895	221.87
10	0.419517	2.3837	14.977	224.32
11	0.408734	2.4466	15.372	236.31
12	0.405618	2.4654	15.49	239.95

前 3 阶模态分量　　　　　　　　　　　　表 2.8

阶数	周期(s)	Ux	Uy	Uz	SumUx	SumUy	SumUz	Rx	Ry	Rz	SumRx	SumRy	SumRz	扭转判断
1	0.743	0	0.55	0	0	0.55	0	0.09	0	0	0.09	0	0.15	平动
2	0.681	0.5	0	0	0.5	0.55	0.025	0.01	0.1	0	0.11	0.11	0.26	平动
3	0.574	0	0	0.3	0.53	0.55	0.31	0.17	0.2	0	0.27	0.3	0.27	扭转

第 1 振型模态见图 2.33。

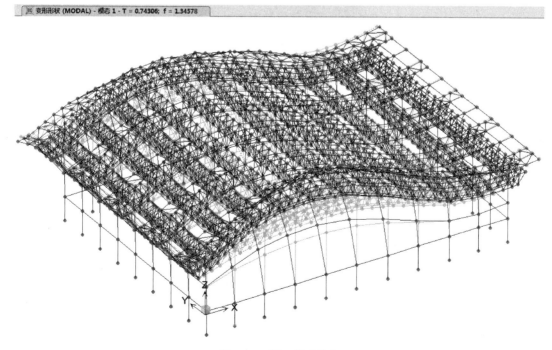

图 2.33　第 1 振型模态

第 2 振型模态见图 2.34。

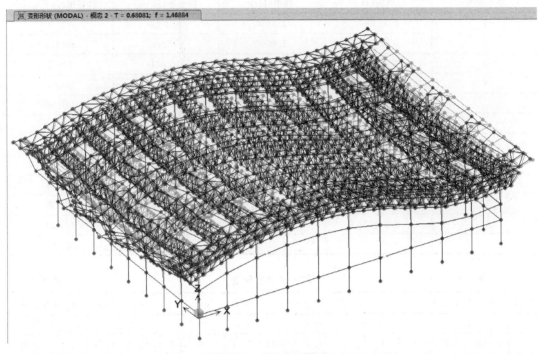

图 2.34 第 2 振型模态

第 3 振型模态见图 2.35。

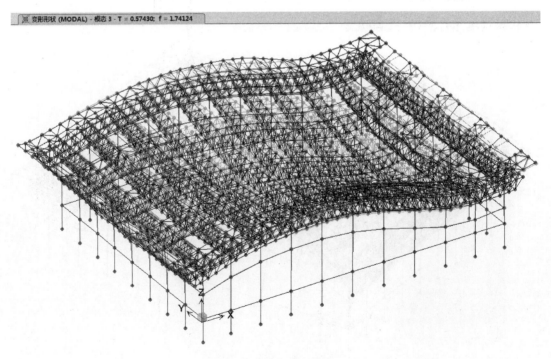

图 2.35 第 3 振型模态

6. 原有钢结构加固

（1）原有结构加固之前的应力比见图 2.36。

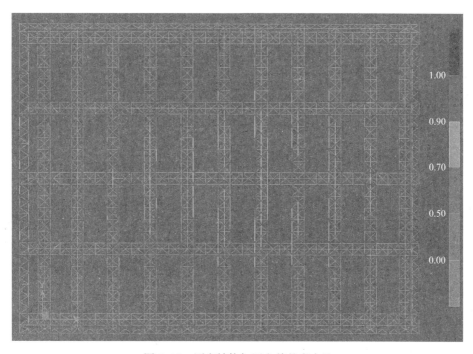

图 2.36　原有结构加固之前的应力比

对应力比＞0.9 的杆件进行加强，加强后其计算结果见图 2.37 和图 2.38。

（2）原有结构加固之后的计算结果（杆件截面乘以 0.85 折减系数）见图 2.37。

图 2.37　原有结构加固之后的应力比

（3）原有钢结构加强后的应力比柱状图见图 2.38。

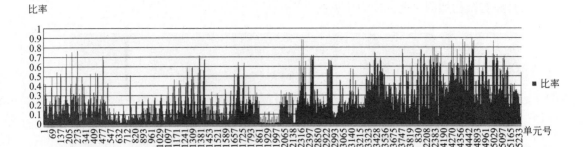

图 2.38　原有结构加固之后的应力比柱状图

7. 结论

本章用大型有限元程序 SAP2000 对钢结构进行了静力线性分析、模态分析以及反应谱分析。通过分析得出了结构在各种荷载组合情况下的变形、杆件内力、应力比以及结构振型。对相应的计算结果进行了分析并与《钢结构设计标准》和《建筑抗震设计规范》的要求进行对比。分析表明本工程结构体系以及相关构件规格满足规范要求的结构强度、刚度和稳定性，钢结构受力性能良好。

2.4.5　体育馆屋盖整体顶升施工方案

1. 项目概况

本项目属于咸阳某县体育馆管桁架屋盖钢结构工程。钢屋盖支撑于周边混凝土柱顶，屋盖水平投影尺寸 87.8m×66m，投影面积 5808m^2，屋盖横向跨度为 66m，两端各悬挑 3m，纵向跨度 87.8m，两端分别悬挑 5.3m 与 3.1m。屋盖立面呈波浪形，钢屋盖最高标高+19.250m，最低标高+12.050m。项目结构布置见图 2.39。

目前现场管桁架屋盖已安装完毕，屋面板已经封闭，需要把整个屋盖整体顶升抬高 6m，底下加钢柱垫高，起始高度最高为 18m。为确保工程顺利开展和安全完成，特进行顶升方案的计算分析。

2. 顶升方案选择

根据本工程钢结构图纸，利用 AutoCAD 建模并导入 SAP2000 软件进行受力分析。主次桁架整体平面布置见图 2.40。根据现场反馈屋面重量数据拟合钢结构屋架的自重，约 680t。顶升仅考虑自重荷载，不考虑风荷载、温度作用等，计算变形的荷载组合取 1.0×恒荷载，计算应力比的荷载组合取 1.2×恒荷载+1.4×风荷载。

（1）12 点支撑方案

现场使用钢管架加千斤顶实现顶升。顶升点设在 A、C、E、G、J、L 轴主桁架两端最外缘相关节点下方，共计 12 点支撑。在计算模型中对点模拟为竖向约束，计算得到的最大应力比低于 0.7（图 2.41）；最大位移达到−225mm（A 轴跨中附近）（图 2.42），大于 $L/400=66000/400=165$mm，变形不满足要求。

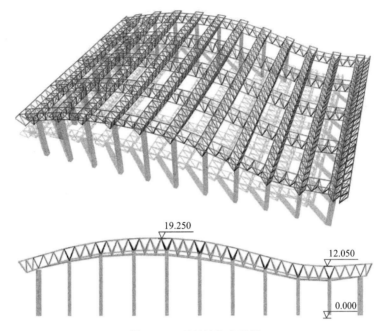

图 2.39　项目结构布置图

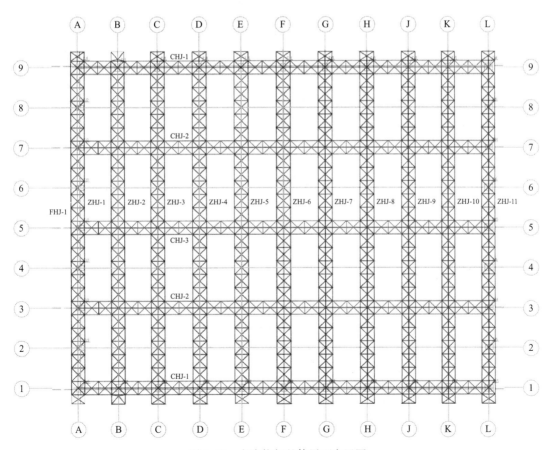

图 2.40　主次桁架整体平面布置图

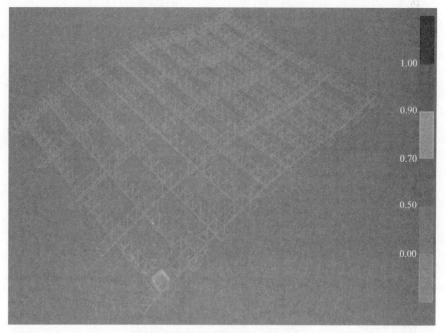

图 2.41　应力比计算结果

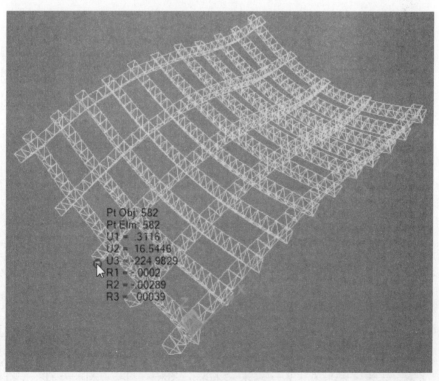

图 2.42　最大变形位置

（2）15 点支撑方案

顶升点设在 A、C、E、G、J、L 轴主桁架两端最外缘相关节点，5 轴次桁架与 D 轴、F 轴和 H 轴主桁架相交的下弦节点下方，共计 15 点支撑。在计算模型中对点模拟为竖向约束，计算得到5轴次桁架中部支撑附近腹杆应力比超过1.0（图2.43），应力不满足要求。且最大位移达到−203mm（L轴跨中附近）（图2.44），大于$L/400=66000/400=165$mm，变形不满足要求。

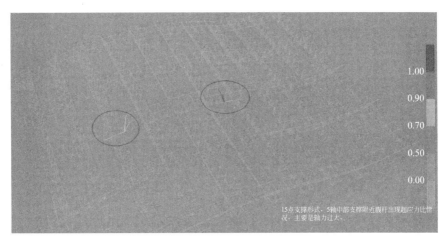

图2.43　最大应力比位置

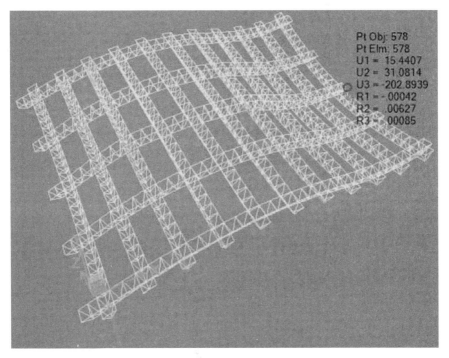

图2.44　最大变形位置

（3）14点支撑方案

顶升点设在A、C、E、G、J、L轴主桁架两端最外缘相关节点下方，以及5轴次桁架两端距A轴、L轴外侧一个节间距（1.5m）的相贯节点下方，共计14点支撑（图2.45）。

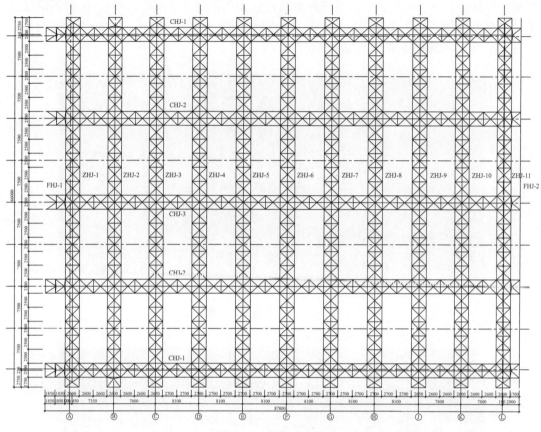

图 2.45　顶升点布置

在计算模型中对点模拟为竖向约束，计算得到杆件最大应力比为 0.79，出现在 5 轴近 A 轴、L 轴的端部腹杆（图 2.46）。最大下挠变形为 130mm（＜165mm），在 5 轴次桁架跨中位置（图 2.47）。

图 2.46　计算应力比结果

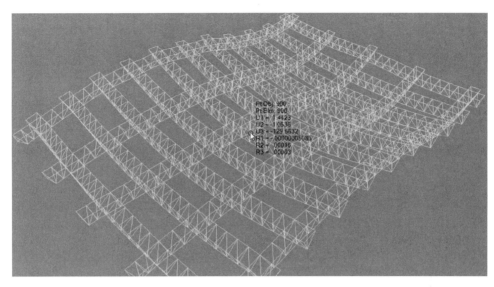

图 2.47　计算变形结果

现场实际安装是从 L 轴开始，先吊装一个主桁架，接着吊装下一个主桁架，然后补缺焊接主桁架中间连接的次桁架。实际施工时单个主桁架已经发生了受力挠曲；最后整个屋面钢结构拼成一体后，各主桁架也有一个变形。吊装施工过程分析的计算结果如下：

① 当单榀次桁架吊装至两端支座处（根据设计要求限制支座滑动，并沿主桁架轴向长度四分点限制垂直轴向的位移模拟缆风绳作用），单独受力，在自重状态下主桁架跨中挠度见图 2.48。

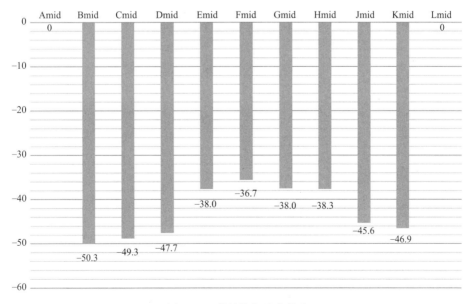

图 2.48　单品桁架跨中挠度

② 整体钢结构完成后，依照实际支座类型设置约束条件，并对结构施加荷载，得出各主桁架跨中挠度见图 2.49。

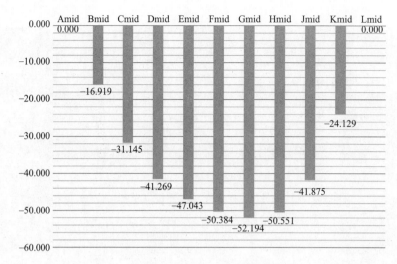

图 2.49　整体结构完成后跨中挠度

根据施工分析结果，5 轴跨中位置在钢结构安装时已出现约 50mm 的下挠变形，分析表明，忽略安装屋面板带来的小量影响，可以得出采用 14 点支撑方案顶升会使结构产生 82mm 的下挠，满足变形要求。

（4）总结与方案选定

根据以上计算结果，选用 14 点支撑形式，控制结构变形和杆件应力比。对比 12 点支撑或者 15 点支撑方案，缺乏次桁架轴线方向的支撑，会造成变形过大或者杆件应力比超限，可以看出整体屋面钢结构为很强的双向桁架共同受力的体系。

3. 支撑架与基础设计

从模型中提取 14 个顶升点的反力情况（图 2.50），得出最大反力为 1020kN。较大受力集中在 E、G 轴两端及 5 轴两端。

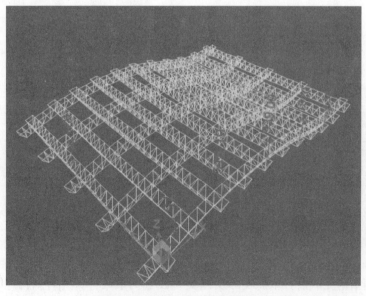

图 2.50　支撑反力计算结果（kN）

钢结构（带屋面）安装在塔柱支座上，支座反力计算结果见图 2.51。最大反力同样集中在中部主桁架（E、F、G、H 轴）的两端，最大为 365kN，顶升时这些位置的受力翻倍，在总反力一致的情况下占比更大。

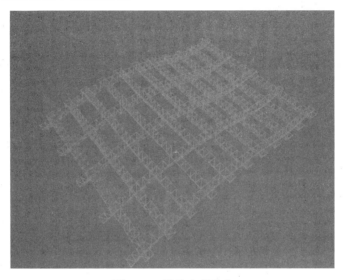

图 2.51　塔柱支座反力

顶升施工现场见图 2.52。

图 2.52　顶升施工现场

4. 支撑架验算

根据现有材料设计支撑架的形式、尺寸如图 2.53 所示。支撑架所用的圆管、法兰板、加劲板均使用 Q345B 材质钢材。

根据体育馆建筑高度以及顶升高度，顶升架的最大计算高度取为 $18+6=24\text{m}$，回转半径计算简图如图 2.54 所示，主截面回转半径 $r=[(6566\times3602+2\times6566\times1802)/(3\times6566)]^{0.5}=255\text{mm}$，得出长细比 $\lambda=H/(nr)=24000/(3\times255)=31<150$，稳定性满足要求。

每肢 $\phi219\times10$ 钢管受压 $1020/3=340\text{kN}$，动力系数取 1.1，则承受重力荷载 $F=92.628\times22/1000+1.1\times340=375\text{kN}$。

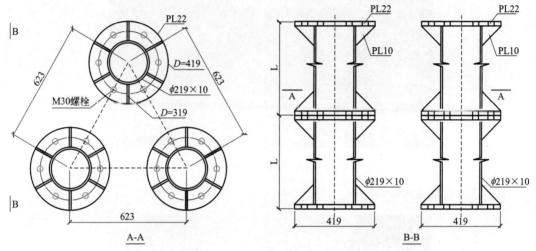

图 2.53　顶升架典型尺寸图

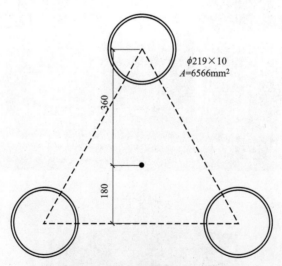

图 2.54　顶升架结构回转半径计算简图

$\lambda(f_y/235)^{0.5}=37.6$，查 GB 50017 表 C-1 得稳定系数 $\varphi=0.947$，承载能力 $N=\varphi Af=0.947\times6566\times310=1927581\text{N}>375\text{kN}$，强度满足要求。

支撑架顶部措施：为了防止顶起时钢管受力变形，用瓦片状钢管包裹弦杆，同时千斤顶顶部用楔形垫块垫平，保证受力平稳，措施设置如图 2.55 所示。

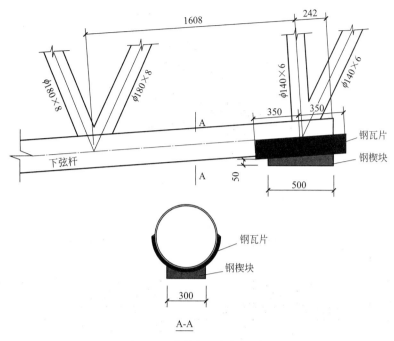

图 2.55　支撑架顶部保护措施

5. 支撑架基础

（1）顶升点布置与现场桩位（图 2.56）

14 个顶升点全部位于现场挤密桩分布范围。

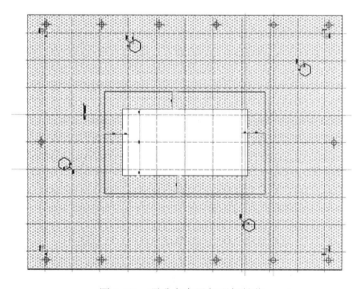

图 2.56　顶升点布置与现场桩位

（2）基础埋件布置（图 2.57）

基础使用锚筋形式，在浇筑混凝土前布置钢筋和锚筋。抄平锚板和安装顶升架后使用螺栓内螺纹套筒紧固。

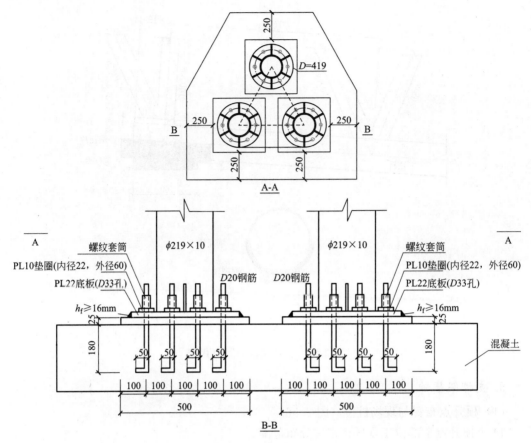

图 2.57 基础埋件布置

（3）基础布筋（图 2.58）

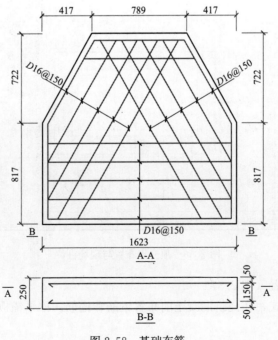

图 2.58 基础布筋

参考文献

［1］周云平. 某体育馆双向曲率管桁架屋盖结构性能分析 ［D］，西安：西安理工大学，2015.

［2］王芬，周运平. 空间管桁架结构设计 ［J］. 电网与清洁能源，2015，31 (7)：123-127.

［3］郑浩然. 大跨度管桁架结构施工关键技术分析 ［D］. 西安：西安理工大学，2018.

［4］史哲仑. 大跨度空间管桁架结构性能及施工模拟分析 ［D］. 西安：西安理工大学，2019.

［5］张虎. 管桁架结构焊接空心球支座节点构型及分析研究 ［D］. 西安：西安理工大学，2017.

［6］上海新建设建筑设计有限公司. 体育馆改造计算书 ［R］. 2018.5.

［7］上海新建设建筑设计有限公司. 文体中心体育馆改造设计-钢屋盖 ［R］. 2018.5.

［8］江苏九鼎环球建设科技集团有限公司. 体育馆屋盖管桁架结构计算书 ［R］. 2013.8.

［9］西安义隆钢结构工程有限公司. 体育馆屋面网架施工组织设计 ［R］. 2016.11.

［10］西安理工大学. 等边三肢钢管顶升支架承载能力验算报告 ［R］. 2017.5.

第 **3** 章

矩形管钢杆件单层网壳采光顶结构

3.1 概述

本项目为西安世界城 H 地块二期屋面天窗钢结构工程，采用单层网壳结构形式。长跨跨度 44.83m，短跨跨度 37.58m，跨高 6.94m，矢跨比 1/5.4。主材料均选用 Q235B 钢，所用杆件为方钢管。结构布置见图 3.1，材料见表 3.1。

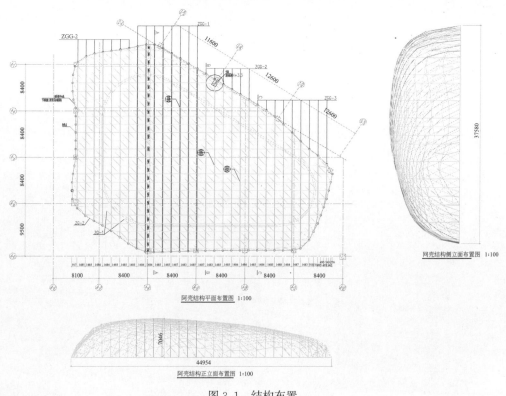

图 3.1 结构布置

构件信息表 表 3.1

零件编号	构件名称	截面尺寸	备注
ZGG-1	主管 1	□350×150×12	
ZGG-2	主管 2	□300×150×10	
ZGG-3	主管 3	□250×100×8	
ZG-1	支管 1	□180×100×6	
ZG-2	支管 2	□250×100×8	周围布置

本设计采用结构分析软件 SAP2000（19 版）进行了各种工况下的分析。根据相关规范验算了所有杆件在各种工况下的强度、稳定、挠度等指标。

3.2 设计依据

3.2.1 规范及规程

（1）《建筑结构荷载规范》GB 50009-2012
（2）《建筑抗震设计规范》GB 50011-2010（2016 年版）
（3）《空间网格结构技术规程》JGJ 7-2010
（4）《钢结构设计标准》GB 50017-2017
（5）《钢结构焊接规范》GB 50661-2011
（6）《钢管结构技术规程》CECS 280：2010
（7）《建筑结构可靠性设计统一标准》GB 50068-2018
（8）《钢结构工程施工质量验收规范》GB 50205-2001

3.2.2 荷载计算

（1）恒荷载：面荷载 1.5kN/m²、节点荷载 3.5kN（作用位置见图 3.2）；
（2）屋面活荷载：0.5kN/m²；
（3）风荷载：本结构基本风压为 0.35kN/m²，按 50 年一遇考虑，地面粗糙类别为 B 类。体型系数参考《建筑结构荷载规范》GB 50009-2012 第 50 页表 8.3.1 项次 36 取值，见表 3.2。

风荷载体型系数 表 3.2

ϕ	μ_s
0	−1
$\pi/6$	−0.75
$\pi/4$	−0.5
$\pi/3$	−0.25

(b)$f/l \leq \frac{1}{4}$ $\mu_s = -\cos^2\phi$

注：对于此种不规则网壳结构，规范规定宜进行风洞试验确定其体型系数，鉴于无风洞试验数据，因此依据荷载规范体型系数表中与此结构较为相似的旋转壳顶项确定其体型系数值。

（4）地震作用

该工程抗震设防烈度为 8 度，设计基本地震加速度为 0.20g，设计地震分组属第二组，建筑场地类别为Ⅱ类，场地特征周期为 0.40s。

（5）温度作用

参考当地气候条件，本次设计温度作用取室外最高温度 30℃及最低温度－20℃时的温度工况。

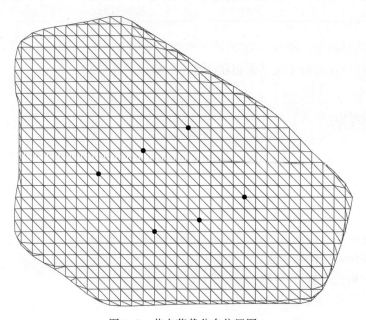

图 3.2　节点荷载分布位置图

3.2.3　荷载工况组合

荷载组合原则：

荷载组合按《建筑结构荷载规范》GB 50009-2012 执行。

温度作用的分项系数取 1.4，组合系数取 0.6。

恒荷载按其对结构有利和不利两种情况分别取 1.0 和 1.2。

恒荷载为控制工况，则其分项系数为 1.35。

屋面活荷载与雪荷载不同时组合，取不利组合进行承载力验算。

温度作用与地震作用不同时组合。

重力荷载代表值中考虑 0.5 倍屋面雪荷载。

（1）DEAD：恒荷载；

（2）LIVE：活荷载；

（3）Wind：风荷载；

（4）EX：X 方向地震作用；

（5）EY：Y 方向地震作用；

（6）EZ：Z 方向地震作用；

（7）T－：降温；

（8）T＋：升温

荷载组合：

（1）1.0D＋1.0L

（2）1.2D＋1.4L

（3）1.35D＋0.98L

（4）1.0D＋1.4Wind

（5）1.2D＋1.4L＋0.84Wind

（6）1.2D＋0.98L＋1.4Wind

（7）1.35D＋0.98L＋0.84Wind

（8）1.0D＋1.4T＋

（9）1.0D＋1.4T－

（10）1.2D＋1.4T＋

（11）1.2D＋1.4T－

（12）1.2D＋0.98L＋1.4T＋

（13）1.2D＋0.98L＋1.4T－

（14）1.2D＋1.4L＋0.84T＋

（15）1.2D＋1.4L＋0.84T－

（16）1.35D＋0.98L＋0.84T＋

（17）1.35D＋0.98L＋0.84T－

（18）1.0D＋0.84Wind＋1.4T＋

（19）1.0D＋0.84Wind＋1.4T－

（20）1.0D＋1.4Wind＋0.84T＋

（21）1.0D＋1.4Wind＋0.84T－

（22）1.2D＋0.98L＋0.84Wind＋1.4T＋

（23）1.2D＋0.98L＋0.84Wind＋1.4T－

（24）1.2D＋1.4L＋0.84Wind＋0.7T＋

（25）1.2D＋1.4L＋0.84Wind＋0.7T－

（26）1.35D＋0.98L＋0.84Wind＋0.7T＋

（27）1.35D＋0.98L＋0.84Wind＋0.7T＋

（28）1.2D＋0.6L＋1.3EX

（29）1.2D＋0.6L＋1.3EY

（30）1.2D＋0.6L＋1.3EZ

（31）1.2D＋0.6L＋1.3EX＋0.5EZ

（32）1.2D＋0.6L＋1.3EY＋0.5EZ

（33）1.2D＋0.6L＋0.5EX＋1.3EZ

（34）1.2D＋0.6L＋0.5EY＋1.3EZ

（35）1.2D＋0.6L＋1.3EX＋0.28Wind

（36）1.2D＋0.6L＋1.3EY＋0.28Wind

3.2.4 结构计算控制指标

（1）结构挠度容许值：恒荷载＋活荷载标准值作用下：$L_0/400$。
（2）构件强度应力比 1.0、稳定应力比 1.0。
（3）构件容许长细比：压弯 150、拉弯 250。

3.2.5 计算模型

采用目前应用较为成熟的结构有限元分析软件 SAP2000（19 版）分析计算，网壳上节点荷载以施加均布面荷载的方式均匀导荷到节点上，通过对每个虚面施加不同的风荷载体型系数的方法计算风荷载，对所有钢构件升温 30℃和降温 20℃以考虑温度作用，通过振型分解反应谱法来计算三个方向的地震作用。荷载分布及计算模型分别见图 3.3 和图 3.4。

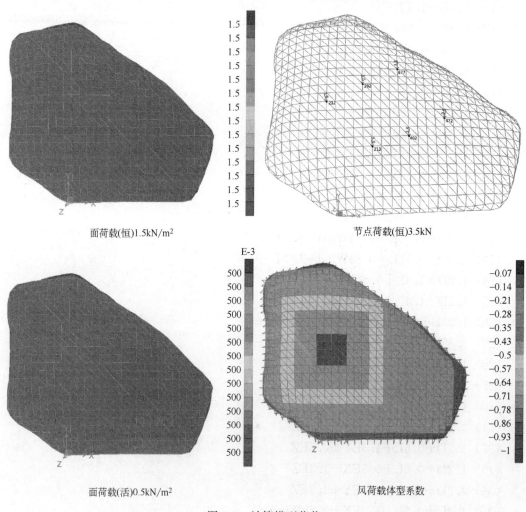

面荷载(恒)1.5kN/m²　　　　　　　　节点荷载(恒)3.5kN

面荷载(活)0.5kN/m²　　　　　　　　风荷载体型系数

图 3.3　计算模型荷载

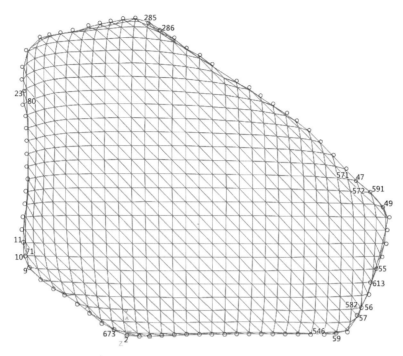

图 3.4　计算简图（支座均为单方向铰接的固定铰支座）

3.3　计算结果（各工况挠度、应力比）

3.3.1　振型模态

前 12 阶振型模态见图 3.5。

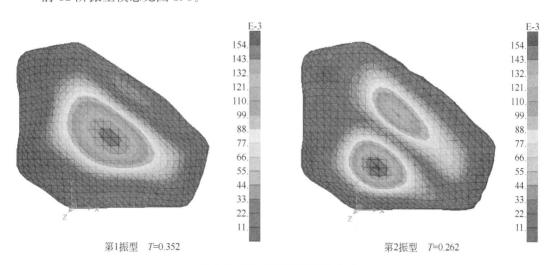

图 3.5　前 12 阶振型模态（一）

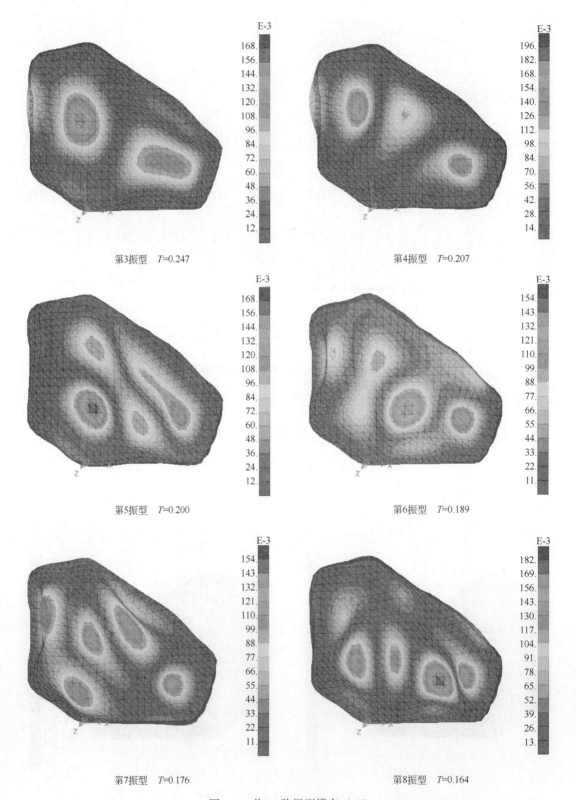

图 3.5　前 12 阶振型模态（二）

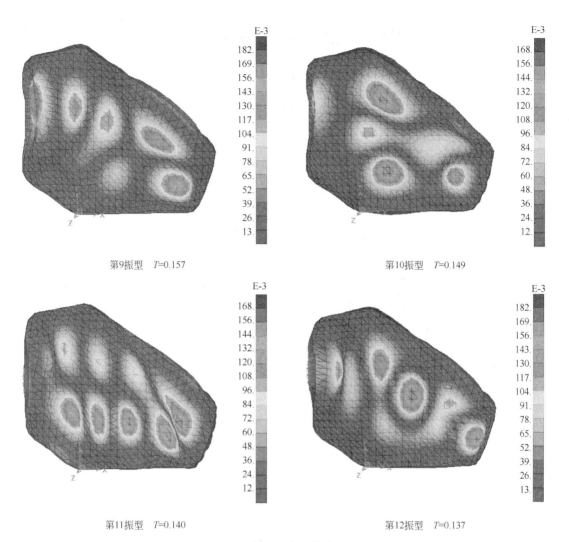

第9振型　T=0.157　　　　　　　　　　　　　第10振型　T=0.149

第11振型　T=0.140　　　　　　　　　　　　　第12振型　T=0.137

图 3.5　前 12 阶振型模态（三）

3.3.2　挠度

在各标准组合中，1.0D＋1.0L 工况下网壳顶部竖向位移值最大，为 41.16mm，小于《空间网格结构技术规程》JGJ 7-2010 对网壳屋盖结构最大容许变形值的规定：短向跨度的 1/400＝93.9mm。具体见图 3.6。

3.3.3　应力比

包络工况下所有杆件最大应力比云图见图 3.7，主管应力比见图 3.8。

结构 30 道主管杆件中，应力比最大的 3 道主管杆件应力比见图 3.9。主管中应力比大于 0.6 的主要杆件信息见表 3.3。

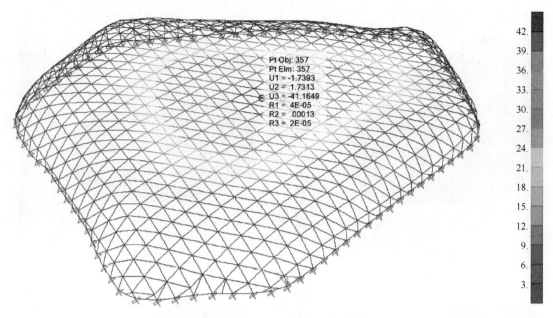

图 3.6　1.0D+1.0L 标准组合下挠度

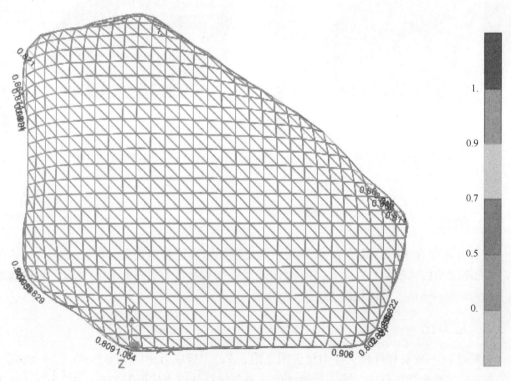

图 3.7　包络工况下所有杆件最大应力比云图

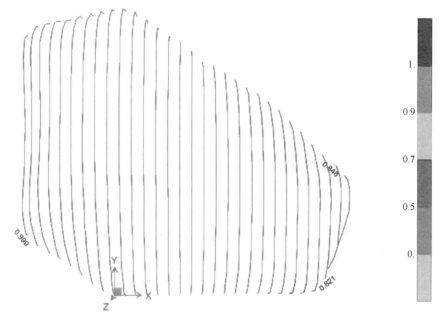

图 3.8　主管应力比

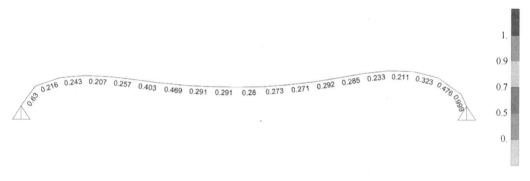

第1道主管应力比

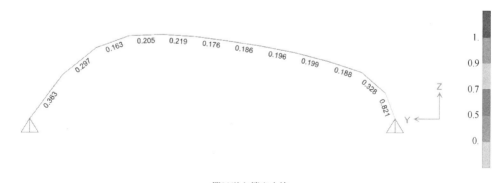

第28道主管应力比

图 3.9　主管应力比（一）

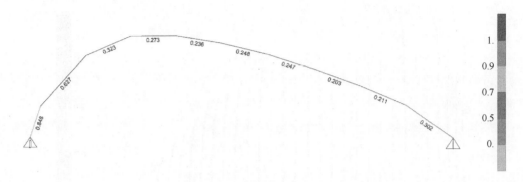

第29道主管应力比

图 3.9　主管应力比（二）

主管中应力比大于 0.6 的主要杆件信息　　　　　　　　　　表 3.3

杆件编号	两端节点号	截面尺寸	控制工况	强度应力比	稳定应力比	轴力 N	弯矩 M_{33}	弯矩 M_{22}	剪力 V_{22}	剪力 V_{33}	长度	是否合格
						kN	kN·m	kN·m	kN	kN	m	
1	9-71	ZGG-2 350×150×10	1.2D+0.98L +1.4T+	0.99	0.869	−313	11	−103	67	−157	0.79	是
605	591-48	ZGG-3 250×100×8	1.2D+0.98L +1.4T+	0.85	0.746	188	12	25	−32	−37	1.03	是
584	57-582	ZGG-3 250×100×8	1.2D+0.98L +1.4T+	0.82	0.680	−220	13	22	23	25	1.24	是
20	8-100	ZGG-2 350×150×10	1.2D+0.98L +1.4T+	0.67	0.609	−187	14	−66	34	−95	0.78	是
539	60-546	ZGG-3 250×100×8	1.2D+0.98L +1.4T+	0.66	0.481	281	−24	−4	12	4	2.10	是
19	84-28	ZGG-2 350×150×10	1.2D+0.98L +1.4T+	0.63	0.581	−142	9	−67	−21	62	1.40	是
604	590-591	ZGG-3 250×100×8	1.2D+0.98L +1.4T+	0.63	0.381	332	−20	−3	11	1	2.20	是
612	598-49	ZGG-3 250×100×8	1.2D+0.98L +1.4T+	0.62	0.463	214	5	18	−10	−19	1.46	是

　　支管的应力比云图如图 3.10 所示，所有支管中应力比大于 0.9 的在图中用数字标注，详细杆件信息见表 3.4。

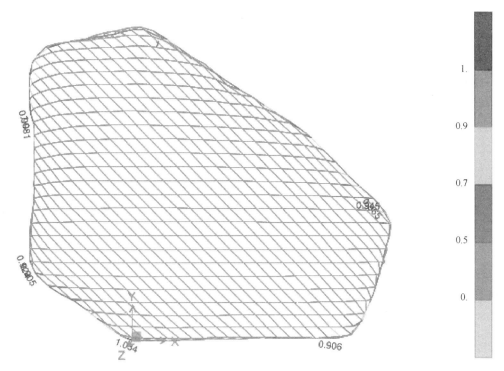

图 3.10　支管应力比

支管中应力比大于 0.7 的主要杆件信息　　　　　　表 3.4

杆件编号	两端节点号	截面尺寸	控制工况	强度应力比	稳定应力比	轴力 N	弯矩 M_{33}	弯矩 M_{22}	剪力 V_{22}	剪力 V_{33}	长度	是否合格
						kN	kN·m	kN·m	kN	kN	m	
607	660-22	ZG-2 250×100×8	1.2D+0.98L +1.4T+	1.08	0.732	−601	7	19	−24	−70	0.49	否
715	2-673	ZG-2 250×100×8	1.2D+0.98L +1.4T+	1.03	0.360	−601	−3	22	−8	43	0.80	否
1890	285-286	ZG-1 180×100×6	1.2D+0.98L +1.4T+	0.99	0.632	−522	−1	1	0	−1	2.62	是
1473	23-80	ZG-1 180×100×6	1.2D+0.98L +1.4T+	0.98	0.756	−462	−5	−2	−4	−2	2.14	是
1933	591-49	ZG-1 180×100×6	1.2D+0.98L +1.4T+	0.96	0.982	−432	6	5	−6	−4	2.17	是
1061	572-591	ZG-1 180×100×6	1.2D+0.98L +1.4T+	0.94	0.260	−397	−11	−1	9	1	1.77	是
624	10-11	ZG-2 250×100×8	1.2D+0.98L +1.4T+	0.92	0.695	−563	−20	8	45	−9	0.83	是

杆件编号	两端节点号	截面尺寸	控制工况	强度应力比	稳定应力比	轴力 N	弯矩 M_{33}	弯矩 M_{22}	剪力 V_{22}	剪力 V_{33}	长度	是否合格
						kN	kN·m	kN·m	kN	kN	m	
1648	546-59	ZG-1 180×100×6	1.2D+0.98L +1.4T+	0.91	0.955	−412	−7	1	−4	2	2.57	是
623	9-10	ZG-2 250×100×8	1.2D+0.98L +1.4T+	0.90	0.680	−489	−16	13	−31	14	1.11	是
1492	24-81	ZG-1 180×100×6	1.2D+0.98L +1.4T+	0.87	0.934	−396	−3	3	0	−2	2.31	是
1512	25-651	ZG-1 180×100×6	1.2D+0.98L +1.4T+	0.86	0.909	−321	−6	3	2	−3	2.42	是
1089	571-47	ZG-1 180×100×6	1.2D+0.98L +1.4T+	0.86	0.915	−396	−2	−5	2	4	2.14	是
762	582-56	ZG-1 180×100×6	1.2D+0.98L +1.4T+	0.86	0.752	123	18	−5	−15	4	1.75	是
621	8-674	ZG-2 250×100×8	1.2D+0.98L +1.4T+	0.83	0.672	−542	−4	15	−8	19	1.10	是
688	55-613	ZG-2 250×100×8	1.2D+0.98L +1.4T+	0.82	0.667	−535	−4	15	−11	28	0.67	是
1578	84-87	ZG-1 180×100×6	1.2D+0.98L +1.4T+	0.82	0.876	−251	−9	−1	−3	−1	3.00	是
1192	22-80	ZG-1 180×100×6	1.2D+0.98L +1.4T+	0.81	0.431	275	7	6	−4	−8	1.37	是
1032	590-598	ZG-1 180×100×6	1.2D+0.98L +1.4T+	0.81	0.878	−329	−7	−2	3	1	1.96	是
614	688-3	ZG-2 250×100×8	1.2D+0.98L +1.4T+	0.81	0.698	−544	0	−16	0	22	0.86	是
787	581-56	ZG-1 180×100×6	1.2D+0.98L +1.4T+	0.80	0.767	85	21	−2	−15	1	2.17	是
692	635-58	ZG-2 250×100×8	1.2D+0.98L +1.4T+	0.80	0.707	−554	−2	14	5	−16	0.92	是
613	1-688	ZG-2 250×100×8	1.2D+0.98L +1.4T+	0.80	0.721	−559	−2	14	−5	16	0.86	是
1624	517-60	ZG-1 180×100×6	1.2D+0.98L +1.4T+	0.80	0.827	−356	−5	1	−3	1	2.37	是
639	661-21	ZG-2 250×100×8	1.2D+0.98L +1.4T+	0.79	0.610	−582	−3	12	10	−39	0.58	是

续表

杆件编号	两端节点号	截面尺寸	控制工况	强度应力比	稳定应力比	轴力 N	弯矩 M_{33}	弯矩 M_{22}	剪力 V_{22}	剪力 V_{33}	长度	是否合格
						kN	kN·m	kN·m	kN	kN	m	
1533	26-82	ZG-1 180×100×6	1.2D+0.98L +1.4T+	0.79	0.819	−313	−6	4	3	−3	2.46	是
597	21-660	ZG-2 250×100×8	1.2D+0.98L +1.4T+	0.78	0.570	−519	−6	−10	9	17	1.01	是
1258	25-82	ZG-1 180×100×6	1.2D+0.98L +1.4T+	0.78	0.489	228	−11	4	7	−4	1.98	是
1601	28-86	ZG-1 180×100×6	1.2D+0.98L +1.4T+	0.77	0.813	−276	−4	−4	1	3	3.15	是
1001	597-50	ZG-1 180×100×6	1.2D+0.98L +1.4T+	0.76	0.820	−368	−6	1	−4	1	2.34	是
617	689-5	ZG-2 250×100×8	1.2D+0.98L +1.4T+	0.76	0.642	−548	5	−10	−11	13	0.93	是
690	56-57	ZG-2 250×100×8	1.2D+0.98L +1.4T+	0.76	0.643	−551	0	13	0	−14	1.70	是
615	3-4	ZG-2 250×100×8	1.2D+0.98L +1.4T+	0.75	0.644	−551	0	13	0	13	1.87	是
691	57-635	ZG-2 250×100×8	1.2D+0.98L +1.4T+	0.75	0.654	−549	−1	−12	−1	−14	1.16	是
689	613-56	ZG-2 250×100×8	1.2D+0.98L +1.4T+	0.74	0.618	−563	−2	11	5	−18	0.99	是
1932	598-50	ZG-1 180×100×6	1.2D+0.98L +1.4T+	0.74	0.779	−368	−3	2	−2	2	2.03	是
700	64-652	ZG-2 250×100×8	1.0D+0.84 Wind+1.4T+	0.72	0.583	−577	−3	9	−12	34	0.46	是
678	48-49	ZG-2 250×100×8	1.2D+0.98L +1.4T+	0.72	0.732	−551	0	9	0	8	2.16	是
1871	286-326	ZG-1 180×100×6	1.2D+0.98L +1.4T+	0.72	0.748	−345	−4	−1	−4	−1	2.12	是
1116	547-46	ZG-1 180×100×6	1.2D+0.98L +1.4T+	0.71	0.651	−205	10	4	−6	−2	2.19	是
661	34-33	ZG-2 250×100×8	1.2D+0.98L +0.84Wind +1.4T+	0.71	0.613	−551	0	10	0	11	1.76	是
1555	27-83	ZG-1 180×100×6	1.2D+0.98L +1.4T+	0.71	0.647	−248	−7	4	6	−4	2.27	是

杆件编号	两端节点号	截面尺寸	控制工况	强度应力比	稳定应力比	轴力 N	弯矩 M_{33}	弯矩 M_{22}	剪力 V_{22}	剪力 V_{33}	长度	是否合格
						kN	kN·m	kN·m	kN	kN	m	
668	39-40	ZG-2 250×100×8	1.2D+0.98L +0.84Wind +1.4T+	0.71	0.614	−551	0	10	0	11	1.74	是
1671	545-638	ZG-1 180×100×6	1.2D+0.98L +1.4T+	0.71	0.765	−280	−6	1	2	−1	2.26	是
616	4-689	ZG-2 250×100×8	1.2D+0.98L +1.4T+	0.71	0.643	−551	4	8	9	8	0.95	是
669	40-480	ZG-2 250×100×8	1.2D+0.98L +1.4T+	0.71	0.609	−551	0	10	0	11	1.75	是
648	28-29	ZG-2 250×100×8	1.2D+0.98L +1.4T+	0.71	0.613	−551	0	11	0	−12	1.80	是
1556	83-88	ZG-1 180×100×6	1.2D+0.98L +1.4T+	0.71	0.760	−223	−9	−1	−4	−1	2.77	是
670	480-41	ZG-2 250×100×8	1.2D+0.98L +1.4T+	0.70	0.607	−551	0	9	0	11	1.76	是
673	43-44	ZG-2 250×100×8	1.2D+0.98L +1.4T+	0.70	0.734	−551	0	8	0	8	2.06	是
667	38-39	ZG-2 250×100×8	1.2D+0.98L +1.4T+	0.70	0.615	−551	0	11	0	12	1.75	是
664	36-389	ZG-2 250×100×8	1.2D+0.98L +1.4T+	0.70	0.612	−551	0	−11	0	12	1.76	是
663	35-36	ZG-2 250×100×8	1.2D+0.98L +0.84 Wind +1.4T+	0.70	0.501	−551	0	−9	0	10	1.75	是
660	285-34	ZG-2 250×100×8	1.2D+0.98L +1.4T+	0.70	0.608	−551	0	11	0	12	1.75	是
662	33-35	ZG-2 250×100×8	1.2D+0.98L +1.4T+	0.70	0.599	−551	0	9	0	11	1.75	是
647	27-28	ZG-2 250×100×8	1.2D+0.98L +1.4T+	0.70	0.708	−551	0	10	0	0	0.97	是
671	41-42	ZG-2 250×100×8	1.2D+0.98L +1.4T+	0.70	0.605	−551	0	9	0	10	1.79	是
674	44-45	ZG-2 250×100×8	1.2D+0.98L +1.4T+	0.70	0.726	−551	0	8	0	8	2.11	是

3.4　稳定分析

3.4.1　工程结构的稳定系数

$$K = \frac{P_{cr}}{P} = \frac{P_d + \lambda_{cr} P_a}{P_d + P_a} \tag{3.1}$$

式中　P——结构实际总荷载，包括结构自重、恒荷载、活荷载；

　　　P_{cr}——结构稳定极限承载力，即荷载增量加载过程中总刚矩阵不正定时对应的结构
　　　　　　承载力；

　　　P_d——该施工过程的结构自重；

　　　P_a——结构的恒荷载、活荷载；

　　　λ_{cr}——极限加载系数，即结构失稳时对应的加载倍数。

　　按第二类稳定即丧失承载能力的概念，用极限状态法设计结构时，稳定与最终的极限
承载力是统一的，因此，结构的稳定安全系数与强度安全系数也是一致的。按照《空间网
格结构技术规程》JGJ 7-2010，做最终的承载能力极限状态计算时，第二类稳定理论计算
结构的稳定性与按极限状态设计方法计算结构的最终极限承载能力也是一致的。无论是
《空间网格结构技术规程》或其他可供参考的结构设计规范，均规定了结构稳定性判别的
控制阈值，其取值原理大致推导如下：

　　若取荷载分项系数为 1.2；设计强度对应的材料安全系数为 1.25（即强屈比），采用
标准强度时，钢材的材料安全系数为 1.25β（β 为标准强度与设计强度的比值，对 Q235 钢
材，$\beta = 235/215$）；结构工作条件系数为 0.95，则结构整体安全系数为：

$$K > \frac{1.2 \times 1.25}{0.95} \times \frac{235}{215} = 1.73$$

　　兼顾计算分析的不精确性，上式一般需乘以 1.2 的经验系数。因此，考虑大变形及弹
塑性影响时，结构整体稳定系数一般取 2.0；若不考虑弹塑性影响，根据多种单层网壳的
统计分析结果，弹性极限荷载与弹塑性极限荷载之比平均约为 2.1，则相应的系数 K 可取
为 $2 \times 2.1 = 4.2$，因此大多数规范要求结构稳定性系数不低于 4.2。

3.4.2　屈曲模态结果

　　屈曲模态分析结果见表 3.5。

屈曲模态分析结果　　　　　　　　　　　　　　　　　　　　表 3.5

失稳模态	1	2	3	4	5	6	7	8	9	10	11	12
屈曲因子	21.7	22.3	24.9	25.6	26.9	27.9	28.5	29.5	31.0	32.9	34.0	36.6

3.4.3　非线性极限承载力

　　按照倍数施加（恒荷载＋活荷载）工况下的结构荷载，考虑几何非线性和 P-Δ 效应，

进行全过程的静力非线性分析，通过捕捉分析全过程的第一个临界点处的荷载值，作为网壳结构的稳定极限承载力。选取捕捉的节点位置见图 3.11，各节点的荷载-位移曲线如图 3.12 所示。

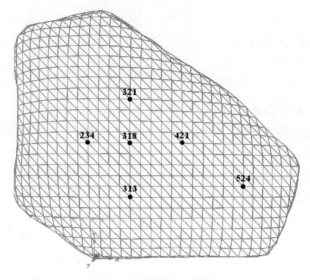

图 3.11　捕捉的节点位置

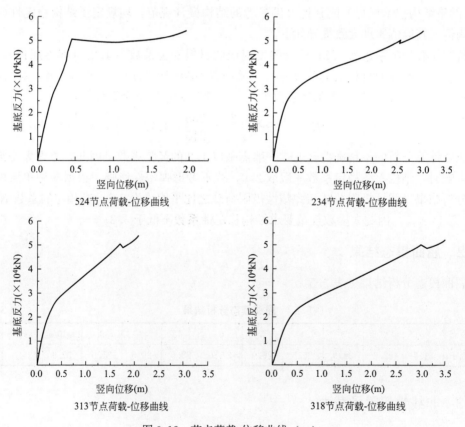

图 3.12　节点荷载-位移曲线（一）

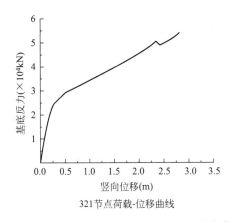

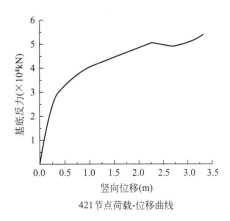

図 3.12　节点荷载-位移曲线（二）

捕捉到各点的极值点极限承载力最小值约为 50605kN，恒荷载＋活荷载标准值约为 4522kN，则安全系数 $K＝50605/4522＝11.19＞4.2$，满足《空间网格结构技术规程》JGJ 7-2010 的要求。

3.5　施工方案的选取

《空间网格结构技术规程》所给出的 7 种方法中，第 3～7 种方法对于本工程不适用。

高空散装法适用于全支架拼装的各种类型的空间网格结构，尤其适用于螺栓连接、销轴连接等非焊接连接的结构。对于高空全焊接工程其优势不明显，并且施工支架费用较高。

分条或分块安装法是本工程施工方法中最为合理的选择。

分条或分块安装法适用于分割后结构的刚度和受力状况改变较小的空间网格结构。分条或分块的大小应根据起重设备的起重能力确定。

该结构主次结构杆件截面特征差别明显，结构沿主结构方向传力，主结构之间用较弱的支杆连接。条状分割后，多数主结构的刚度和受力状况改变较小。同时，条状安装法施工简便、高效、经济合理。仅在两端有几榀主刚架结构的受力状况影响较大，这几榀主刚架结构可以通过设置临时支撑等措施来消除不利影响。

1. 提升安装顺序

本网壳结构采用单层主次刚架结构布置形式。采用大型起重机（450t）对主刚架实施吊装，由北向南依次安装。每榀刚架调整就位后，通过 3 道支撑对主结构刚架进行临时固定，并在主刚架顶部接近三等分区域开始两道次刚架的安装，对主刚架起到支撑作用。所有主刚架安装完成后，由外到里（由下向上）依次进行次刚架吊装焊接。

2. 吊装分析与吊具

本工程主次刚架结构杆件均采用矩形钢管，最大规格为 □350×150×12。主刚架最大长度约 35m，最大重量约 3.3t。

主刚架采用 450t 汽车起重机进行吊装，LTM1350/1-450t 全液压汽车起重机，支腿开距＝8.85×8.5m、旋转角度＝360°、标准配重＝87.5t，满足要求。

次构件由 1t 的电葫芦吊装，辅助滑轮。

3.6 施工过程模拟

3.6.1 施工阶段划分

利用 SAP2000 软件建立结构的有限元模型，为所有杆件附上截面和材料，对结构施加外荷载（自重和施工荷载），对模型和节点进行分组。网壳成型过程可分为多阶段，为分析方便将其分为 7 个阶段，即将整个模型的节点和单元按安装顺序分成 7 组。图 3.13 为从整体模型中提取的各个安装成形阶段的结构模型。

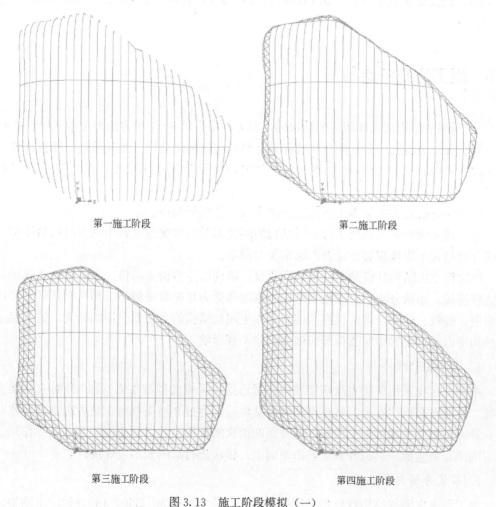

第一施工阶段　　　　　　　　　　第二施工阶段

第三施工阶段　　　　　　　　　　第四施工阶段

图 3.13　施工阶段模拟（一）

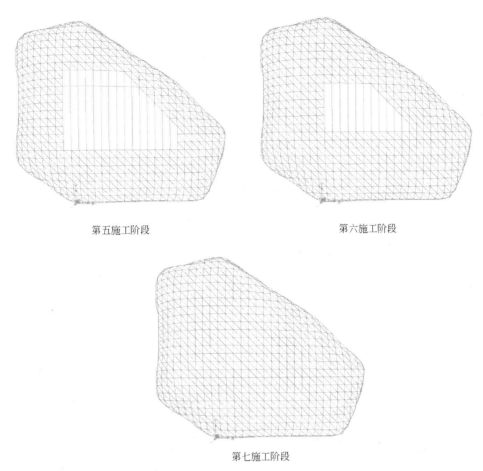

第五施工阶段　　　　　　　　　　　第六施工阶段

第七施工阶段

图 3.13　施工阶段模拟（二）

3.6.2　挠度

施工完成后各主管在自重作用下的挠度见图 3.14。

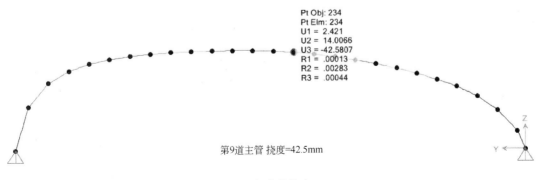

Pt Obj: 234
Pt Elm: 234
U1 = 2.421
U2 = 14.0066
U3 = -42.5807
R1 = .00013
R2 = .00283
R3 = .00044

第9道主管 挠度=42.5mm

图 3.14　各主管挠度（一）

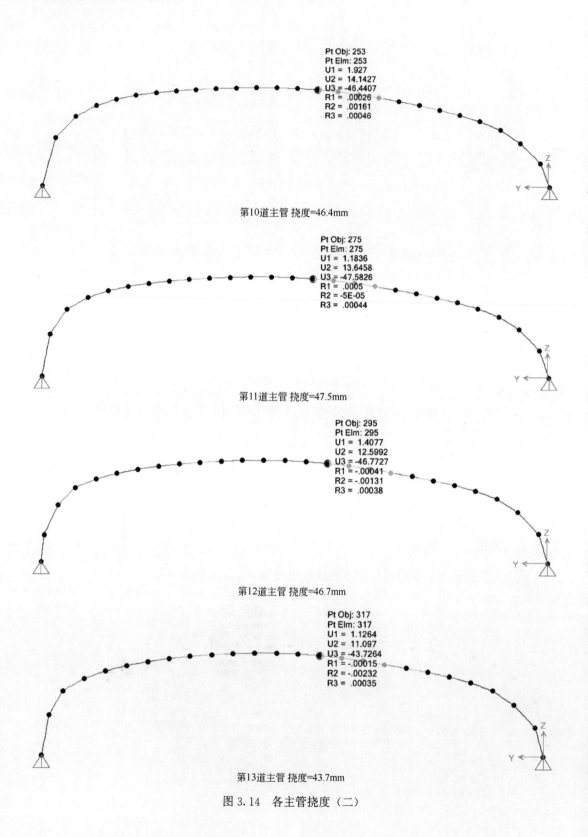

Pt Obj: 253
Pt Elm: 253
U1 = 1.927
U2 = 14.1427
U3 = -46.4407
R1 = .00026
R2 = .00161
R3 = .00046

第10道主管 挠度=46.4mm

Pt Obj: 275
Pt Elm: 275
U1 = 1.1836
U2 = 13.6458
U3 = -47.5826
R1 = .0005
R2 = -5E-05
R3 = .00044

第11道主管 挠度=47.5mm

Pt Obj: 295
Pt Elm: 295
U1 = 1.4077
U2 = 12.5992
U3 = -46.7727
R1 = -.00041
R2 = -.00131
R3 = .00038

第12道主管 挠度=46.7mm

Pt Obj: 317
Pt Elm: 317
U1 = 1.1264
U2 = 11.097
U3 = -43.7264
R1 = -.00015
R2 = -.00232
R3 = .00035

第13道主管 挠度=43.7mm

图 3.14　各主管挠度（二）

结构在标准荷载下的计算结果见图 3.15。

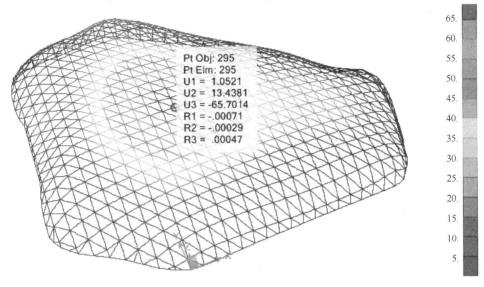

图 3.15　标准荷载下的挠度

施工完成后结构在标准组合（恒荷载＋活荷载）作用下的挠度为 65.7mm，满足《空间网格结构技术规程》的要求，但明显比不考虑阶段施工影响的结构挠度大。

3.6.3　主刚架在自重和施工荷载下的应力比

主管在自重和施工荷载下的应力比见图 3.16，施工后主管受力见表 3.6。

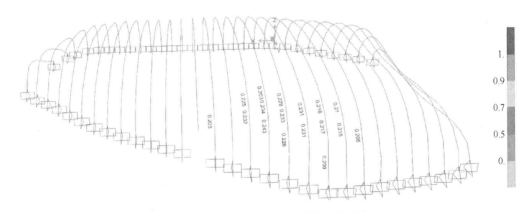

图 3.16　主管在自重和施工荷载下的应力比

施工后主管受力较大杆件信息　　　　　　　　　　　　表 3.6

杆件编号	杆件截面	控制工况	强度应力比	轴力 N	弯矩 M_{33}	弯矩 M_{22}	剪力 V_{22}	剪力 V_{33}	长度
				kN	kN·m	kN·m	kN	kN	m
178	350×150×12	恒＋施工荷载	0.21	−28	−44	0	4	0	1.72
179	350×150×12	恒＋施工荷载	0.21	−31	−44	1	−3	0	2.27

杆件编号	杆件截面	控制工况	强度应力比	轴力 N	弯矩 M_{33}	弯矩 M_{22}	剪力 V_{22}	剪力 V_{33}	长度
				kN	kN·m	kN·m	kN	kN	m
205	350×150×12	恒＋施工荷载	0.20	−25	−42	1	−5	0	2.46
230	350×150×12	恒＋施工荷载	0.22	−35	−45	0	5	0	1.69
231	350×150×12	恒＋施工荷载	0.22	−38	−44	0	−2	0	2.15
232	350×150×12	恒＋施工荷载	0.21	−48	−42	0	−12	0	3.55
256	350×150×12	恒＋施工荷载	0.23	−38	−47	0	5	0	1.70
257	350×150×12	恒＋施工荷载	0.23	−37	−47	0	−5	0	2.14
281	350×150×12	恒＋施工荷载	0.23	−31	−47	−1	7	0	1.61
282	350×150×12	恒＋施工荷载	0.23	−34	−47	−1	−1	0	1.68
283	350×150×12	恒＋施工荷载	0.23	−36	−45	−1	−9	0	2.27
305	350×150×12	恒＋施工荷载	0.20	−33	−41	−1	7	0	1.58
306	350×150×12	恒＋施工荷载	0.23	−36	−48	−1	5	−1	1.71
307	350×150×12	恒＋施工荷载	0.24	−35	−48	−2	−8	0	1.90
330	350×150×12	恒＋施工荷载	0.22	−31	−46	−1	6	0	1.66
331	350×150×12	恒＋施工荷载	0.23	−32	−46	−2	−4	−1	1.86
378	350×150×10	恒＋施工荷载	0.20	−24	−32	−3	−9	−1	2.02

3.6.4 支管在自重和施工荷载下的应力比

支管在自重和施工荷载下的应力比见图 3.17，施工后支管受力见表 3.7。

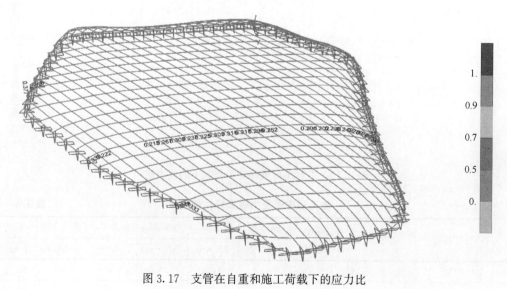

图 3.17 支管在自重和施工荷载下的应力比

施工后支管受力较大杆件信息　　　　　　　　　　　表 3.7

| 杆件编号 | 杆件截面 | 控制工况 | 强度应力比 | 轴力 N | 弯矩 M_{33} | 弯矩 M_{22} | 剪力 V_{22} | 剪力 V_{33} | 长度 |
				kN	kN·m	kN·m	kN	kN	m
1144	180×100×6	恒＋施工荷载	0.51	−61	−13	−1	−4	−1	2.31
939	180×100×6	恒＋施工荷载	0.38	−30	−7	−3	−4	−4	1.72
1167	180×100×6	恒＋施工荷载	0.34	−42	8	1	−5	0	2.36
1892	180×100×6	恒＋施工荷载	0.33	3	−7	−4	−5	−4	1.97
1158	180×100×6	恒＋施工荷载	0.33	−73	−4	−3	3	4	1.51
1155	180×100×6	恒＋施工荷载	0.32	−67	4	3	2	4	1.49
1156	180×100×6	恒＋施工荷载	0.32	−69	3	3	3	5	1.49
1160	180×100×6	恒＋施工荷载	0.30	−68	−4	−3	4	4	1.52
1157	180×100×6	恒＋施工荷载	0.30	−71	−3	−3	3	5	1.50
1154	180×100×6	恒＋施工荷载	0.30	−66	4	2	2	3	1.49
1146	180×100×6	恒＋施工荷载	0.29	−50	−3	−4	−2	−4	1.80
1161	180×100×6	恒＋施工荷载	0.27	−62	−3	−3	2	4	1.53
1145	180×100×6	恒＋施工荷载	0.27	−53	−4	−2	−2	−2	2.06
1153	180×100×6	恒＋施工荷载	0.25	−65	4	1	1	1	1.49
1147	180×100×6	恒＋施工荷载	0.25	−48	−1	−4	−1	−5	1.62
1148	180×100×6	恒＋施工荷载	0.24	−48	1	4	−1	−5	1.55
1159	180×100×6	恒＋施工荷载	0.24	−70	−2	−2	1	3	1.51
1275	180×100×6	恒＋施工荷载	0.23	−5	−5	2	−6	2	1.78
938	180×100×6	恒＋施工荷载	0.23	−22	−6	−1	2	0	1.97
1166	180×100×6	恒＋施工荷载	0.22	−46	−3	−2	1	2	1.80
1934	180×100×6	恒＋施工荷载	0.22	−3	−6	1	−5	0	2.16
1162	180×100×6	恒＋施工荷载	0.21	−58	−2	−2	1	3	1.54
1150	180×100×6	恒＋施工荷载	0.20	−55	2	2	−1	−2	1.50
1149	180×100×6	恒＋施工荷载	0.20	−51	1	3	0	−4	1.51

此次采用的施工顺序与实际施工时的顺序相似，在一定程度上能反映实际结构在施工结束后的受力和变形状态。

3.7　关于单层网壳结构设计施工的几个问题

图 3.18 为采光顶单层网壳结构透视图。结构杆件设计时，按照图中颜色分别选用不同尺寸大小的断面。从左向右分别是主钢管，即

ZGG-2：□300×150×10；

ZGG-1：□350×150×12；

ZGG-2：□300×150×10；

ZGG-3：□250×100×8。

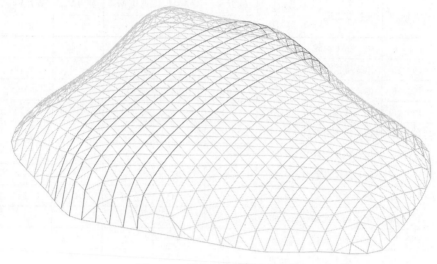

图 3.18　采光顶单层网壳透视图

其余构件除环向最低层外为支钢管 1，ZG-1：□180×100×6，环向最底层构件为支钢管 2，ZG-2：□250×100×8。具体见图 3.19。

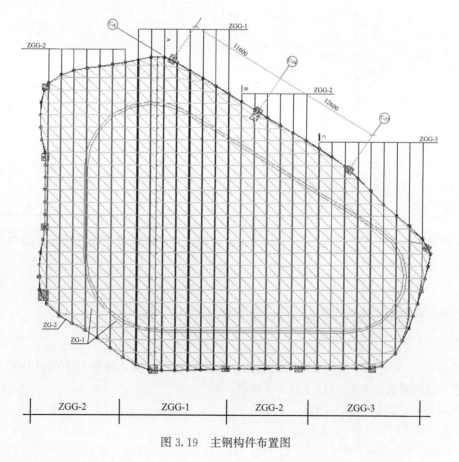

图 3.19　主钢构件布置图

3.7.1 主要构件单向布置问题

单向布置原因：受施工场地、工期等限制，该网壳结构不能搭设胎模，也不能架设提升塔架，同时屋面也不能提供整体或分片施工所需场地。所以只能采用分条施工，采用汽车起重机进行提升吊装（图 3.20）。

图 3.20　主结构构件吊装

本工程结构平面投影尺寸为 37.58m×44.83m（图 3.1）。如果考虑纵向仅仅是局部突出所致纵横尺寸差异，那么该网壳平面可以认为双向尺寸接近，结构杆件截面采取双向接近尺寸较为合理。

按照《空间网格结构技术规程》5.1.5 条要求，为了避免相邻杆件规格过于悬殊，而造成杆件截面刚度的突变，故从构造要求考虑，其受力方向相连续的杆件截面面积之比不宜超过 1.8。本工程中，相邻主杆的截面之比满足该要求；次杆件由于单斜杆的存在，其总合截面与主杆截面之比也满足该要求。

为了避免小规格低应力杆件受制作、安装及活荷载分布影响出现弯曲变形，《空间网格结构技术规程》规定对小规格拉杆宜按压杆来控制长细比。本工程次杆件满足该要求。

3.7.2 主杆件截面主轴非法线方向布置问题

主杆件 ZGG2 和 ZGG3，特别是处于结构左右两侧、起伏变化较大的数道主杆件，其截面主轴始终是竖向分布，并未如网壳结构要求的按法向布置。特别是 ZGG2 中的 1~4 道主结构（图 3.21、图 3.22），其远远偏离了主轴法向布置。

主结构杆件主轴非法线方向布置，必然使得结构在壳面内、外的刚度产生差异。就本结构实际而言，面外刚度减小，面内刚度增大。

《空间网格结构技术规程》对单层壳体结构杆件计算长度分析指出，由于单层网壳在

图 3.21　主结构杆件实际布置图

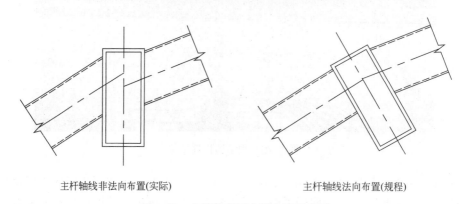

主杆轴线非法向布置(实际)　　　　　　　　主杆轴线法向布置(规程)

图 3.22　主钢管截面主轴布置示意图

壳体曲面内、外的屈曲模态不同，因此，其杆件在壳体曲面内、外的计算长度不同。

在壳体曲面内，壳体屈曲模态类似于无侧移的平面刚架。由于空间汇交的杆件较少，且相邻环向（纵向）杆件的内力、截面都较小，因此相邻杆件对压杆的约束作用不大，这样其计算长度主要取决于节点对杆件的约束作用。根据我国的试验研究，考虑焊接空心球节点与相贯节点对杆的约束作用时，杆件计算长度可取为 $0.9l$，而毂节点在壳体曲面内对杆件的约束作用很小，杆件的计算长度应取为几何长度。

在壳体曲面外，壳体有整体屈曲和局部凹陷两种屈曲模态，在规定杆件计算长度时，仅考虑了局部凹陷一种屈曲模态。由于网壳环向（纵向）杆件可能受压、受拉或内力为零，因此其横向压杆的支承作用不确定，在考虑压杆计算长度时，可以不计其影响，而仅考虑压杆远端的横向杆件给予的弹性转动约束。经简化计算，并适当考虑节点的约束作用，取其计算长度为 $1.6l$。

按照上述分析，本结构采取的杆件截面主轴非法线方向布置，减小了网壳面外刚度，相对于常规法向杆件布置的单层网壳结构而言，是偏于不安全的。

为了探索这种不利因素的影响大小，特意进行了两种布置模型的比对计算，结果见表3.8。可以看出，就本结构而言，其最大应力比影响在 0.06 范围内。

主管应力比比较（截面主轴非法向与法向布置）　　表 3.8

杆件编号	截面尺寸	控制工况	主钢管非法向布置		主钢管法向布置		长度	是否合格
			强度应力比	稳定应力比	强度应力比	稳定应力比	m	
605	250×100×8	1.2D+0.98L+1.4T+	0.89	0.75	0.91	0.78	1.02	是
1	350×150×10	1.2D+0.98L+1.4T+	0.84	0.75	0.88	0.80	0.81	是
584	250×100×8	1.2D+0.98L+1.4T+	0.83	0.64	0.85	0.68	1.21	是
539	250×100×8	1.2D+0.98L+1.4T+	0.71	0.42	0.74	0.45	2.10	是
604	250×100×8	1.2D+0.98L+1.4T+	0.63	0.40	0.66	0.45	2.20	是
20	350×150×10	1.2D+0.98L+1.4T+	0.66	0.57	0.71	0.63	0.76	是
19	350×150×10	1.2D+0.98L+1.4T+	0.62	0.55	0.68	0.61	1.39	是
612	250×100×8	1.2D+0.98L+1.4T+	0.61	0.43	0.65	0.48	1.45	是

3.7.3　节点

《空间网格结构技术规程》提供的网壳节点连接方式有多种，见图 3.23～图 3.29。

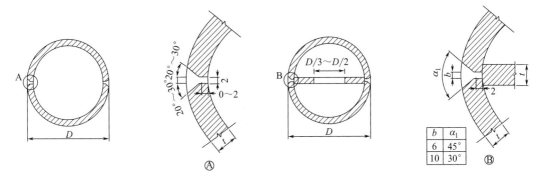

图 3.23　空心球节点连接 1（非加肋和加肋）

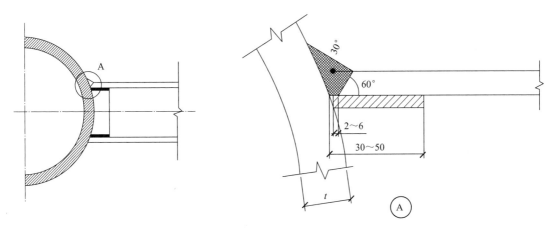

图 3.24　空心球节点连接 2（加套筒）

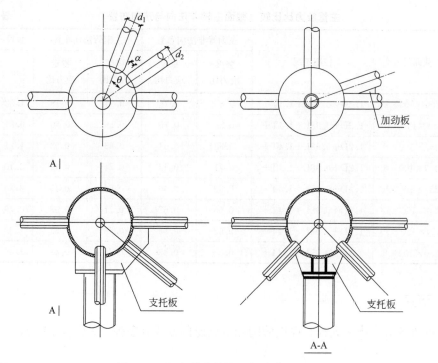

图 3.25　汇交节点构造（加劲肋及支托）

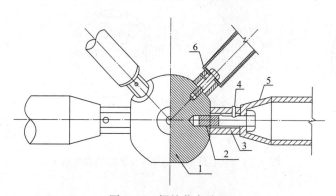

图 3.26　螺栓节点处理

1—钢球；2—高强度螺栓；3—套筒；4—紧固螺钉；5—锥头；6—封板

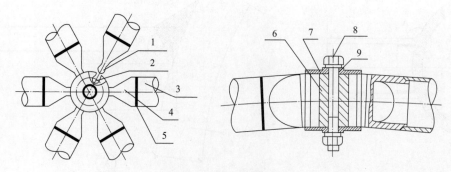

图 3.27　嵌入式毂节点

1—嵌入榫；2—毂体嵌入槽；3—杆件；4—杆端嵌入件；5—连接焊缝；
6—毂体；7—盖板；8—中心螺栓；9—平垫圈、弹簧垫圈

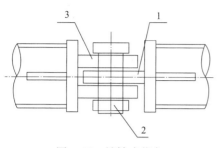

图 3.28　销轴式节点

1—销板Ⅰ；2—销轴；3—销板Ⅱ

图 3.29　铸钢节点

针对单层网壳方钢管节点连接，王佼姣等[5] 设计出图 3.30 连接；金熙等[6] 设计出图 3.31 连接；何伟明等[7] 给出图 3.32 斜面直接焊接节点，并进行了分析。

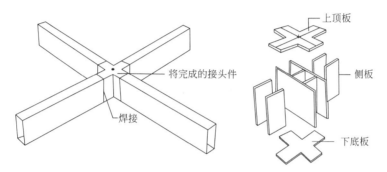

图 3.30　接头件由 9 块钢板焊接组成

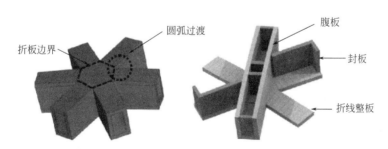

图 3.31　钢板焊接节点组成

本工程结合施工工期、场地等要求，采用主次结构设计，节点分阶段完成。

首先，对于主结构方钢钢管，在工地对工厂完成的构件进行焊接，节点范围（150mm＋150mm）内衬套管，如图 3.33 所示对接连接。

其次，当完成方钢管主结构吊装就位后，再进行次结构钢管与主结构钢管的侧焊缝连接（图 3.34）。

最后，当多个次结构钢管与主钢管汇交时，参考《空间网格结构技术规程》5.2.7 条，应符合下列构造要求：（1）所有汇交杆件的轴线必须通过球中心线；（2）汇交两杆中，截面面积大的杆件必须全截面焊在球上（当两杆截面面积相等时，取受拉杆），另一

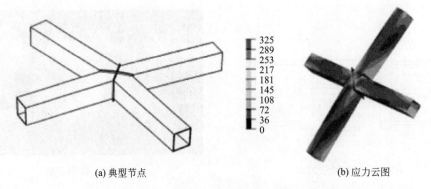

(a) 典型节点   (b) 应力云图

图 3.32　斜面直接焊接节点

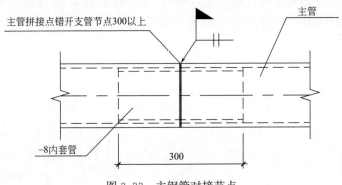

图 3.33　主钢管对接节点

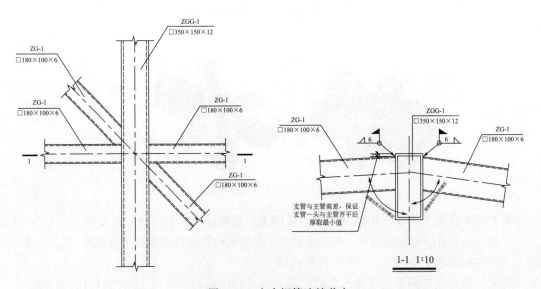

图 3.34　主次钢管连接节点

杆坡口焊在相汇交杆上，但应保证有 3/4 截面焊在主结构上，并应按图 3.25 设置加劲板或支托板（内力大时）。

节点焊缝的分阶段实施，减小了焊接应力集中，减轻了施工难度。

参考文献

［1］郭宏超．矩形管钢网壳采光顶受力分析及安全性评价［D］．西安：西安理工大学，2018.3.

［2］陕西天度云激光科技有限公司．环球广场网架结构检测报告［R］．2018.2.

［3］西安航霄钢结构工程有限公司．钢结构屋面工程施工组织方案［R］．2017.11.

［4］住房和城乡建设部．空间网格结构技术规程：JGJ 7-2010［S］．北京：中国建筑工业出版社，2010.

［5］王佼姣，等．杭州银泰购物广场采光顶大厅网壳结构初步设计［J］．空间结构，2013，19（03）：68-72.

［6］金熙，等．异形节点空间单层网壳结构施工技术［J］．钢结构，2016，31（01）：75-77.

［7］何伟明，等．天津于家堡交通枢纽大跨度单层网壳设计与分析［J］．建筑结构，2012，42（10）：13-17.

第4章

陕能麟游低热值煤发电工程干煤棚网架

4.1 工程概况

陕能麟游低热值煤发电工程干煤棚结构形式为空间网架结构，网架结构平面尺寸为108m×110.5m，网架矢高为3.5m。柱承式钢网架，网架支座标高为2.000m，最大结构标高为36.668m，占地面积约1.2万 m²。网架轴测图见图4.1。

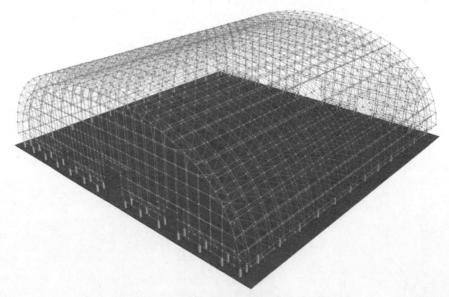

图 4.1 网架轴测图

节点为螺栓球节点，结构属于多次超静定空间结构体系，它改变了一般平面结构的受力状态，能够承受来自各方面的荷载。柱壳弧形网架，结构新颖美观，杆件规律性强，整体性好，空间刚度大，抗震性能好。杆件之间全部采用螺栓连接，安装操作简便。

网架结构正立面布置、平面布置、侧面布置及支座平面布置分别见图 4.2、图 4.3、图 4.4 及图 4.5。

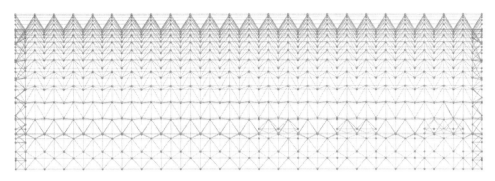

图 4.2　网架正立面图

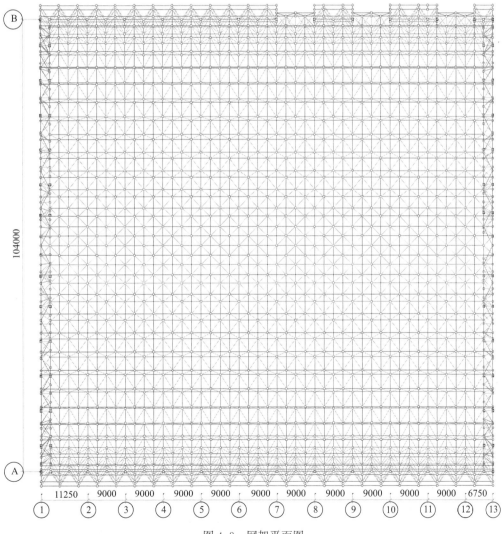

图 4.3　网架平面图

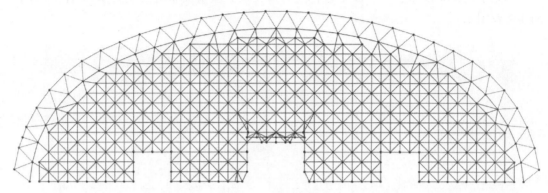

图 4.4 网架侧立面图

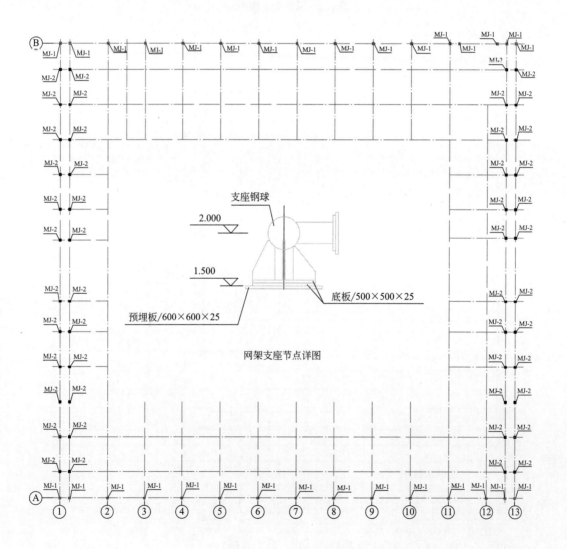

图 4.5 支座平面布置图

整个结构为柱承式、正放四角锥网架，结构面整体呈弧形，网架跨度为 104m，长度为 110.5m。山墙亦为空间网架结构。网架横断面及两端山墙布置见图 4.6 及图 4.7。

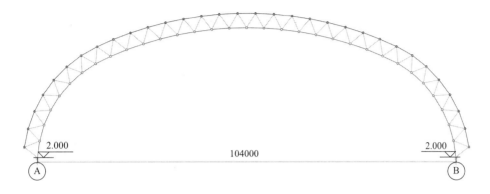

图 4.6　网架横断面图

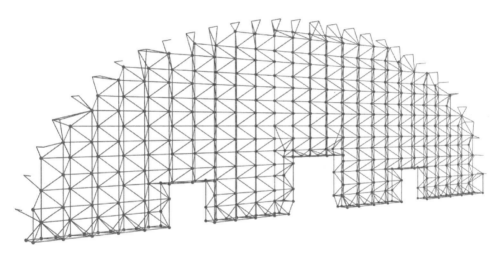

图 4.7　网架两端山墙布置图

整个网架为下弦点支撑，为两侧支撑，支撑点共设置 31 个，支撑点间距为 9m。每侧山墙支撑点为 24 个。网架与下侧混凝土通过支座连接。

4.2　施工整体概述

1. 杆件加工及运输

网架结构杆件涉及弦杆、腹杆、螺栓球，其中弦杆和腹杆为圆管截面。网架杆件及球节点均在工厂进行加工制作，加工完成后对杆件进行捆绑运输至现场，球节点采用箱体装运至现场。

2. 现场施工方案

根据本项目结构形式和现场实际情况，确保其施工进度满足相关要求，拟采取"高空散装"。即 11～13 轴为起步网架区，在地面采用 50t 汽车起重机以 13 轴山墙为起点，将 11～13 轴网架进行散装；1～11 轴为高空散装区，即将此部分网架在 11～13 轴基础上，向左侧高空推进安装。

11～13 轴网架吊装就位后，以此为起点，采用高空散装法安装 1～11 轴网架。高空散装时，可将网架拼装成小单元进行高空散装，其单元形式如图 4.8 所示。

图 4.8　网架拼装单元图

4.3　网架起步安装

网架安装时分起步单元和后续单元，单元划分具体见图 4.9。

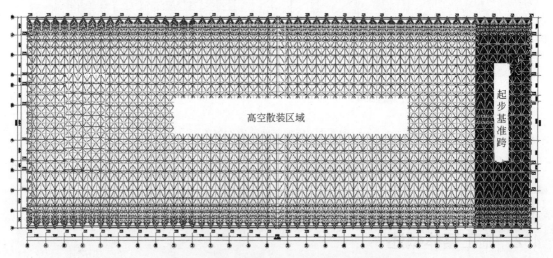

图 4.9　安装时起步单元和后续单元划分

1. 起步单元的选择

11～13 轴山墙为起步网架区。

2. 拼装起步单元

首先采用 50t 起重机辅助安装 13 轴山墙网架，形成安装基准单元（三个网格高度），并调整施工偏差，使其满足设计和规范要求。随后以此基准单元为施工平台，将在地面拼装的小拼单元吊至设计位置进行逐次安装。山墙两侧分 2 组组装，直至 13 轴山墙网架安装完毕。网架安装的基本方法为散装法。起步单元安装见图 4.10。

图 4.10　起步单元安装

3. 起步网架安装注意事项

（1）应随时检查网架杆件的高强度螺栓是否拧紧、到位，避免欠拧、过拧以及顶死等拧不到位或假到位的情况。

（2）加强对网架临时支点和张紧钢丝绳的观察，支点应牢固、稳妥，同排张紧绳的张紧程度应基本一致，通过张紧绳上的倒链进行调节，严格避免质量及安全事故的发生。

（3）为保证起步山墙跨结构稳定，施工时设置 6 道 ϕ15.5 钢丝张紧绳。

4.4　后续网架安装

1. 安装思路

当起步块就位完成后，开始进行后续网壳的散装工作。为了加快安装进度，准备用两台 50t 起重机，吊装小拼单元进行高空散装作业，散装时从中部先往支座位置安装上弦三角锥，然后再从支座开始往中部安装下弦三角锥，如此循环往复，直到网架全部安装完成。网架后续安装见图 4.11。

图 4.11　网架后续安装

高空散装时每个工作面可将安装人员分成两部分，一部分拼装小单元，另一部分进行高空安装。安装程序为：先由地面拼装人员按图纸要求，将待安装网架小拼单元在地面拼装完成，然后用起重机将小拼单元吊到空中对应的安装位置，由高空作业人员完成小拼单元与结构的连接。

2. 高空散装单元划分

本项目采用高空散装法，即把 11～13 轴安装就位后，以 11～13 轴为起点向两侧在高空推进散装。

根据网架高空散装的整体思路，先将网架杆件在地面拼装成小单元（图 4.12）：

单元一：一个下弦螺栓球和与其相连的其中一根下弦杆拼为一个基本单元；

单元二：一个上弦螺栓球和与其相连的四根腹杆拼为一个基本单元。

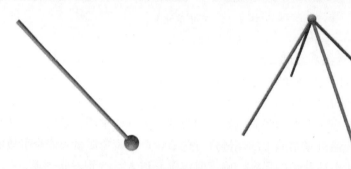

图 4.12　网架高空散装单元图

网架高空散装时，确保下弦节点不位移，并对控制节点测量定位。具体见图 4.13。

图 4.13　网架高空散装

4.5　施工流程

施工流程见图 4.14。

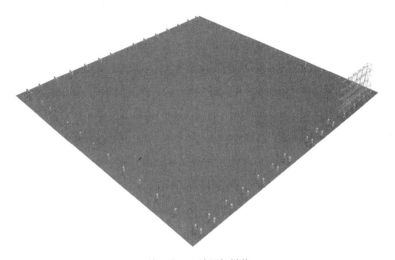

第 1 步：山墙网架拼装

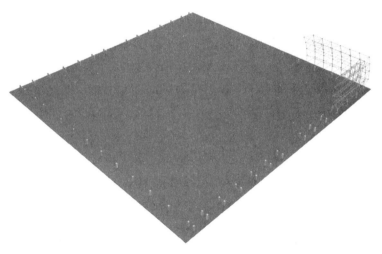

第 2 步：11～13 轴网架起步

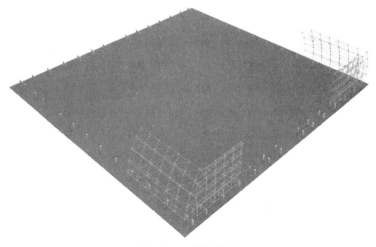

第 3 步：两侧同时起步

图 4.14　施工流程（一）

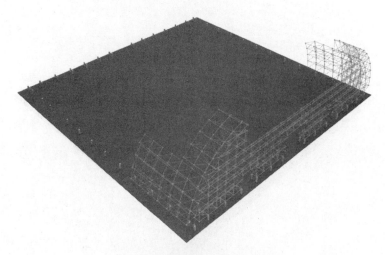

第 4 步：山墙门洞和煤棚起步安装

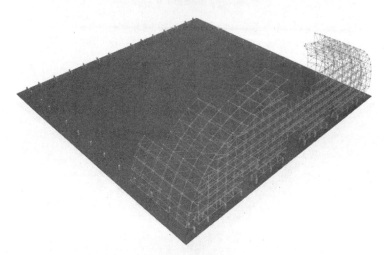

第 5 步：继续推进安装

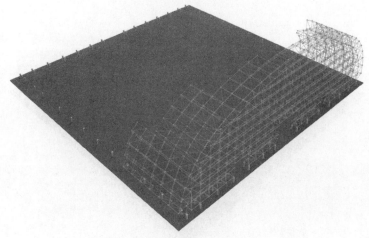

第 6 步：完成山墙网架安装

图 4.14　施工流程（二）

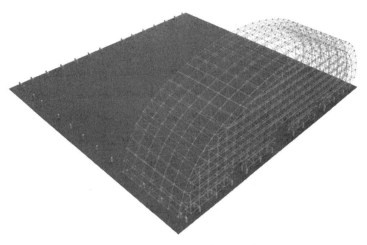

第 7 步：完成 11~13 轴起步安装

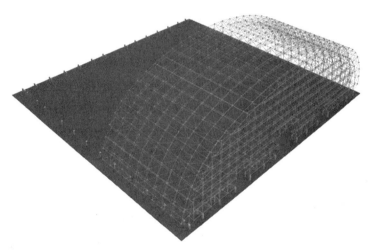

第 8 步：向外高空散装

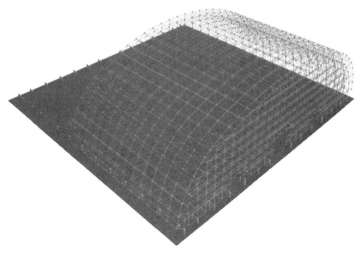

第 9 步：继续高空散装

图 4.14　施工流程（三）

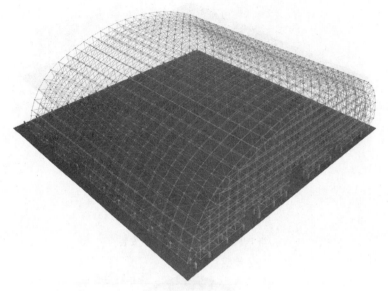

第 10 步：完成屋盖安装

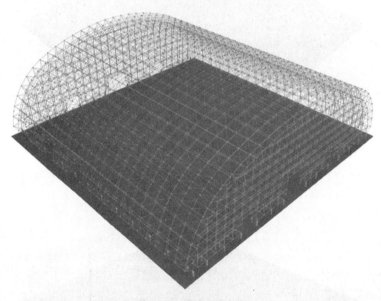

第 11 步：完成山墙安装

图 4.14　施工流程（四）

4.6　施工模拟计算

本施工模拟计算按照安装流程进行模拟分析，结果如图 4.15 所示。

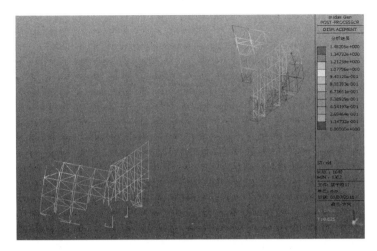

位移变形图

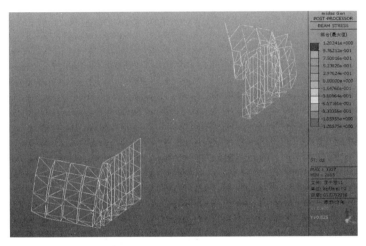

应力图

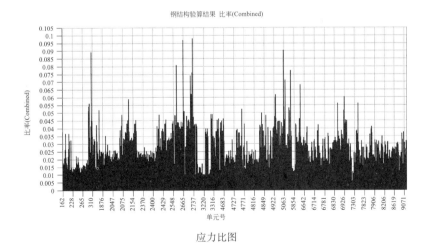

应力比图

阶段 1

图 4.15　施工模拟计算结果（一）

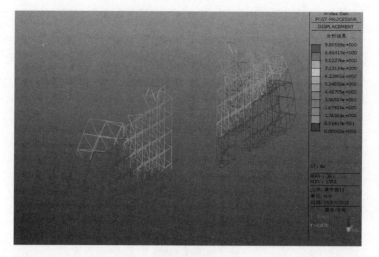

位移变形图

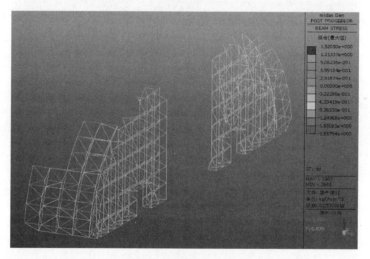

应力图

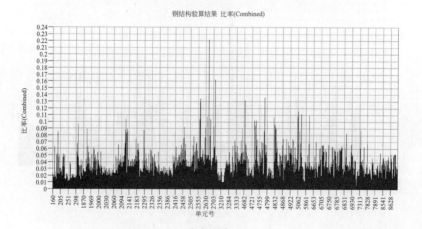

应力比图

阶段 2

图 4.15　施工模拟计算结果（二）

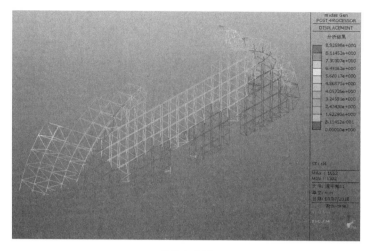

位移变形图

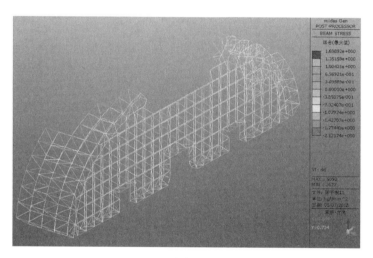

应力图

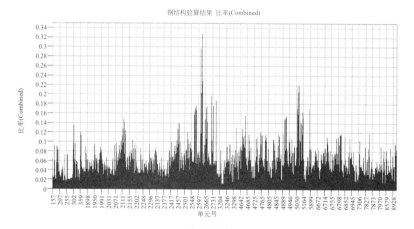

应力比图

阶段 3

图 4.15　施工模拟计算结果（三）

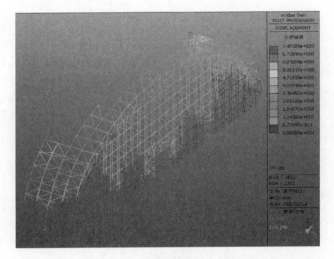

位移变形图

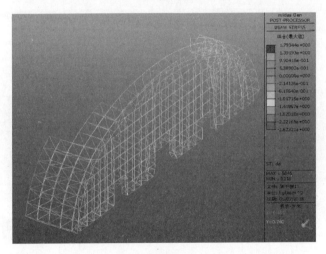

应力图

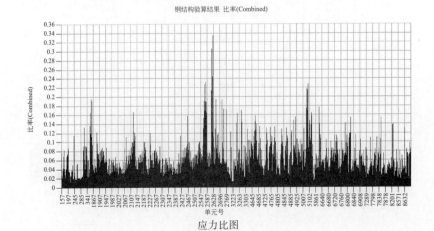

应力比图

阶段 4

图 4.15　施工模拟计算结果（四）

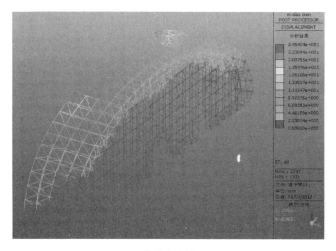

位移变形图

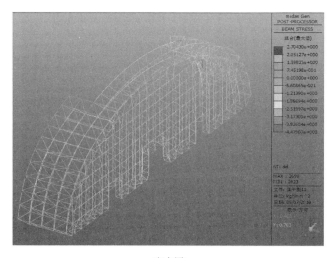

应力图

阶段 5

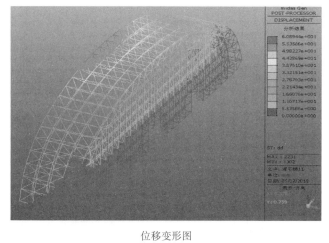

位移变形图

图 4.15　施工模拟计算结果（五）

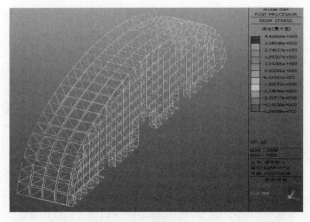

应力图

阶段 6

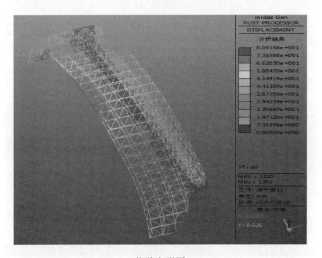

位移变形图

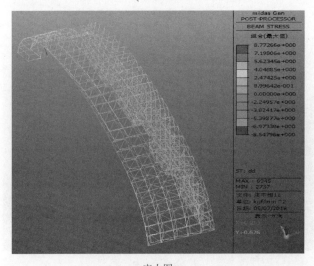

应力图

图 4.15 施工模拟计算结果（六）

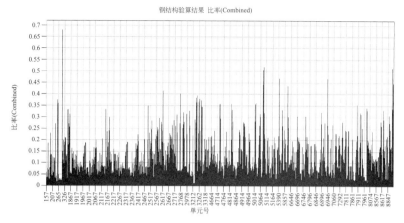

应力比图

阶段 7

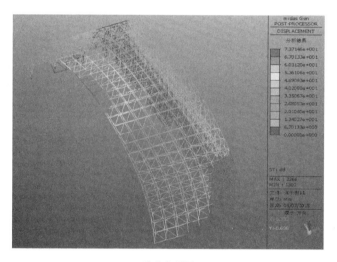

位移变形图

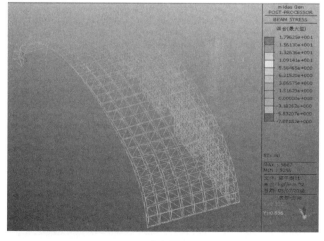

应力图

图 4.15　施工模拟计算结果（七）

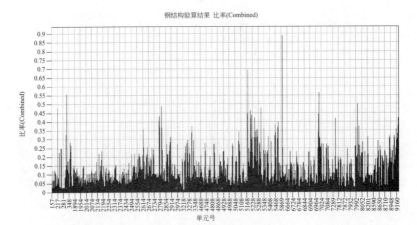

应力比图

阶段 8

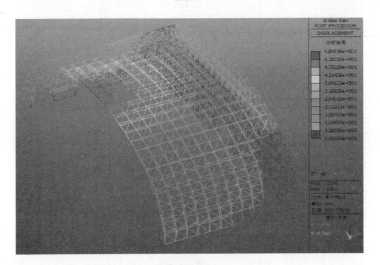

位移变形图

应力图

图 4.15　施工模拟计算结果（八）

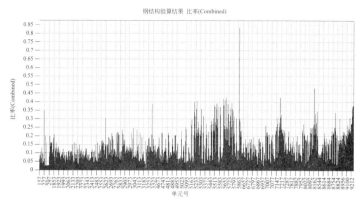

应力比图

阶段 9

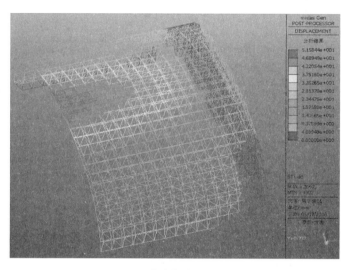

位移变形图

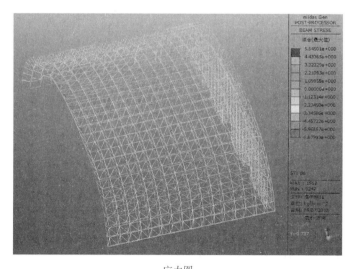

应力图

图 4.15　施工模拟计算结果（九）

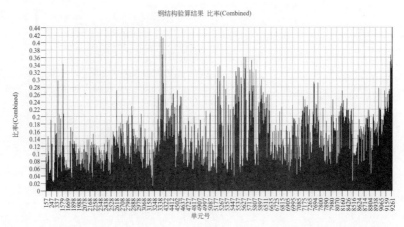

应力比图

阶段 10

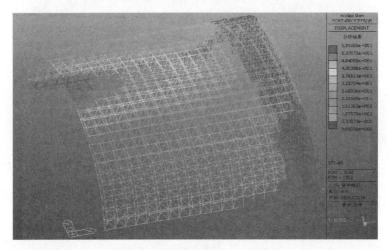

位移变形图

应力图

图 4.15　施工模拟计算结果（十）

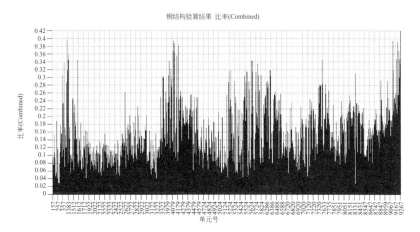

应力比图

阶段 11

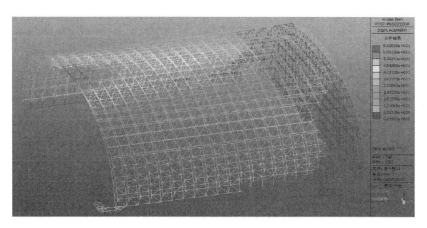

位移变形图

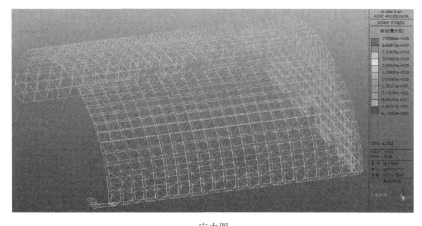

应力图

图 4.15　施工模拟计算结果（十一）

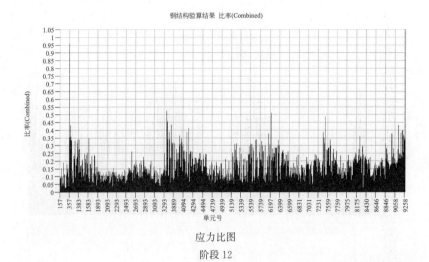

应力比图

阶段 12

位移变形图

应力图

图 4.15　施工模拟计算结果（十二）

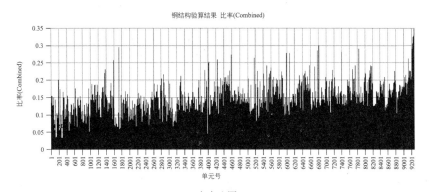

应力比图

阶段13

图4.15　施工模拟计算结果（十三）

综上分析结果显示，网架在吊装和高空散装过程中，结构变形及杆件应力均满足规范要求。但是需要考虑到的一点就是，当散装到离山墙一定距离后，最高点区域不仅应力水平较高，更不利的是累计变形问题！

为了解决这一问题，比较有效的途径就是在跨中一定范围内设置临时支撑，且临时支撑随着安装的推进而移位。

参考文献

［1］西安义隆钢结构工程有限公司.陕能麟游低热值煤发电工程干煤棚网架施工组织设计［R］. 2017.8.
［2］冯天航.某储煤柱壳网架结构温度作用与施工模拟分析［D］.西安：西安理工大学，2019.8.

第**5**章

长安云——第十四届全国运动会配套工程

5.1 工程概况

或是成语中的"行云流水",抑或是王维笔下的"行到水穷处,坐看云起时",在人们眼中,"水"与"云"总在天地间遥相呼应。如今灞河之畔,多了一朵漂亮的"星云"。它就是西安又一扇城市展示之窗——"长安云"[1,2],见图 5.1。

图 5.1 长安云外观

长安云项目为第十四届全国运动会的配套工程,位于潘骞路以南,灞河东路以东。建筑总面积为 146410m²,地上面积为 88810m²,地下面积为 57600m²。包含南馆、北馆和连廊餐厅三部分。结构布置见图 5.2 和图 5.3[3]。

1. 北馆:西安规划馆

地上共七层,其中首层层高为 8m,二~七层层高 6m,主要柱网为 12m,在六层形成

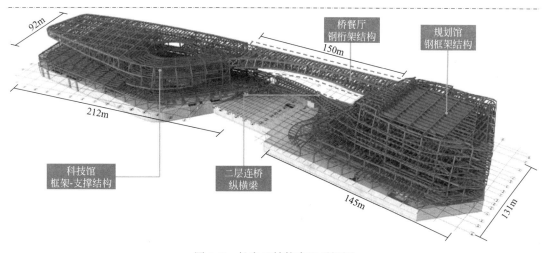

图 5.2　长安云结构布置透视图

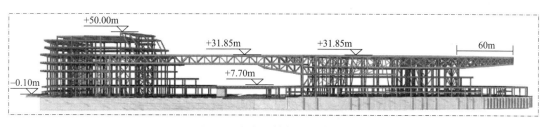

图 5.3　长安云结构竖向布置图

48m 见方的无柱空间作为模型厅。地下为车库及设备房部分，共地下两层，总面积为 33500m²，两层高分别为 3.6m 和 4.8m，结构布置见图 5.4。

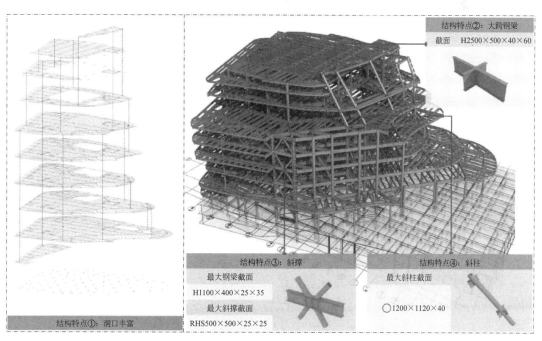

图 5.4　规划馆结构布置图

2. 南馆：西安科技馆

地上四层，地下一层，地下一层层高为 8.4m，地上各层层高均为 8.0m，主要柱网为 12m，在四层～屋面向南悬挑 62m，形成云状漂浮效果。具体见图 5.5。

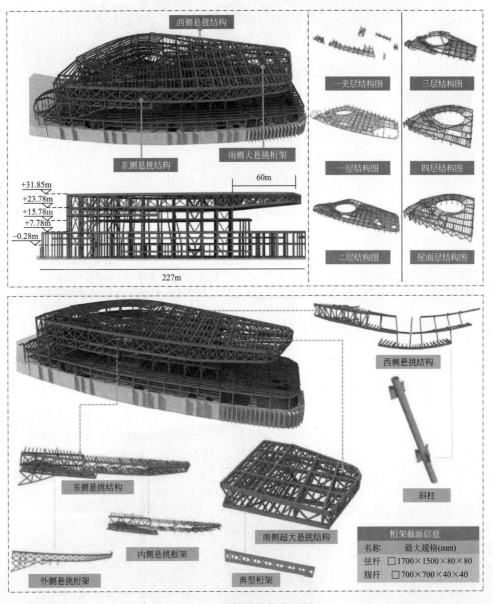

图 5.5 科技馆结构布置图

3. 桥餐厅

北接规划馆 5 层，南接科技馆 4 层，结构形式为钢桁架，由主桁架、环带桁架、加腋桁架三部分组成。钢结构用量约 4200t，净跨 150m，高 6m，位于 25.9～31.9m，支撑于两馆桥墩柱。桥餐厅宽度为 10～26m，主桁架宽 10m，与科技馆连接处设加腋桁架。具体见图 5.6。

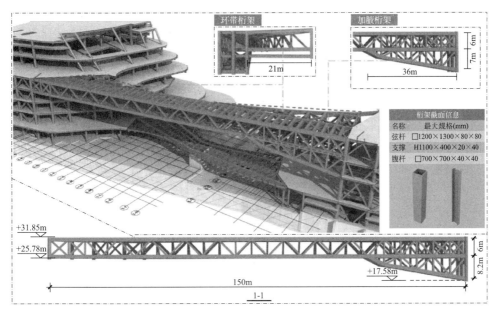

图 5.6 桥餐厅结构布置图

结构杆件最大截面为：□1200×1300×80×80（三腹板）；

桁架上下弦杆截面为：□1200×1000×60×60；

腹杆为：□700×700×40×40；

水平支撑截面为：□400×400×40×40；

次梁截面为：H550×14×400×40。

4. 二层连桥（图 5.7）

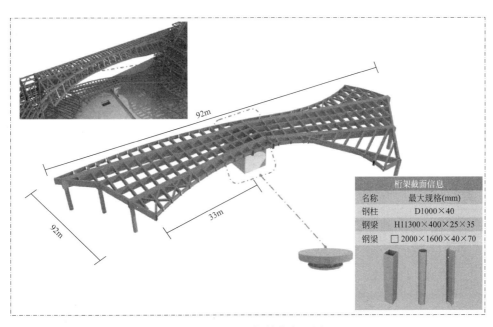

图 5.7 二层连桥结构布置图

本工程采用全钢结构，结构采用钢框架-中心支撑体系。框架柱采用钢管柱，为提高竖向承载力局部框架柱采用钢管混凝土柱[4]。框架梁采用实腹梁，支撑结合建筑功能要求，采用人字形或 V 形支撑。北馆支撑较少，框架不作为抗震的二道防线，类似混凝土结构的少墙框架，建筑立面层层收进，局部采用斜柱。南馆由于存在大量悬挑结构，内部平衡区设置较多柱间支撑，作为主要的抗侧力体系。南馆与北馆之间的连廊通过两榀桁架连在一起，为增加连廊刚度，在其顶面和底面均设置水平支撑。

5.2 材料

1. 钢材

本工程中的框架梁、柱和抗侧力支撑等主要抗侧构件，其钢材的抗拉性能、屈强比和冲击韧性的要求应符合《高层民用建筑钢结构技术规程》4.1.4 条的规定。结构中使用的钢材牌号以及钢材强度设计值如表 5.1 所示。

钢材牌号　　　　　　　　　　　　　　　表 5.1

构件	板(壁)厚	钢材牌号	产品标准
框架梁、柱、支撑、肋板、连接板	<40mm	Q355B	GB/T 1591-2018
	≥40mm	Q345GJBZ15	GB/T 19879-2015
次梁		Q355B	GB/T 1591-2018
锚栓		Q235	GB/T 700-2006
悬挑桁架	≥60mm	Q420GJC	GB/T 19879-2015

注：钢板厚度大于 60mm 时，其沿板厚方向的断面收缩率不应小于 Z25 级的允许限值。

2. 钢筋（表 5.2、表 5.3）

各构件钢筋类别　　　　　　　　　　　　表 5.2

构件	梁柱纵筋	梁柱箍筋	板中钢筋	其他部位构造筋
钢筋类别	HRB400	HRB400	HRB400	HPB300

钢材强度设计值（N/mm²）　　　　　　　表 5.3

牌号	厚度或直径(mm)	抗拉、抗压、抗弯 f	抗剪 f_v	端面承压(刨平顶紧)f_{ce}
Q235	≤16	215	125	320
Q355	≤16	310	175	400
	>16,≤40	295	170	
Q355BGJ	>16,≤50	325	190	415
	>50,≤100	300	175	
Q420CGJ	>35,≤50	380	197	417
	>50,≤100	360	192	

注：表中按《高层民用建筑钢结构技术规程》规定取值。

3. 混凝土（表 5.4）

各构件混凝土强度等级

表 5.4

构件	基础垫层	基础	地下室外墙	楼板	钢管混凝土柱
强度等级	C15	C40	C40	C35	C40～C60

5.3　荷载

5.3.1　风荷载及雪荷载

根据《建筑结构荷载规范》，风荷载及雪荷载按 50 年重现期确定（表 5.5）。本项目在南馆四层～屋面层有大悬挑，南馆与北馆之间有连桥相连，整体的造型层次较多，表面形状复杂。根据《高层民用建筑钢结构技术规程》5.2.7 条，为了准确计算风荷载及各参数，对建筑进行了风洞试验。

风荷载及雪荷载

表 5.5

荷载	项目	指标
风荷载	基本风压	$0.35kN/m^2$
	地面粗糙度	B 类
	体型系数	1.3
	阻尼比	0.02
雪荷载	基本雪压	$0.25kN/m^2$

注：承载力计算时，基本风压放大 1.1 倍。

建设方委托中国建筑科学研究院对该建筑进行了风洞试验。试验模型根据建筑图纸以 1：200 的缩尺比例准确模拟了建筑外形，以反映建筑外形对表面风压分布的影响，风洞模型以及风向角如图 5.8 所示。根据风洞试验，对于整体结构而言，300°风向角时为不利方向，等效风荷载标准值最大，且整体表现为竖直向上吸力为主，把等效静力风荷载加载到主体上，得出基底剪力，与规范值进行比较。

结构底层等效风荷载剪力值：南馆 X 轴向为 3180kN，Y 轴向为 1040kN；北馆 X 轴向为 1930kN，Y 轴向为 1200kN。两个方向的基底剪力均小于规范风荷载计算结果（规范计算值：南馆 X 轴向基底剪力为 5035kN，Y 轴向基底剪力为 2293kN；北馆 X 轴向基底剪力为 4174kN，Y 轴向基底剪力为 3653kN）。因此，本结构整体风荷载作用仍然采用规范风荷载的参数进行设计。

从各风向角等效静力风荷载图（图 5.9～图 5.11）可以看出，虽然整体表现为竖直向上吸力为主，但分别对于南馆悬挑桁架及连桥桁架上弦和下弦，存在局部竖直向下压力的工况。故对南馆悬挑桁架及连桥桁架典型杆件进行风洞试验等效静力风荷载作用下的应力复核（图 5.12、图 5.13、表 5.6）。

129

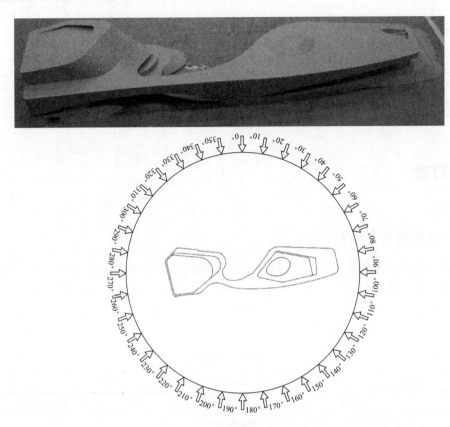

图 5.8　风洞试验模型和风向角

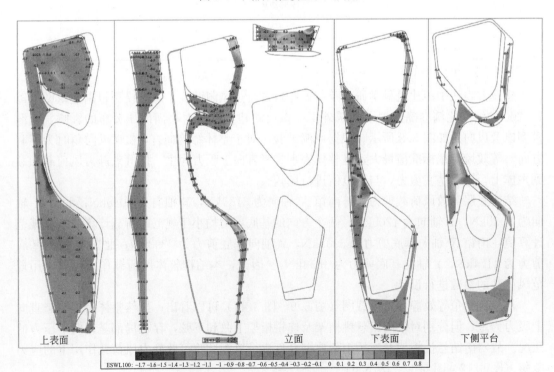

ESWL100: -1.7 -1.6 -1.5 -1.4 -1.3 -1.2 -1.1 -1 -0.9 -0.8 -0.7 -0.6 -0.5 -0.4 -0.3 -0.2 -0.1 0 0.1 0.2 0.3 0.4 0.5 0.6 0.7 0.8

图 5.9　300°风向角时等效静力风荷载

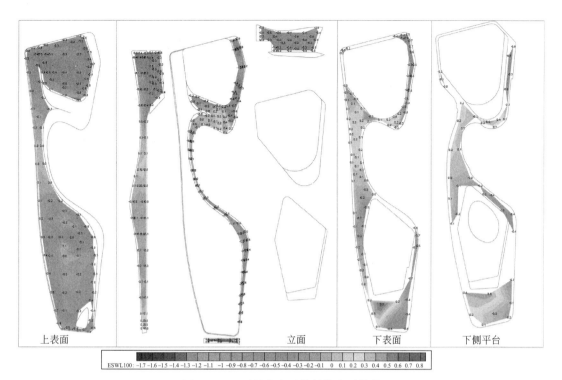

图 5.10　100°风向角时等效静力风荷载

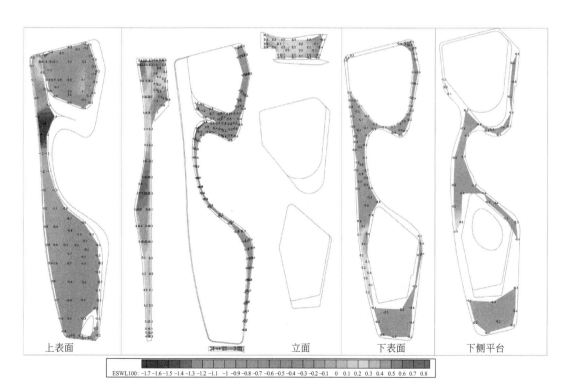

图 5.11　210°风向角时等效静力风荷载

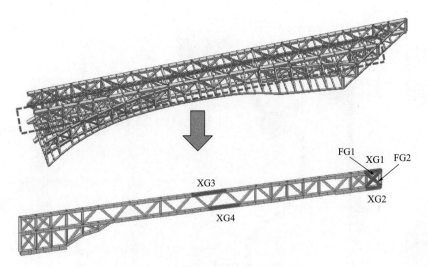

图 5.12　连桥桁架等效风荷载研究杆件

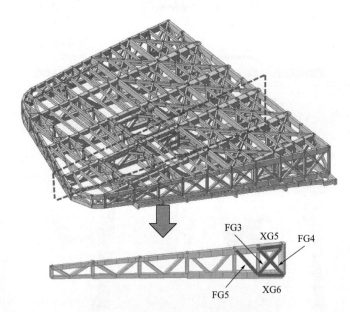

图 5.13　悬挑桁架等效风荷载研究杆件

典型桁架杆件应力比结果　　　　　　　　　　　　表 5.6

杆件编号	控制组合	规范风荷载应力比	等效风荷载应力比	等效风荷载/规范风荷载
XG1	恒＋活＋风(风向 210°)	0.300	0.311	1.04
XG2	恒＋活＋风(风向 210°)	0.560	0.568	1.01
XG3	恒＋活＋风(风向 210°)	0.600	0.642	1.07
XG4	恒＋活＋风(风向 210°)	0.400	0.423	1.06
FG1	恒＋活＋风(风向 210°)	0.330	0.335	1.02
FG2	恒＋活＋风(风向 210°)	0.390	0.392	1.00
XG5	恒＋活＋风(风向 100°)	0.400	0.454	1.14

续表

杆件编号	控制组合	规范风荷载应力比	等效风荷载应力比	等效风荷载/规范风荷载
XG6	恒＋活＋风（风向 100°）	0.640	0.725	1.13
FG3	恒＋活＋风（风向 100°）	0.420	0.423	1.00
FG4	恒＋活＋风（风向 100°）	0.440	0.450	1.02
FG5	恒＋活＋风（风向 100°）	0.620	0.650	1.05

从表 5.6 计算结果可知，恒＋活＋风为典型构件的控制工况（小震），等效风荷载工况下应力比规范风荷载工况下更不利，起控制作用。

5.3.2　地震作用

根据《高层民用建筑钢结构技术规程》5.3.1 条的规定，本工程存在长悬臂结构（悬挑长度 62m）和大跨连桥（跨度 150m），8 度抗震设计时，除考虑水平地震作用外，尚应计入竖向地震作用。竖向地震应使用反应谱分析计算，且竖向地震作用标准值不宜小于结构承受的重力荷载代表值与《高层民用建筑钢结构技术规程》表 5.5.3 规定的竖向地震作用系数的乘积。本工程所在地设防烈度为 8 度，基本地震加速度为 $0.2g$，故竖向地震作用系数可取 0.10，但由于存在长悬挑和大跨结构，为充分考虑竖向地震的影响，结合时程分析对竖向地震进行分析。

根据《建筑抗震设计规范》《中国地震动参数区划图》及地勘报告所述，本工程设计时所取用的地震参数与指标按表 5.7 采用。

地震参数与指标　　　　表 5.7

项目	指标	
建筑工程抗震设防分类	重点设防类	
地震参数	抗震设防烈度	8 度
	场地类别	Ⅱ 类
	设计地震分组	第二组
	基本地震加速度	$0.2g$
	特征周期（大震）	0.4s(0.45s)
水平地震影响系数最大值	小震	0.16
	中震	0.45
	大震	0.90
地震峰值加速度	小震	70cm/s^2
	中震	200cm/s^2
	大震	400cm/s^2
结构阻尼比	小震	0.04
	中震	0.04
	大震	0.05

注：结构阻尼比根据《高层民用建筑钢结构技术规程》5.4.6 条采用。

5.3.3 荷载组合

非抗震组合：

(1) $1.1 \times (1.3D + 1.5L)$

(2) $1.1 \times (1.0D + 1.5L)$

(3) $1.1 \times (1.3D + 1.5 \times 0.7L \pm 1.5W)$

(4) $1.1 \times (1.3D + 1.5L \pm 1.5 \times 0.6W)$

(5) $1.1 \times (1.0D + 1.5 \times 0.7L \pm 1.5W)$

(6) $1.1 \times (1.0D + 1.5L \pm 1.5 \times 0.6W)$

其中：D 为永久荷载效应标准值；

L 为活荷载效应标准值；

W 为风荷载效应标准值。

抗震组合：

(1) $1.3G \pm 1.3E_h$

(2) $1.3G \pm 1.3E_v$

(3) $1.3G \pm 1.3E_h \pm 0.5E_v$

(4) $1.3G \pm 0.5E_h \pm 1.3E_v$

(5) $1.3G \pm 1.3E_h \pm 0.3W$

(6) $1.3G \pm 1.3E_h \pm 0.5E_v \pm 0.3W$

(7) $1.3G \pm 0.5E_h \pm 1.3E_v \pm 0.3W$

其中：G 为重力荷载代表值的效应；

E_h 为水平地震作用标准值的效应；

E_v 为竖向地震作用标准值的效应。

5.4 上部结构方案

5.4.1 结构体系及结构布置

本工程采用全钢结构，结构采用钢框架-中心支撑体系。框架柱采用钢管柱，为提高竖向承载力局部框架柱采用钢管混凝土柱。框架梁采用实腹梁，支撑结合建筑功能要求，采用人字形或 V 形支撑。北馆支撑较少，框架不作为抗震的二道防线，类似混凝土结构的少墙框架，建筑立面层层收进，局部采用斜柱。南馆由于存在大量悬挑结构，内部平衡区设置较多柱间支撑，作为主要的抗侧力体系。南馆与北馆之间的连桥通过两榀桁架连在一起，为增加连桥刚度，在其顶面和底面均设置水平支撑。整体计算模型见图 5.14。

5.4.2 结构构件布置

1. 南馆

地下一层，层高 8.4m，地上四层，层高 8m，局部存在夹层。地下室顶板局部存在大

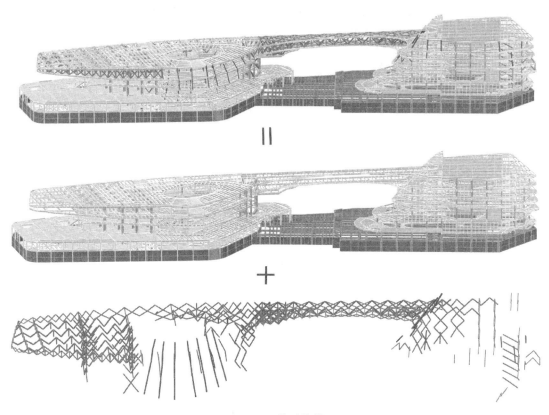

图 5.14　整体计算模型

开洞。二层与一层投影面积相同，二层设置大面积上人屋面。三层平面收进严重，二层周边许多竖向构件并未上到三层。四层、屋面层平面重新向四周扩展，形成东、西、南三方向悬挑的平面布局。平面东北方向每层均存在一个椭圆形洞口，向上逐层收进，屋顶设置蛋形天窗。洞口东侧有条件设悬挑梁，洞口西侧由于仅存单排柱，故在洞口边设置斜柱，提供竖向支撑。平面主要柱网为 12m×12m，多数构件尺寸为：框架柱 900×40，框架梁 H1100×400×20×40，次梁 H700×300×14×25（Q355B），支撑 600×600×50（Q355GJB）。

　　从屋面结构平面图 5.15 中可以看出，图中填充范围为悬挑区，南侧悬挑最大长度为 62m，东西侧悬挑均为 12m。为了解决双向悬挑的问题，在悬挑根部黑色方框区域内设置大尺寸柱阵［柱尺寸为圆管 1800×60（Q355B）内灌 C60 自密实混凝土］，配合灰色粗线（图 5.15）表示的竖向支撑，形成刚度较大的后座跨。既能为悬挑区在竖向荷载作用下提供平衡段，又能在地震作用下提供抗扭刚度。南侧悬挑端使用整层桁架，实现大尺度悬挑。在悬挑桁架的端部附近设置三道跨层短桁架，平面走向垂直于悬挑桁架走向，用于协调悬挑桁架及封边桁架的竖向变形。东、西两侧外圈设置跨层边桁架，通过柱阵内部挑出的部分跨层短悬挑桁架进行转换，实现东西两侧悬挑。经过桁架形态优化，将悬挑桁架调整为根部高、端部低的楔形。桁架、支撑布置见图 5.16，中间桁架立面见图 5.17，悬挑桁架的主要截面见表 5.8。

图 5.15　屋面平面

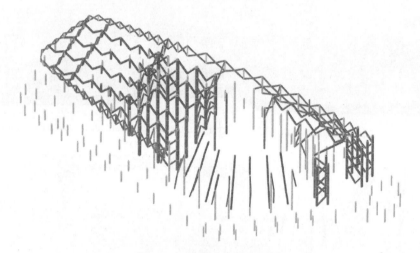

图 5.16　桁架、支撑布置图

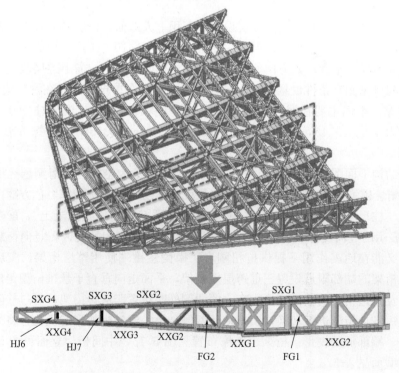

图 5.17　中间桁架 HJ3 立面图

南馆悬挑桁架的主要截面　　　　　　　　　　　　　表 5.8

构件编号	截面尺寸	说明
SXG1	箱形 1500×1500×80×80	Q420GJB
SXG2	箱形 1000×1500×60×60	Q355B
SXG3	箱形 1000×1000×40×40	Q355B
SXG4	箱形 700×1000×40×40	Q355B
XXG1	箱形 1700×1500×80×80	Q420GJB
XXG2	箱形 1000×1500×60×60	Q355B
XXG3	箱形 1000×1000×40×40	Q355B
5XXG1	箱形 1000×1500×60×60	Q355B
5XXG2	箱形 1000×1500×40×40	Q355B
5SXG1	箱形 1000×1500×60×60	Q355B
5SXG2	箱形 1000×1500×40×40	Q355B
FG1	箱形 700×700×40×40	Q355B
FG2	箱形 700×700×60×60	Q355B
FG3	箱形 700×700×40×40	Q355B

2. 北馆

地下二层、地上七层、屋面标高 46.5m，结构体系采用钢框架-中心支撑体系，框架柱采用钢管柱（其中部分为钢管混凝土柱），结合建筑三个交通核布置中心支撑，与连桥相接区域设置用于支撑连桥的桥墩，北馆、连桥、南馆连为一体。总体而言，支撑的数量较少，且集中在连桥交接部位，抗侧刚度偏弱；框架梁和次梁均采用钢梁，顶层 48m×48m 大空间采用正交十字钢梁体系，周圈各层悬挑较大处设置局部悬挑桁架。北馆整体平面形状不规则、从下到上立面不规则收进，大跨、局部悬挑、大开洞较多，结构存在局部不规则，局部穿层柱、斜柱、夹层、个别构件错层或转换。主要构件见表 5.9。支撑布置见图 5.18，平面图见图 5.19～图 5.21。

北馆主要构件截面　　　　　　　　　　　　　表 5.9

构件编号	截面尺寸	说明
GKZ1	圆管 800×720×40	Q355B
GKZ2	圆管 900×820×40	Q355B
GKZ3	圆管 1000×920×40	Q355B
GKZ4	圆管 1100×1020×40	Q355B
GKZ5	圆管 1200×1120×40	Q355B
GKZ6	圆管 1300×1180×40	Q420GJB
GKZ7	方管 1000×1000×40	Q355B
GKL1	H1000×300×20×35	Q355B
GKL2	H1200×400×25×35	Q355B

构件编号	截面尺寸	说明
GKL3	箱形 2200×800×40×40	Q355B
GKL4	箱形 1000×500×35×35	Q355B
GKL5	H1300×400×25×35	Q355B
GL1	H700×300×12×18	Q355B
GL2	H800×300×14×25	Q355B
GL3	H1000×400×20×35	Q355B
GC1	箱形 400×400×25×25	Q355B
GC2	箱形 500×500×25×25	Q355B
GC3	箱形 600×600×50×50	Q345GJB

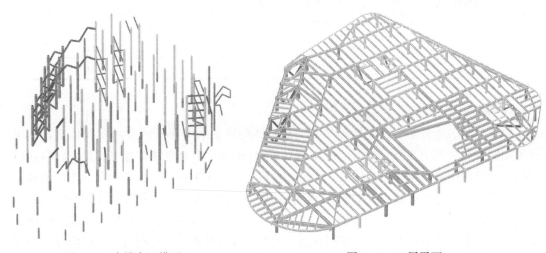

图 5.18 支撑布置模型   图 5.19 三层平面

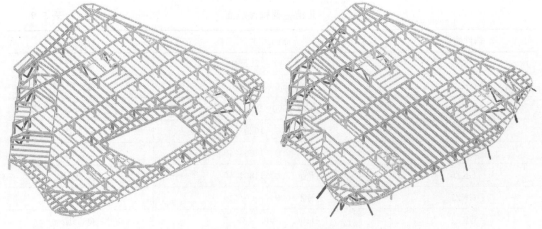

图 5.20 五、六层平面

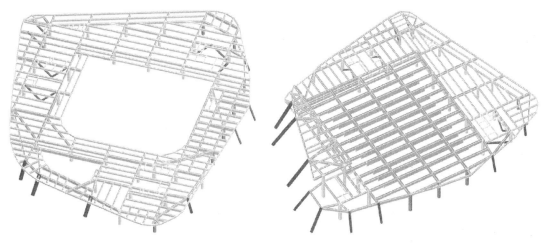

图 5.21　七层、屋面层平面

3. 连桥

连桥是由两榀跨层平面桁架及一榀立体桁架组成，连桥与南、北两馆相连接处，设置框架柱与竖向支撑组成的桥墩，桁架通过桥墩后，向主体内延伸至少两跨 24m，形成多跨连续桁架。竖向支撑采用人字形、V 形中心支撑。连桥上下弦平面中全桥范围内设置 X 水平支撑，提高其平面外抗扭刚度。具体见图 5.22。

构件编号	截面尺寸	说明
SXG1\XXG1	箱形1200×1000×60×60	Q420GJB
SXG2\XXG2	箱形1200×1300×80×80	Q420GJB
SXG3\XXG3	箱形700×1000×40×40	Q355B
SXG4\XXG4	箱形700×1000×60×60	Q355B
FG1	箱形700×700×40×40	Q355B
FG2	箱形500×500×20×20	Q355B
FG3	箱形600×600×50×50	Q355B
FG4	箱形800×500×30×30	Q355B
FG5	箱形600×800×40×40	Q355B

立体桁架

图 5.22　连桥模型

5.5 结构超限类别判定及加强措施

5.5.1 超限情况

根据《超限高层建筑工程抗震设防专项审查技术要点》（建质〔2015〕67号）（以下简称《审查要点》），本工程的超限情况判定结论如下。

（1）高度是否超限判别：建筑高度不超限。

根据超限高层建筑工程高度超限判别及《钢管混凝土结构技术规范》GB 50936-2014，本工程地上结构总高度约46.5m，未超过规范8度区钢框架-支撑结构最大高度180m的规定，故建筑高度不超限。

（2）不规则性是否超限判别：结构存在如下超限情况：

① 扭转不规则，偏心布置；
② 楼板不连续；
③ 刚度、尺寸突变；
④ 构件间断；
⑤ 承载力突变；
⑥ 局部不规则；
⑦ 特殊类型高层建筑。

根据《审查要点》，本工程属于需进行超限高层建筑工程抗震设防专项审查的项目。

5.5.2 针对超限的加强措施

1. 整体加强

采用比常规结构更高的抗震设防目标，重要构件均采用中震或大震下的性能标准进行设计。采用两种空间结构计算软件（YJK和MIDAS）相互对比验证，并通过弹性时程分析对反应谱的结果进行调整。

采用有限元分析软件进行结构大震下的弹塑性时程分析，分析耗能机制，控制大震下层间位移角不大于1/50，并对计算中出现的薄弱部位进行加强。

采用有限元分析软件，对重要的节点进行详细的有限元分析。

2. 不规则性加强

楼板不连续部位，加厚洞口附近的楼板厚度，采用双层双向配筋，采用弹性楼板假定验算结构的内力与截面。

刚度、尺寸突变的楼层，刚度小的楼层地震剪力乘以1.25的增大系数。

偏心布置时，加强外框架的刚度，提高结构的抗扭刚度。

调整两分塔的构件布置，使两塔的周期、振型尽量相近，减小整体结构的扭转效应。

3. 连桥

加强连桥的侧向刚度和抗扭刚度，楼板平面内设水平支撑，形成平面桁架。

增加大震下连桥可能破坏的工况，分塔计算，进行包络设计，保证各塔的可靠性。

连桥、连桥与塔楼相连的结构构件，在连桥高度范围及其上、下层的抗震等级应提高一级。

连桥进入主体至少一跨，与连桥相连的相关构件（包含梁、柱、支撑）作为关键构件进行验算、加强，楼板进行应力分析，并对楼板加厚，采用双层双向配筋。

4. 悬挑桁架

悬挑桁架进入主体结构三跨，在两边跨设置垂直于桁架的支撑，增加结构的抗扭刚度，减小扭转效应。

悬挑桁架上、下弦悬挑位置的楼层处，设置水平支撑，加强侧向刚度。计算时采用弹性膜楼板假定计算，并考虑楼板可能开裂对面内刚度的影响。对下弦楼面采用平面内零刚度楼盖（零楼板）假定进行验算。

悬挑结构及其竖向支承结构作为关键构件进行验算、加强，抗震等级提高一级。

对悬挑结构、连桥竖向振动舒适度进行验算。

对悬挑结构、连桥分别按照规范系数法、反应谱法和时程分析法计算竖向地震作用，对结果取包络。多遇地震竖向地震作用系数不小于 0.1，设防地震竖向地震作用系数不小于 0.3，罕遇地震竖向地震作用系数不小于 0.6。

对整体结构考虑行波效应和温度效应。

5.6　整体模型分析

5.6.1　主要计算指标

根据 YJK 和 MIDAS 的分析，结构两个水平 X、Y 方向及竖向地震的振型质量参与系数均大于 90%，满足规范要求。计算结果见表 5.10。

整体模型 YJK 和 MIDAS 主要计算结果对比　　　　　　表 5.10

计算软件		YJK		MIDAS	
计算振型数		60		60	
前三阶自振周期(s)	第一平动周期(T_1)	1.411	X 向平动	1.534	X 向平动
	第二平动周期(T_2)	1.266	Y 向平动	1.442	Y 向平动
	扭转周期(T_t)	0.928	扭转	1.037	扭转
T_t/T_1		0.66		0.68	
结构总质量(含地下室)(t)（包括恒荷载、活荷载产生的质量）		278010		278178	

5.6.2　整体模型结构振型

YJK 与 MIDAS 计算得到的结构前三阶振型如图 5.23～图 5.25 所示。

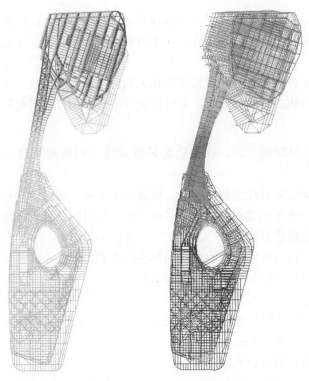

图 5.23　整体模型 YJK（左）MIDAS（右）一阶振型

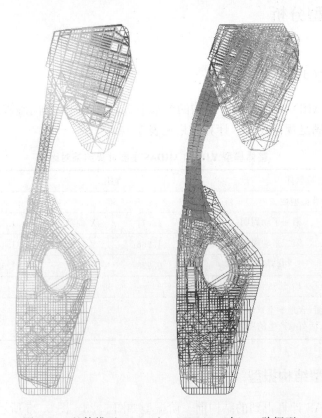

图 5.24　整体模型 YJK（左）MIDAS（右）二阶振型

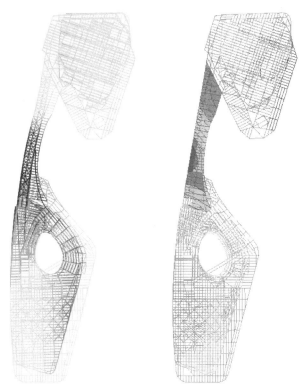

图 5.25　整体模型 YJK（左）MIDAS（右）三阶振型

5.7　竖向地震作用计算

本工程南馆存在大悬挑，南馆与北馆之间的连桥跨度 150m，为大跨度连体结构，加速度反应较大，对竖向地震作用比较敏感，需要详尽分析。根据《高层建筑混凝土结构技术规程》4.3.13、4.3.14 条的规定，分别采用振型分解反应谱法和弹性时程分析法计算连体的竖向地震，并与规程 4.3.15 条竖向地震系数法计算的竖向地震作用取包络。计算竖向地震时，不考虑楼板刚度，将楼板自重折算为恒荷载。

在竖向地震反应谱分析时，可近似采用水平地震反应谱，竖向地震影响系数取水平地震影响系数的 65%，本工程为 8 度 II 类场地，竖向地震影响系数为 0.104，反应谱法计算时采用多重 Ritzs 向量法，竖向振型的质量参数系数不小于 90%。竖向地震时程分析时，输入地震加速度的最大值取水平地震的 0.65 倍，即 45cm/s²，时程分析时采用了 7 条竖向地震波，结构的阻尼比取 4%。根据《高层建筑混凝土结构技术规程》4.3.15 条，设防烈度 8 度、设计基本地震加速度 0.2g 时的竖向地震作用系数为 0.10。

根据大悬挑和大跨度连体结构的受力特点，分别从悬挑部位桁架和连体结构桁架中选取受力典型的两榀桁架作为研究对象。悬挑桁架选取支座处的上、下弦杆和腹杆进行研究，连体桁架选取支座处的上、下弦杆和腹杆以及跨中上、下弦杆进行研究，如图 5.26 和图 5.27 所示。分别提取振型分解法反应谱法、弹性时程分析法和规程竖向地震系数法计算得到的杆件轴力进行比较，具体见表 5.11。

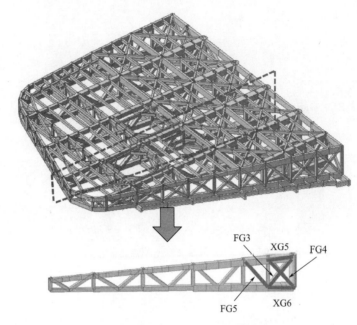

图 5.26 悬挑桁架竖向地震研究杆件

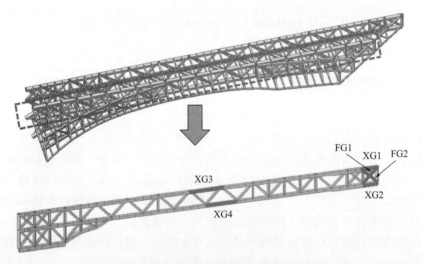

图 5.27 北连桥桁架竖向地震研究杆件

小震竖向地震下典型桁架杆件轴力结果 表 5.11

杆件编号	恒荷载 (kN)	活荷载 (kN)	竖向地震系数法	反应谱法		时程法	
			EZ(kN)	EZ(kN)	EZ/Geq	EZ(kN)	EZ/Geq
XG1	24069.6	5697.2	2691.82	1810.1	6.72%	1272.71	4.73%
XG2	30343.6	6193.6	3344.04	2162.1	6.47%	1565.77	4.68%
XG3	24037.9	4401.8	2623.88	1973.6	7.52%	2061.18	7.86%

续表

杆件编号	恒荷载（kN）	活荷载（kN）	竖向地震系数法 EZ(kN)	反应谱法		时程法	
				EZ(kN)	EZ/Geq	EZ(kN)	EZ/Geq
XG4	10982.1	2855.7	1240.995	1060.6	8.55%	1126.28	9.08%
FG1	3350.6	792.1	374.665	181.2	4.84%	141.31	3.77%
FG2	4412.2	959.2	489.18	235.9	4.82%	204.69	4.18%
XG5	28330.1	4776.9	3071.855	1815.7	5.91%	1831.67	5.96%
XG6	29482.3	5027.2	3199.59	1872.9	5.85%	1899.48	5.94%
FG3	3390.1	982.1	388.115	213.1	5.49%	210.82	5.43%
FG4	3166.7	773.4	355.34	182.9	5.15%	189.30	5.33%
FG5	7625.1	1744.7	849.745	454.4	5.35%	443.31	5.22%

从计算结果可知，时程法计算的构件竖向地震作用产生的轴力及反应谱法计算的轴力均小于重力荷载代表值的10%。因此，在本工程的结构设计中，通过采用重力荷载代表值的10%作为悬挑部位和连桥的竖向地震效应加以考虑。

中震、大震计算时，竖向地震系数分别取0.3和0.6，验算构件承载力。

5.8 大跨度连桥对塔楼的影响

本工程南馆与北馆之间的连桥跨度150m，为大跨度结构，连桥与两侧塔楼刚性连接，连桥桁架伸入塔楼两跨，连桥与两侧塔楼形成多塔连体结构。由于连桥跨度较大，相对于两侧塔楼，其刚度相对较小。通过对比研究单塔模型与整体模型的整体指标的差异，进一步研究连桥对两侧塔楼的影响。

连桥与塔楼的质量、振型及基底地震剪力的对比见表5.12～表5.14。表中显示，连桥本身质量只占两个塔楼质量的0.5%；带连桥模型Y向（顺连桥方向）地震基底剪力略有增加，增大约0.06%，X向基底剪力减小5%。由于连桥与塔楼形成连体结构，与单塔结构相比，整体结构的动力特性有所变化，一阶振型以北馆的X向平动为主，周期较北馆单体有所延长。从弹性分析结果可以看出，整体模型前三阶均为以平动为主的振型，并带有一定的扭转分量。

与连桥相连的塔楼框架柱，性能目标不低于连桥桁架本身的性能目标，其抗震等级提高一级。

质量对比　　表 5.12

	南馆	北馆	连桥	连桥占比
质量(t)(不含地下室)	64666	56346	6054	5%

表 5.13

连桥对一阶振型的影响

	一阶周期（s）	一阶周期及振型
南馆	一阶周期：0.772 （平动系数：0.14+0.53+0.33）	
北馆	一阶周期：1.3874 （平动系数：0.79+0.17+0.04）	
整体模型	一阶周期：1.418 （平动系数：0.95+0.02+0.03）	

连桥对基底地震剪力的影响　　　　　　　　　　　　　表 5.14

	南馆	北馆	整体模型	整体/单体之和
基底地震剪力（X 向）（kN）	55973	31060	82745	0.9507
基底地震剪力（Y 向）（kN）	53167	29831	83473	1.0057

5.9　楼盖舒适度验算

5.9.1　各区域竖向自振频率分析

舒适度验算时，首先对各区域全面进行竖向自振频率分析，参数及计算方法按照《建筑楼盖结构振动舒适度技术标准》JGJ/T 441-2019，混凝土弹性模量取静弹模的 1.35 倍，展厅结构阻尼比取 0.02，连桥结构阻尼比取 0.01，各部位低阶竖向自由振动模态分析统计结果如下。

1. 北馆 F2（表 5.15）

北馆 F2 竖向自由振动模态分析　　　　　　　　　　　表 5.15

阶数	1	2	3
模态	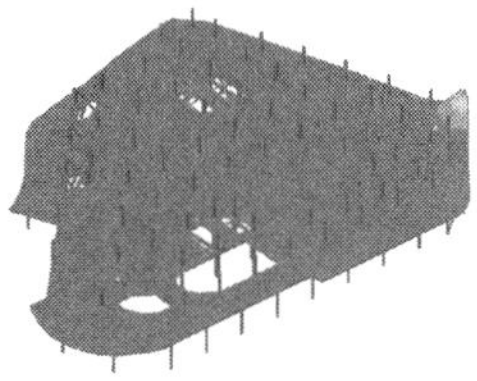	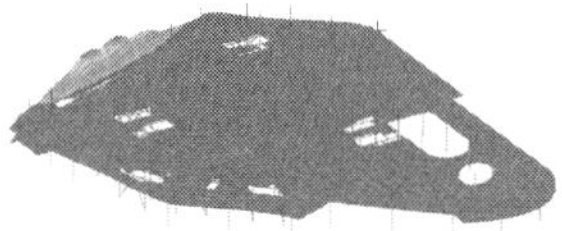	
周期（s）	0.292	0.268	0.262
频率（Hz）	3.42	3.73	3.82

2. 北馆 F3（表 5.16）

北馆 F3 竖向自由振动模态分析　　　　　　　　　　　表 5.16

阶数	1	2	3
模态	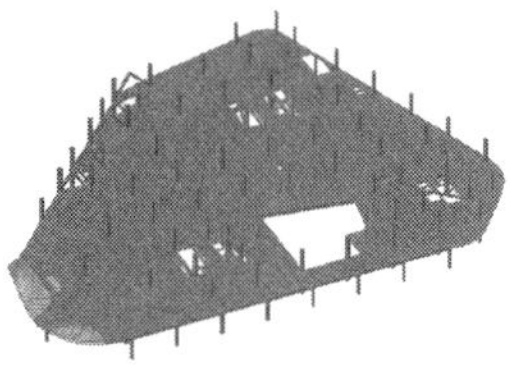	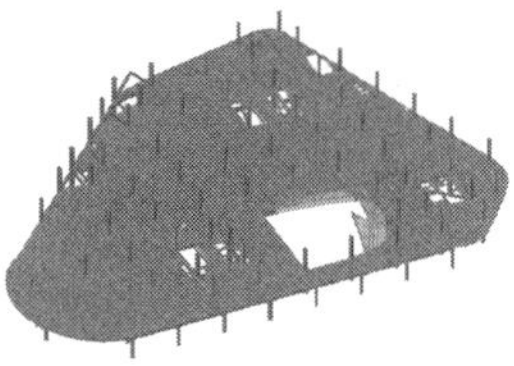	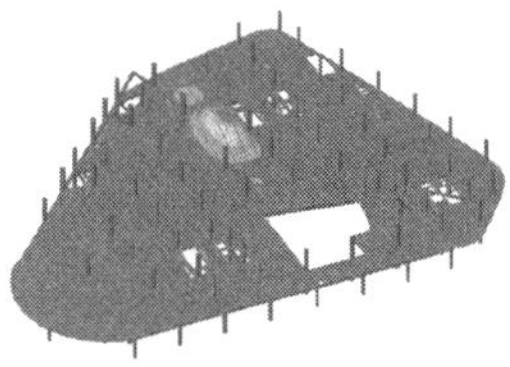
周期（s）	0.307	0.232	0.222
频率（Hz）	3.26	4.31	4.50

3. 北馆 F4（表 5.17）

北馆 **F4** 竖向自由振动模态分析　　　　　表 **5.17**

阶数	1	2	3
模态	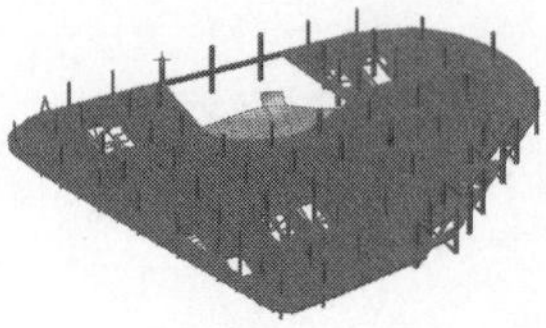		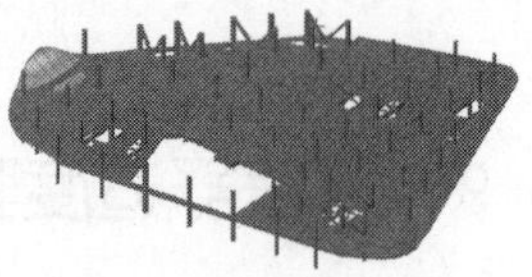
周期(s)	0.292	0.268	0.262
频率(Hz)	3.42	3.73	3.82

4. 南馆 F2（表 5.18）

南馆 **F2** 竖向自由振动模态分析　　　　　表 **5.18**

阶数	1	2	3
模态	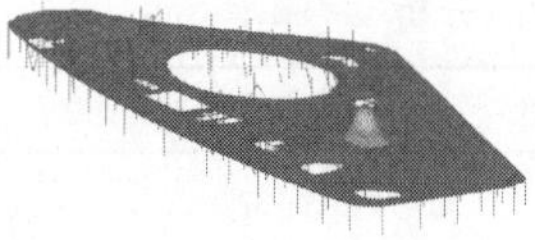	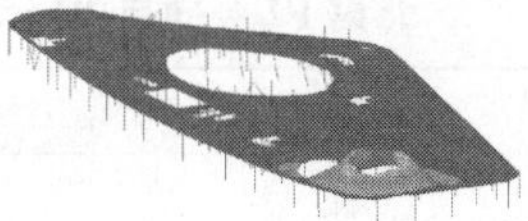	
周期(s)	0.267	0.261	0.225
频率(Hz)	3.75	3.83	4.44

5. 南馆 F3（表 5.19）

南馆 **F3** 竖向自由振动模态分析　　　　　表 **5.19**

阶数	1	2	3
模态			
周期(s)	0.345	0.260	0.240
频率(Hz)	2.90	3.85	4.17

6. 南馆大悬挑（表 5.20）

南馆大悬挑竖向自由振动模态分析 表 5.20

阶数	模态	周期(s)	频率(Hz)
1	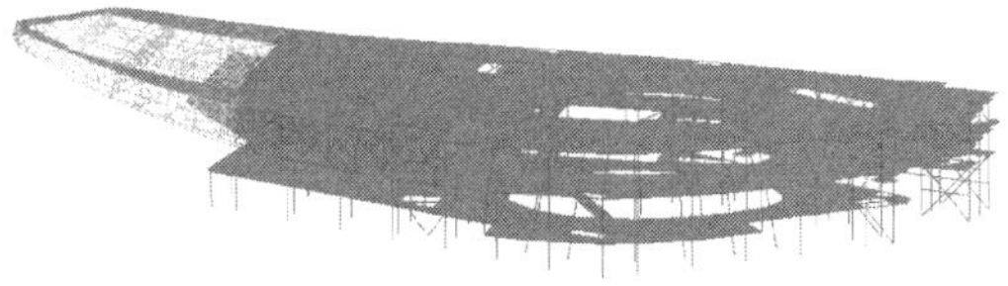	0.620	1.61
2		0.514	1.95
3	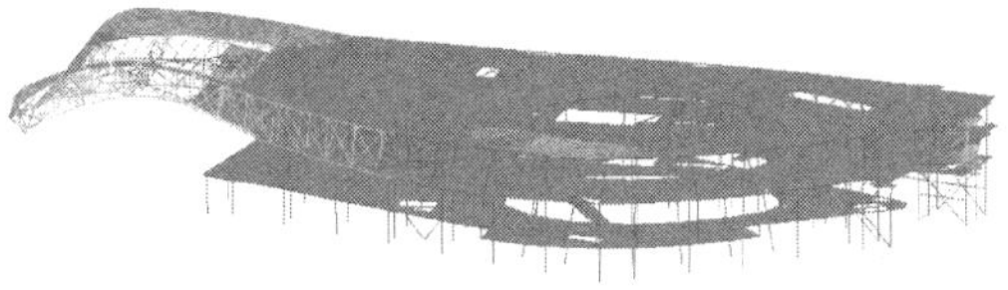	0.252	3.97

7. 中部长连桥（表 5.21）

中部长连桥竖向自由振动模态分析 表 5.21

阶数	模态	周期(s)	频率(Hz)
1		0.665	1.50
2	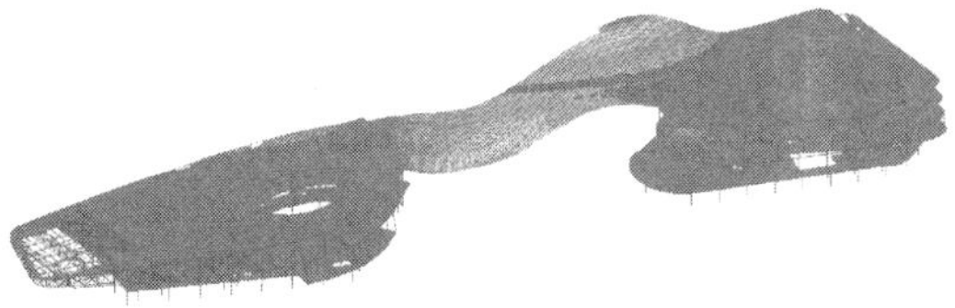	0.376	2.66
3		0.293	3.41

计算结果表明，南馆 F3 空中连桥、南馆 F4、F5 层大悬挑及中部长连桥等存在小于 3Hz 的高阶自振频率，需补充加速度验算。验算时，参数及计算方法按照《建筑楼盖结构振动舒适度技术标准》JGJ/T 441-2019，人行激励荷载按照《建筑振动荷载标准》GB/T

51228-2017，楼盖和连桥激励函数的一阶激振频率在 $1.25\sim2.3$Hz 间进行选取。考虑到大悬挑及连桥悬挑长度/跨度较长，结构刚度小，激励函数级数取 5 项。

5.9.2 各区域结构舒适度设计验算

1. 南馆 F3 空中连桥（图 5.28）

取激励荷载频率 $f_1=1.46$Hz 和 2.3Hz，行人密度 1.5 人/m^2，激振区域面积 112m^2，区域总人数 168 人。激励函数布置位置、加速度提取点位及计算得到的加速度时程曲线如图 5.29 所示，可见最大竖向振动加速度峰值为 0.162m/s^2 > 0.15m/s^2，不满足舒适度设计要求。

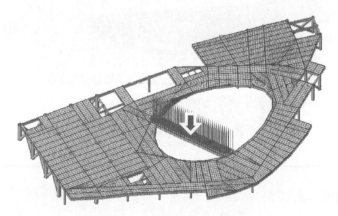

图 5.28　南馆 F3 空中连桥

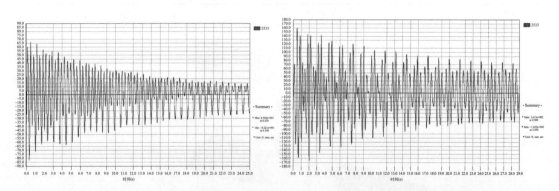

图 5.29　连桥中部竖向振动加速度时程曲线（左：1.46Hz 激励；右：2.3Hz 激励）

在连桥中部添加 TMD，TMD 参数按表 5.22 选取（连桥中部添加 4 个 TMD，单个质量 0.5t）。

空中连桥 TMD 参数汇总表　　　　　　　　　　　　　　表 5.22

结构质量(t)	质量比	频率比	阻尼比	
149.2	1.3%	0.987	0.0685	
TMD 总质量(t)	TMD 单个质量 m(t)	TMD 数量 n	刚度 K(N/m)	阻尼 C(N·s/m)
2	0.5	4	649085	4908.5

添加 TMD 后的加速度时程曲线如图 5.30 所示，可见竖向振动加速度减小到 $0.084\mathrm{m/s^2}<0.15\mathrm{m/s^2}$（减振率 48%），满足设计要求。

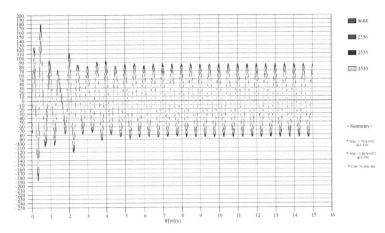

图 5.30　连桥添加 TMD 后的加速度时程曲线

对室内连桥需补充横向振动（图 5.31）舒适度验算。连桥一阶横向自振频率 8.9Hz 远大于规范要求的 1.2Hz，说明桥体横向刚度很大。此时，横向荷载折减系数等于 0，可以认为横向振动舒适度满足设计要求。

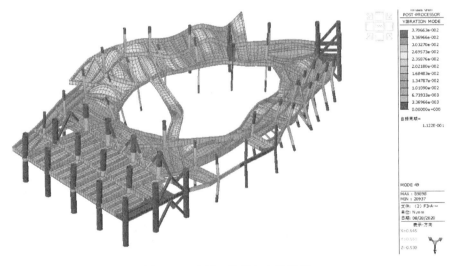

图 5.31　连桥一阶横向自振频率

2. 南馆 F4、F5 层大悬挑

取激励荷载频率 $f_1=1.61\mathrm{Hz}$ 和 1.95Hz，行人密度 1.5 人/$\mathrm{m^2}$，激振区域面积 $1286\mathrm{m^2}$（F5）$+1496\mathrm{m^2}$（F6），区域总人数 1929（F5）$+2244$（F6）人。激励函数布置位置、加速度提取点位及计算得到的加速度时程曲线如图 5.32~图 5.34 所示，统计结果见表 5.23。最大竖向振动加速度峰值为 $0.354\mathrm{m/s^2}>0.15\mathrm{m/s^2}$，不满足舒适度设计要求。

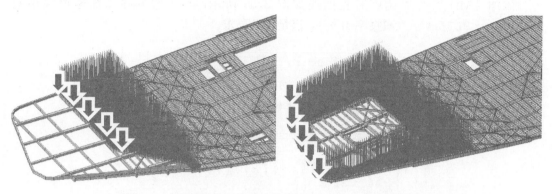

图 5.32 大悬挑结构节点动力荷载加载区域及加速度提取点位

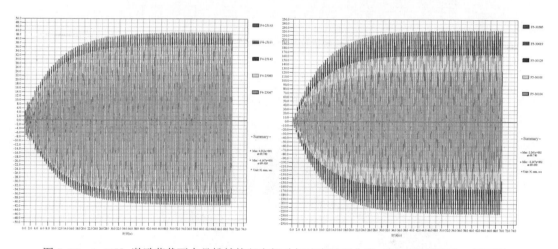

图 5.33 1.61Hz 激励荷载下大悬挑结构竖向振动加速度时程曲线（左：F4 层；右：屋面层）

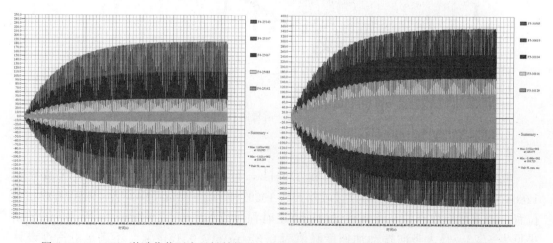

图 5.34 1.95Hz 激励荷载下大悬挑结构竖向振动加速度时程曲线（左：F4 层；右：屋面层）

不同激励频率下不同楼层竖向振动加速度统计   表 5.23

激励频率(Hz)	下层加速度(m/s²)	上层加速度(m/s²)
1.61	0.043<0.15	0.224>0.15
1.95	0.185>0.15	0.354>0.15

在大悬挑结构端头添加 TMD，布置位置见图 5.35，参数按表 5.24 选取（图中每点代表 4 个 TMD）。

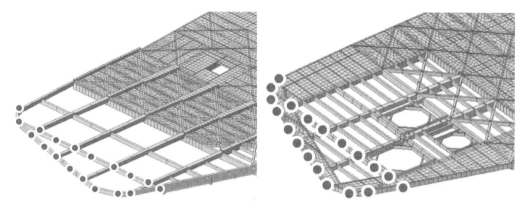

图 5.35　TMD 布置图

大悬挑结构 TMD 参数汇总   表 5.24

结构质量(t)	质量比	频率比	阻尼比	
6179	1.84%	0.98	0.084	
TMD 总质量(t)	TMD 数量 n	TMD 单个质量 m(t)	刚度 K(N/m)	阻尼 C(N·s/m)
114	152	0.75	73928	1219

添加 TMD 后的加速度时程曲线见图 5.36 和图 5.37，统计结果见表 5.25。竖向振动加速度由最大 0.354m/s² 减小到 0.056m/s²<0.15m/s²，减振率 84%，满足设计要求。

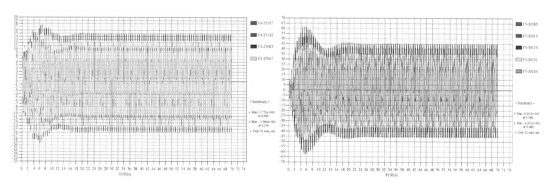

图 5.36　1.61Hz 激励荷载下不同楼层竖向振动加速度统计

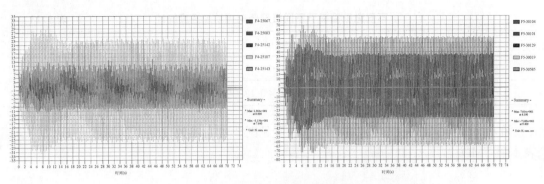

图 5.37　1.95Hz 激励荷载下不同楼层竖向振动加速度统计

不同激励频率下添加 TMD 后不同楼层竖向振动加速度统计　　　表 5.25

激励频率(Hz)	下层加速度(m/s²)	上层加速度(m/s²)
1.61	0.015<0.15	0.046<0.15
1.95	0.024<0.15	0.056<0.15

3. 中部长连桥

取激励荷载频率 f_1＝1.50Hz 和 2.3Hz，行人密度 1.5 人/m²，激振区域面积 2847m²（F5）＋1743m²（F6），区域总人数 5086（F5）＋3414（F6）人。激励函数布置位置、加速度提取点位及计算得到的加速度时程曲线见图 5.38～图 5.40 及表 5.26。计算结果表明，1.5Hz 时连桥达到共振，最大竖向振动加速度峰值为 0.283m/s²＞0.15m/s²，不满足舒适度要求。2.3Hz 时连桥并未共振，竖向振动加速度满足要求。

图 5.38　中部长连桥节点动力荷载加载区域及加速度提取点位

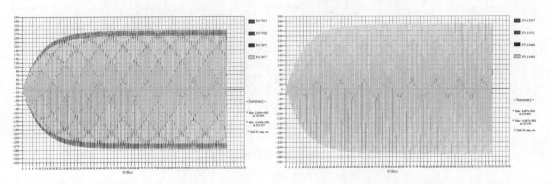

图 5.39　1.5Hz 激励荷载下中部长连桥结构竖向振动加速度时程曲线（左：下层；右：上层）

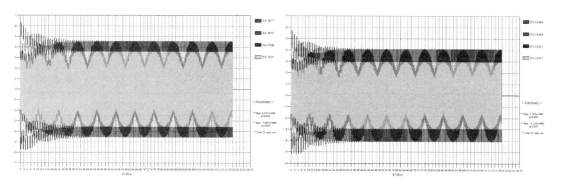

图 5.40　2.3Hz 激励荷载下中部长连桥结构竖向振动加速度时程曲线（左：下层；右：上层）

不同激励频率下不同楼层竖向振动加速度统计　　　　　　　表 5.26

激励频率（Hz）	下层加速度（m/s²）	上层加速度（m/s²）
1.5	0.283＞0.15	0.268＞0.15
2.3	0.006＜0.15	0.006＞0.15

在连桥中部添加 TMD，布置位置如图 5.41 所示（每点代表 2 个 TMD）。

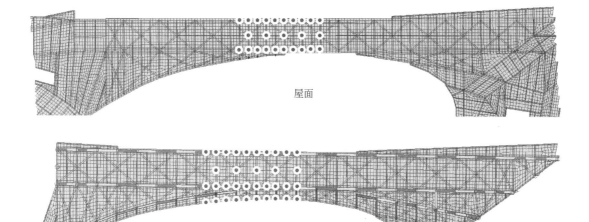

屋面

F4

图 5.41　中部长连桥 TMD 布置点位

由于大悬挑结构振动仅受一阶振动控制，因此仅添加一种类型的 TMD，其参数按表 5.27 选取。

中部长连桥结构 TMD 参数汇总　　　　　　　　　　表 5.27

结构质量（t）	质量比	频率比	阻尼比	
9120	1.75%	0.983	0.079	
TMD 总质量（t）	TMD 数量 n	TMD 单个质量 m（t）	刚度 K（N/m）	阻尼 C（N·s/m）
120	120	1	85797	1462

155

鉴于连桥竖向振动加速度控制的重要性，增加连桥竖向振动扫频分析。按规范相关要求，连桥激励时程频率选为 1.3～2.3Hz，扫频间隔为 0.1s。各激励荷载下的加速度统计结果见表 5.28。

同楼层竖向振动加速度统计

表 5.28

激励频率(Hz)	楼层	最大加速度(m/s²)
1.3	上层	0.003＜0.150
	下层	0.003＜0.150
1.4	上层	0.017＜0.150
	下层	0.016＜0.150
1.5	上层	0.110＜0.150
	下层	0.118＜0.150
1.6	上层	0.091＜0.150
	下层	0.087＜0.150
1.7	上层	0.055＜0.150
	下层	0.051＜0.150
1.8	上层	0.035＜0.150
	下层	0.038＜0.150
1.9	上层	0.030＜0.150
	下层	0.028＜0.150
2.0	上层	0.026＜0.150
	下层	0.024＜0.150
2.1	上层	0.023＜0.150
	下层	0.022＜0.150
2.2	上层	0.012＜0.150
	下层	0.010＜0.150
2.3	上层	0.005＜0.150
	下层	0.005＜0.150

结果显示，竖向振动加速度（时程曲线平稳段）由最大 0.283m/s² 减小到 0.118m/s²＜0.15m/s²，减振率 58.3%，满足设计要求。

5.10 多点输入地震反应分析

5.10.1 分析目的

地震波在向四周传播的过程中，不仅有时间上的变化特性，而且存在着明显的空间变化特性。传统上，对多数结构进行抗震设计时，都忽略了地震动的空间变化这一特性。对于平面尺寸较小的建筑物（如通常的工业与民用建筑），地震动的空间变化特性影响不大，忽略地震动的空间变化特性是能够满足此类建筑物的抗震设计要求的。然而，对于跨度很大的结构，由于波列传播波速的有限性、相干性的损失以及局部场地地质的不同等都会导致各支承点的地震激励出现差异。本工程由两个单体通过钢连桥连成一体，整体结构长度接近 400m，为超长型结构，有必要进行多点输入地震反应分析，研究行波效应对超长结构的影响，特别是连体部位的钢结构连桥。

5.10.2　分析方法

在进行考虑行波效应的多点输入时程地震反应分析时，通常假定地震波沿地表面以一定的速度传播，各点波形不变，只是存在时间的滞后，简称行波法。根据场地条件，选择地震波视波速 250m/s，按照 0.1s 时间差（即 25m 距离）分成若干区块进行多点地震输入。

如图 5.42 所示，地震波的输入方向，依次选取结构 Y 方向、45°角及 135°角方向作为主方向，另两方向为次方向，分别输入七组地震波的三个分量记录进行计算。分析时，混凝土构件阻尼比 5%，钢构件阻尼比 2%，峰值加速度取 70gal。每个工况地震波峰值按水平主方向：水平次方向：竖向＝1：0.85：0.65 进行调整。

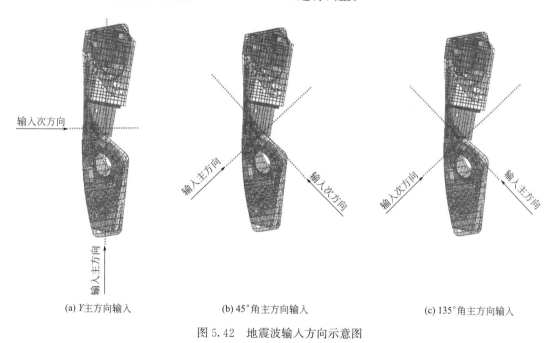

(a) Y 主方向输入　　　　(b) 45°角主方向输入　　　　(c) 135°角主方向输入

图 5.42　地震波输入方向示意图

5.10.3　分析结果

1. 基底剪力比较（表 5.29）

从表 5.29 可以看出，各主方向多点输入地震分析结果基底剪力比一致输入分析结果小。按照多点分析结果，在一致输入基础上对内力进行调整。

基底剪力对比 　　　　　　　　　　表 5.29

	地震波	一致输入基底剪力(kN)	多点输入基底剪力(kN)	多点输入/一致输入
Y 主方向输入（Y 向剪力）	RH1TG040	170724	30413	0.18
	RH4TG040	186288	30845	0.17
	Chuetsu-4854	130110	35821	0.28
	Chuetsu-5208	78778	17629	0.22
	Chuetsu-5291	89858	17056	0.19
	Iwate-5815	139955	22009	0.16
	Niigata-6519	151982	26072	0.17
45°角主方向输入（X 向剪力）	RH1TG040	145941	25639	0.18
	RH4TG040	204424	37546	0.18
	Chuetsu-4854	126934	22145	0.17
	Chuetsu-5208	90044	52358	0.58
	Chuetsu-5291	98211	14048	0.14
	Iwate-5815	147261	23994	0.16
	Niigata-6519	184368	20637	0.11
45°角主方向输入（Y 向剪力）	RH1TG040	150930	31351	0.21
	RH4TG040	142015	34677	0.24
	Chuetsu-4854	100472	22039	0.22
	Chuetsu-5208	67758	15792	0.23
	Chuetsu-5291	85089	18128	0.21
	Iwate-5815	97597	23326	0.24
	Niigata-6519	119134	20644	0.17
135°角主方向输入（X 向剪力）	RH1TG040	128516	26218	0.20
	RH4TG040	182271	29076	0.16
	Chuetsu-4854	103951	17562	0.17
	Chuetsu-5208	77037	12406	0.16
	Chuetsu-5291	103159	13821	0.13
	Iwate-5815	148572	21206	0.14
	Niigata-6519	126791	17794	0.14
135°角主方向输入（Y 向剪力）	RH1TG040	149661	33868	0.23
	RH4TG040	172256	47946	0.28
	Chuetsu-4854	106906	32701	0.31
	Chuetsu-5208	69458	15964	0.23
	Chuetsu-5291	113967	17418	0.15
	Iwate-5815	140417	28869	0.21
	Niigata-6519	139835	33435	0.24

2. 关键构件内力比较

根据大悬挑和大跨度连体结构的受力特点，分别从悬挑部位桁架和连体结构桁架中选取受力典型的两榀桁架作为研究对象。悬挑桁架选取支座处的上、下弦杆和腹杆进行研究，连体桁架选取支座处的上、下弦杆和腹杆以及跨中上、下弦杆进行研究，如图 5.43、图 5.44 所示。

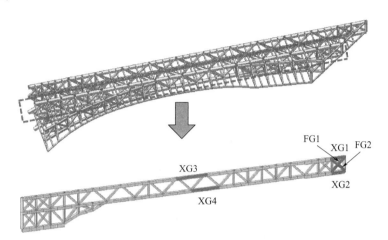

图 5.43　连桥桁架关键杆件

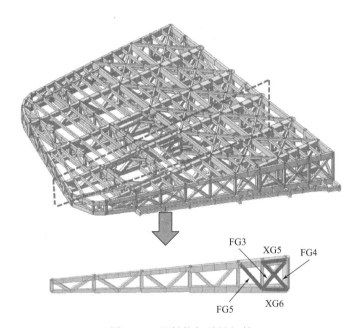

图 5.44　悬挑桁架关键杆件

提取关键构件在七组地震波下的一致输入轴力平均值和多点输入轴力平均值，如表 5.30 所示。可知在各主方向多点输入下关键构件的轴力均小于一致输入下的轴力，表明行波效应对悬挑部位桁架和连体结构桁架构件的影响较小，可以按照一致输入地震进行计算。

一致输入与多点输入轴力对比　　　　　　表 5.30

	杆件编号	一致输入轴力 平均值(kN)	多点输入轴力 平均值(kN)	多点输入/ 一致输入
Y 主方向输入	XG1	3401.19	2467.07	0.73
	XG2	2486.21	1865.70	0.75
	XG3	3016.92	1874.14	0.62
	XG4	3563.95	1160.69	0.33
	FG1	424.98	193.86	0.46
	FG2	500.31	241.87	0.48
	XG5	3124.08	2304.30	0.74
	XG6	500.31	241.87	0.48
	FG3	560.51	376.66	0.67
	FG4	458.68	280.80	0.61
	FG5	957.12	658.59	0.69
45°角主方向输入	XG1	3458.35	964.84	0.28
	XG2	2897.28	1420.73	0.49
	XG3	3410.59	1544.65	0.45
	XG4	3639.47	1092.88	0.30
	FG1	504.28	192.80	0.38
	FG2	574.29	226.67	0.39
	XG5	3006.46	1777.30	0.59
	XG6	574.29	226.67	0.39
	FG3	552.23	313.26	0.57
	FG4	446.90	263.21	0.59
	FG5	970.62	591.40	0.61
135°角主方向输入	XG1	3478.86	1155.64	0.33
	XG2	2362.74	1482.79	0.63
	XG3	2952.78	1471.14	0.50
	XG4	3264.46	1084.11	0.33
	FG1	442.60	204.84	0.46
	FG2	513.37	208.85	0.41
	XG5	3136.76	1786.22	0.57
	XG6	513.37	208.85	0.41
	FG3	606.96	310.51	0.51
	FG4	492.21	259.27	0.53
	FG5	1023.44	579.18	0.57

3. 框架柱内力比较

一般情况下，多点输入与一致输入相比，由于行波效应使得结构的扭转效应增大，反映在框架柱内力上即角柱、边柱内力变化较大，因此主要比较位于结构周边的角柱、边柱的内力变化。分别选取五块区域具有代表性的角柱、边柱进行对比（选取区域如图 5.45 所示），提取其七条地震波作用下的平均剪力进行分析。

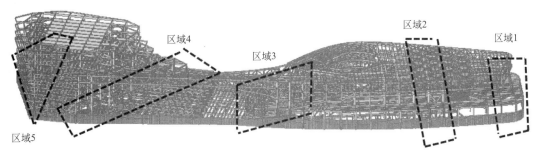

图 5.45　选取代表性柱子区域示意图

分析结果表明，对角柱、边柱而言，多点激励与一致激励相比，不同区域柱底剪力的影响不同。

区域 1：位于南馆端部，但由于地上只有一层，扭转效应产生的剪力放大较小，影响因子（多点输入下的柱底剪力与一致输入下的柱底剪力比值）平均值均小于 1；

区域 4：位于北馆连桥支座处，对于整体结构而言，其位于结构的中部，扭转效应不明显，框架柱影响因子平均值均小于 1；

区域 2：为南馆大悬挑的支撑框架柱，由于质量偏心，行波效应对扭转的放大较为明显，影响因子平均值达到 1.25；

区域 3：为南馆另一端，受区域 2 的影响导致此区域的扭转效应也较为明显，影响因子平均值达到 1.22；

区域 5：位于整体结构端部，受行波效应影响较为明显，影响因子平均值达到 1.15。

此外，整体来看，Y 主方向多点地震输入比 45°角、135°角主方向多点地震输入的行波效应明显。

综上所述，结构设计时可按不同区域考虑行波效应的影响，区域 1 和区域 4 影响因子平均值小于 1，可以按照一致输入地震进行计算；区域 2、区域 3 和区域 5，可根据多点输入分析结果，对相应区域框架柱内力放大 1.15～1.25 倍进行承载力验算。

5.11　抗连续倒塌分析

5.11.1　抗连续倒塌分析目的和方法

结构在正常使用阶段遭遇偶然荷载作用，如破坏性较大的爆炸、冲击作用等，某些关键构件会失效进而导致一系列连续破坏，最终由于局部破坏而引发结构大范围倒塌或整体倒塌，为防止此类情况的发生，需对结构做抗连续倒塌分析与设计。

现行《高层民用建筑钢结构技术规程》JGJ 99-2015 3.9.1 条规定，"安全等级为一级的高层民用建筑钢结构应满足抗连续倒塌概念设计的要求，有特殊要求时，可采用拆除构件方法进行抗连续倒塌设计。"本工程采用概念设计和拆除构件相结合的方法进行抗连续倒塌设计。

概念设计法：

（1）主体结构采用多跨超静定结构，提高结构冗余度，使结构具有较多的荷载传递路径。

（2）结合抗震性能化分析设计，提高构件的延性，避免局部失稳和整个构件失稳。

（3）框架梁柱采用刚接。

（4）通过设置柱间支撑、楼板内支撑、环桁架等连接措施，增强结构的整体性。

（5）加强节点和连接构造，保证结构的连续性和构件的变形能力，以形成抗连续倒塌机制。

拆除构件法：

（1）拆除构件的位置：逐个分别拆除结构周边柱、底层内部柱、支座附近桁架的腹杆等重要构件，其中周边柱在竖向位置，拆除首层、顶层、中间层及柱截面尺寸发生变化的楼层。

（2）采用弹性静力方法分析剩余结构的内力与变形。

（3）剩余结构构件承载力应满足 $R_d \geqslant \beta S_d$，各参数取值按《高层民用建筑钢结构技术规程》3.9.3 条所述规定。荷载效应考虑永久荷载、竖向可变活荷载、风荷载的组合，构件直接与拆除竖向构件相连时，竖向荷载动力放大系数取 2.0，其他取 1.0。构件截面承载力计算时，钢材强度取抗拉强度最小值。

5.11.2 拆除构件的选择

根据 5.11.1 节对拆除构件的选择原则，确定每层需要拆除的边柱、中柱及关键构件，由于北馆为退台式建筑，选择的边柱和中柱应通至屋面。拆除构件见图 5.46～图 5.50。图中：黑色圈内为边柱或腹杆，灰色圈内为内柱。

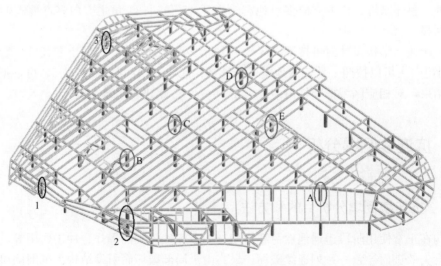

图 5.46 北馆拆除竖向构件

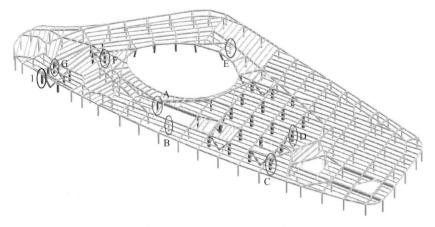

图 5.47　南馆拆除竖向构件

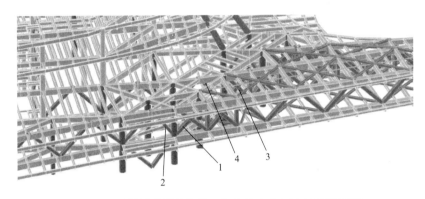

图 5.48　连桥拆除关键构件（与北馆支座相连的桁架腹杆）

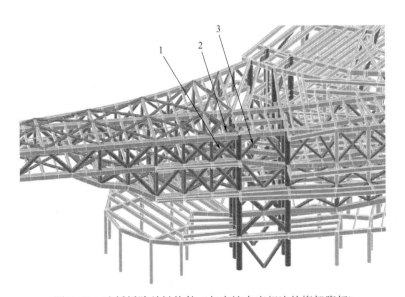

图 5.49　连桥拆除关键构件（与南馆支座相连的桁架腹杆）

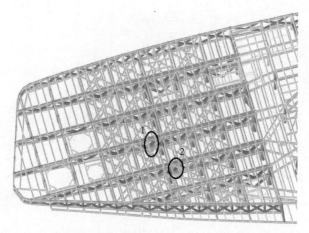

图 5.50　悬挑区域拆除关键构件（与支座相连的桁架腹杆）

5.11.3　拆除构件后抗倒塌计算

1. 北馆

对北馆需要拆除的中柱 A～E 在底层逐个分别拆除（图 5.46），对边柱 1～3 在底层、四层、顶层三个不同的楼层逐个分别拆除，剩余构件承载力验算结果如下。根据结构简图中显示的构件应力与钢材设计值的比值，找出应力最大的构件，根据文本文件，查出构件的实际应力，与钢材强度取抗拉强度最小值 470MPa 进行比较，判断是否满足要求。当拆除的构件为中柱时，剩余构件最大应力按规范要求乘以效应折减系数 0.67。表 5.31 为逐个分别拆除构件后，剩余构件的最大应力及其所在楼层。

剩余构件的最大应力及其所在楼层　　　　　　　　　　　　　　　　表 5.31

北馆	拆除构件名称 拆除构件的楼层	一层	四层	顶层
边柱	1	574MPa,一层顶	249MPa,四层顶	198MPa,五层顶
	2	406MPa,二层顶	154MPa,四层顶	86MPa,五层顶
	3	579MPa,二层顶	545MPa,四层顶	264MPa,七层顶
中柱	A	484MPa,一层顶		
	B	301MPa,一层顶		
	C	384MPa,一层顶		
	D	680MPa,一层顶		
	E	394MPa,二层顶		

通过表 5.31 数据可看出，中柱 D 和边柱 1、3 拆除后，剩余构件承载力不满足规范要求（表中灰色数字所示，中柱 A 基本满足）。主要原因是拆除的构件受荷面积较大，构件拆除后，其上部各层剩余的构件虽然可形成空间受力体系，但不足以弥补拆除构件后所形成的承载力不足问题。

按《高层民用建筑钢结构技术规程》第 3.9.6 条所述，当拆除某构件不能满足结构抗连续倒塌要求时，在该构件表面施加 80kN/m² 侧向偶然作用设计值，以此判断其承载能力。根据表 5.32 计算结果，施加偶然侧向作用进行验算后，结构满足抗倒塌要求。

构件表面施加 **80kN/m²** 侧向偶然作用　　　　　　　　　　　表 5.32

边柱	1	受压承载力应力比 0.26，受剪承载力应力比 0.02
	3	受压承载力应力比 0.3，受剪承载力应力比 0.02
中柱	D	受压承载力应力比 0.19，受剪承载力应力比 0.01

由于拆除构件后，需要进行验算的工况和构件较多，现仅选取边柱 3 的拆除模型（图 5.51）和验算结果图 5.52 进行说明。计算结果仅显示应力比超限的数据。

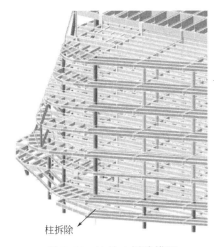

图 5.51　边柱 3 拆除模型

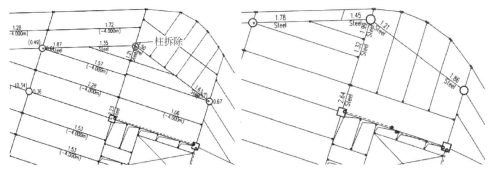

图 5.52　拆除边柱 3 后二、三层计算结果

2. 南馆

对南馆需要拆除的中柱 A～G 在底层逐个分别拆除（图 5.47），对边柱 1 在底层、顶层两个不同的楼层逐个分别拆除，剩余构件承载力验算结果见表 5.33。通过表中数据可看出，只有中柱 A 拆除后，剩余构件承载力不满足规范要求（表中灰色数字所示）。该构件表面施加 80kN/m² 侧向偶然作用设计值，以此判断其承载能力。根据表 5.33 中计算结果，施加偶然侧向作用进行验算后，结构满足抗倒塌要求。

剩余构件的最大应力及其所在楼层 表 5.33

南馆	拆除构件名称 拆除构件的楼层	一层	顶层
边柱	1	121MPa,一层顶	97MPa,一层顶
中柱	A	530MPa,一层顶	
	B	267MPa,一层顶	
	C	324MPa,一层顶	
	D	370MPa,一层顶	
	E	425MPa,二层顶	
	F	144MPa,一层顶	
	G	210MPa,一层顶	
构件表面施加 80kN/m² 侧向偶然作用			
中柱	A	受压承载力应力比 0.19,受剪承载力应力比 0.01	

3. 关键构件

对连桥桁架、长悬挑桁架与支座相连的腹杆进行逐个分别拆除,验算剩余构件的承载力。具体见表 5.34。通过表中数据可看出,剩余构件承载力满足规范要求。

剩余构件的最大应力及其所在楼层 表 5.34

拆除部位	拆除构件编号	剩余构件最大应力
与北馆支座相连的 桁架腹杆	1	300MPa,本跨的上弦杆
	2	442MPa,本跨的上弦杆
	3	194MPa,相邻跨的腹杆
	4	219MPa,相邻跨的腹杆
与南馆支座相连的 桁架腹杆	1	179MPa,相邻跨的上弦杆
	2	202MPa,本跨的上弦杆
	3	214MPa,本跨的上弦杆
长悬挑桁架	1	148MPa,本跨的上弦杆
	2	154MPa,本跨的上弦杆

5.11.4 结论

本工程部分竖向构件、关键构件拆除后,剩余构件的承载力基本大于荷载效应,达到了防连续倒塌的要求;而对于承载力小于荷载效应的构件,一般为受荷面积非常大的构件,通过施加侧向偶然荷载进行验算,也满足了防连续倒塌的要求。在计算中发现,所拆除构件周边有斜杆时,结构冗余度高,对防连续倒塌有很大的作用。对于受荷面积比较大的构件,应加大其周边构件的断面,或增加冗余度,提高防连续倒塌的能力。

从拆除构件后的验算结果来看,其影响的平面范围基本都是在所拆除构件的直接相连跨,没有影响到其他跨,从侧面也印证了本工程抗连续倒塌采用的概念设计的可靠性。

5.12　整体施工步骤

施工步骤如图 5.53 所示。

步骤1：地下室结构施工

步骤2：规划馆1~4层、科技馆1~3层钢结构施工

步骤3：科技馆4层(悬挑桁架层)施工，连廊餐厅地面拼装，规划馆施工至6层

图 5.53　施工步骤（一）

步骤4：连廊餐厅提升

步骤5：二层连廊安装

步骤6：钢结构施工完成

图 5.53　施工步骤（二）

5.13　施工过程模拟分析

5.13.1　分析依据

（1）根据《超限高层建筑工程抗震设防专项审查技术要点》第二十条第（二）款的要

168

求：必要时应进行施工安装过程分析。由于本工程存在大悬挑与连廊，钢构件在施工结束后的初始应力与施工过程关系密切，故需要进行施工过程模拟分析。

（2）根据施工单位提供的《城市展示中心钢结构连廊液压提升专项方案》，按照实际施工过程进行施工模拟分析。

5.13.2　施工过程模拟流程

采用有限元分析软件 MIDAS Gen2020 进行施工过程模拟。

施工模拟流程如图 5.54 所示。

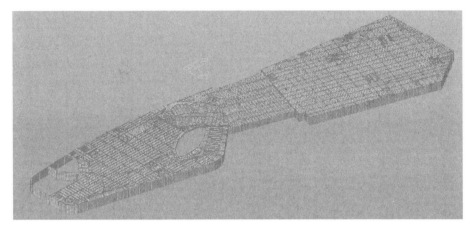

第 1 步（CS1）：拼装地下室构件，设置基础底处及地下室外墙的边界条件，施加地下室顶板荷载

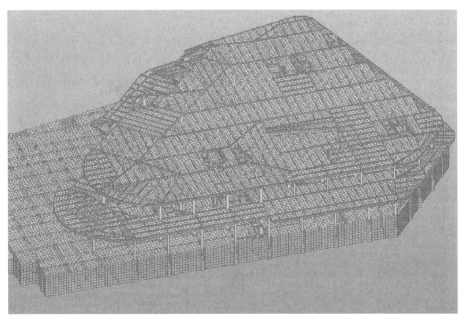

第 2 步（CS2）：拼装北馆 2~3 层构件，施加北馆 2~3 层荷载

图 5.54　施工模拟流程（一）

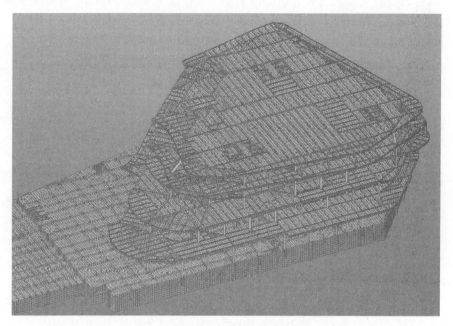

第3步（CS3）：拼装北馆4~6层构件，施加北馆4~6层荷载

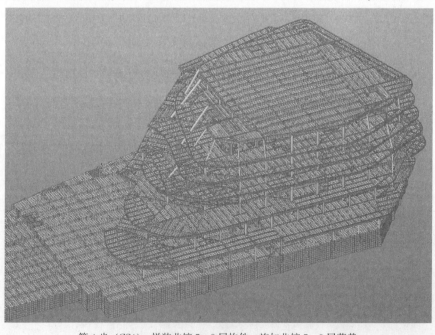

第4步（CS4）：拼装北馆7~8层构件，施加北馆7~8层荷载

图5.54　施工模拟流程（二）

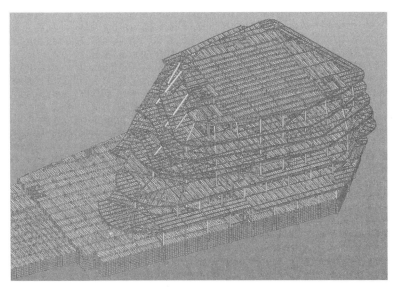

第 5 步（CS5）：拼装北馆小屋面层构件，施加北馆小屋面层荷载

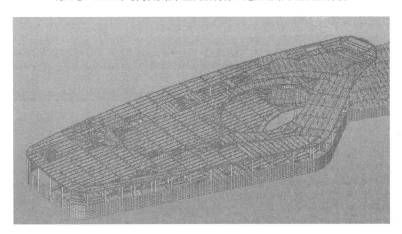

第 6 步（CS6）：拼装南馆 2 层构件，施加南馆 2 层荷载

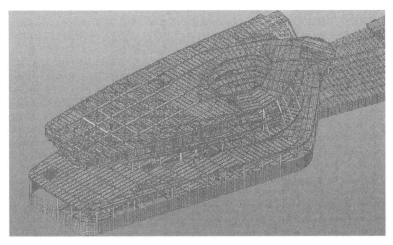

第 7 步（CS7）：拼装南馆 3～5 层构件，施加南馆 3～5 层荷载

图 5.54　施工模拟流程（三）

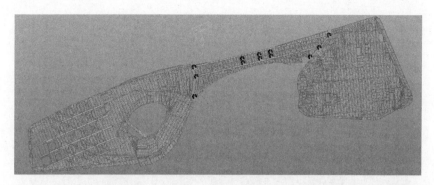

第 8 步（CS8）：拼装连廊钢构件（不含楼板）及临时支撑钢构件，设置提升边界，施加钢构件自重

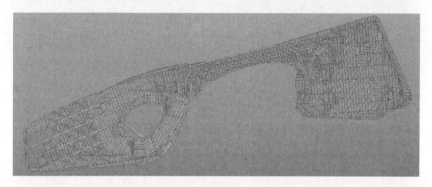

第 9 步（CS9）：拼装连廊与主体之间的连接体部分

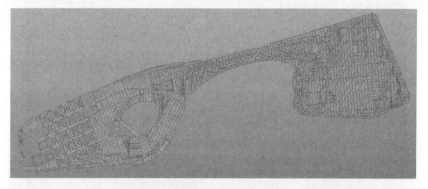

第 10 步（CS10）：钝化第 8 步（CS8）中设置的提升边界

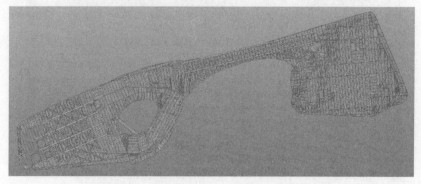

第 11 步（CS11）：钝化第 8 步（CS8）拼装的临时支撑杆件

图 5.54　施工模拟流程（四）

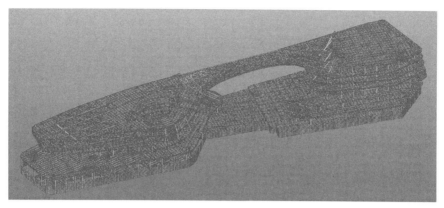

第 12 步（CS12）：拼装连廊楼板，施加连廊荷载

图 5.54 施工模拟流程（五）

5.13.3 连廊提升合拢过程

在 YJK（版本 3.0.1）中进行的施工顺序模拟并不能正确反映连廊提升过程，现实情况下连廊合拢后内力分布与程序计算内力分布有较大差别，因此重点模拟分析连廊提升合拢过程。

连廊提升合拢工艺流程如下（仅列出与结构计算相关的最后几步）：

第 1 步：整体提升连廊结构（图 5.55）。

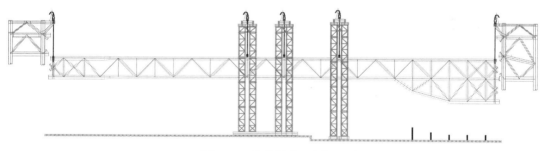

图 5.55 整体提升连廊结构

第 2 步：整体同步提升至设计标高约 200mm（图 5.56），降低提升速度，提升器微调作业，对口处精确就位。液压缸锁紧，对口焊接，安装后补杆件。

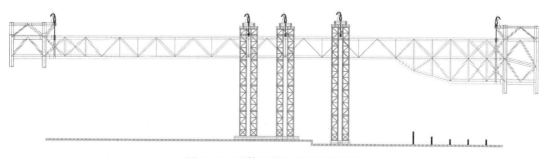

图 5.56 整体同步提升至设计标高

第 3 步：提升器卸载，荷载转移至预装段上（图 5.57），拆除临时结构和提升器。

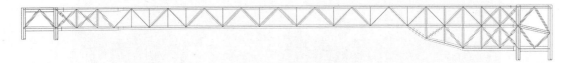

图 5.57　提升器卸载

第 4 步：浇筑混凝土楼板，考虑二次铺装恒荷载。

5.13.4　连廊提升合拢过程模拟分析

使用竖直向固定支座模拟所有吊点，保证吊点保持在同一标高。在连廊四周设置刚度很小的水平向弹性支撑，防止在连廊提升过程中转动。计算模型见图 5.58。

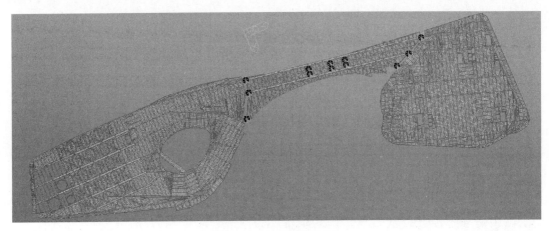

图 5.58　计算模型截图

（1）步骤 1：提升过程连廊钢构件内力及变形。

提升过程中连廊整体呈现一个三跨连续梁变形形态，最大竖向位移量为 19.1mm，出现在连廊两端外侧，存在一定扭转变形，但是由于绝对量值较小，可以忽略（图 5.59）。最大应力为 116.6MPa，出现在跨中临时杆件位置，其他大部分杆件应力均不大于 100MPa（图 5.60）。

（2）步骤 2：拼装连廊与主体之间的连接体部分，合拢完成。

合拢过程变形与应力几乎没有变化（图 5.61、图 5.62）。

（3）步骤 3：卸载提升器，拆除临时结构。

卸载、拆除临时结构之后，连廊整体呈现出简支的变形模式，梁最大位移出现在跨中，达到了 110mm（图 5.63）。最大压应力出现在连廊跨中上弦位置约为 110MPa，最大拉应力出现在跨中下弦及支座上弦位置，均不大于 100MPa（图 5.64）。

从上述三个步骤可以看出，连廊在提升、合拢、卸载、拆除临时结构过程中，变形、应力均满足设计要求。

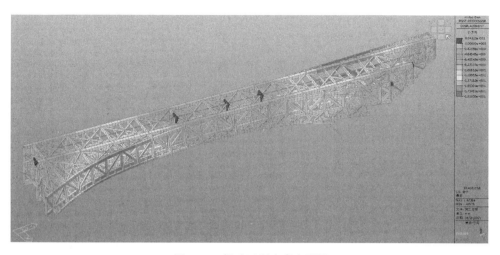

图 5.59　提升过程连廊变形图

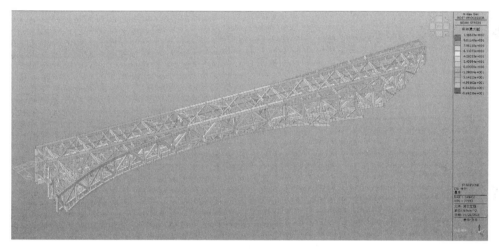

图 5.60　提升过程连廊钢构件应力图

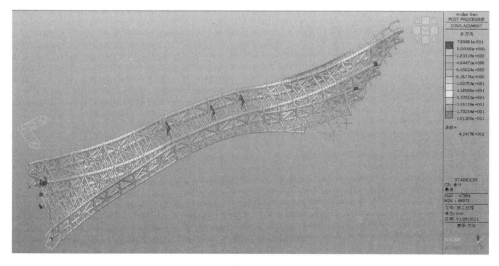

图 5.61　合拢完成后变形图

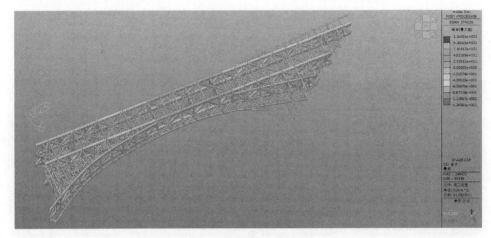

图 5.62　合拢完成后应力图

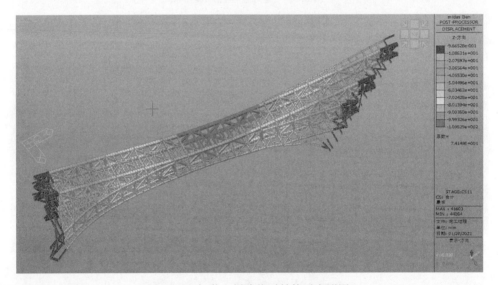

图 5.63　卸载、拆除临时结构后变形图

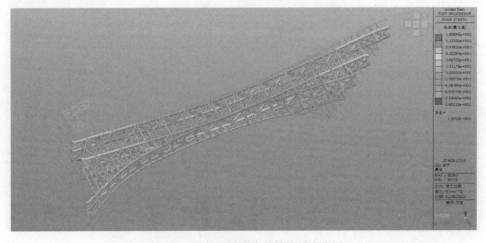

图 5.64　卸载、拆除临时结构后应力图

5.13.5　考虑提升过程与一次成型对比分析

考虑提升过程，浇筑混凝土板及二次铺装（图5.65、图5.66）。

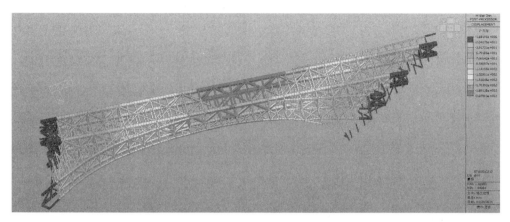

图 5.65　考虑提升过程连廊恒荷载下变形图

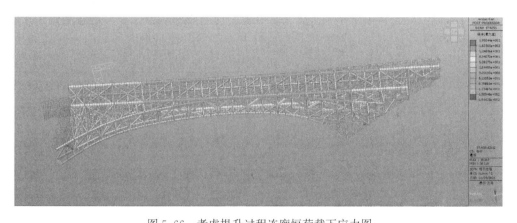

图 5.66　考虑提升过程连廊恒荷载下应力图

钢构件、混凝土楼板一次成型，考虑二次铺装恒荷载（图5.67、图5.68）。

图 5.67　钢构件、混凝土楼板一次成型恒载下变形图

图 5.68 钢构件、混凝土楼板一次成型恒荷载下应力图

取连廊为研究对象，通过对比考虑提升过程与一次成型两种工况的位移和应力图，可以发现两者在主桁架位置处的应力变化很小，最主要的差别在于跨中最大挠度。考虑提升过程工况跨中挠度达到了 200mm，一次成型工况跨中挠度为 160mm。究其原因，连廊在提升过程中接近三跨连续梁变形模式，在提升就位时连廊两端桁架不可避免地发生了自由转动。这就导致在合拢时，连廊上下弦与墩柱并非平接，而是均有一个向内转动的角度。即使这个角度很小（经换算这个角度约为 0.001335rad），由于连廊跨度很大，累积到跨中挠度已经达到 40mm。

因此，实际在钢构件拼装时，考虑适当增加起拱值，抵消提升过程对连廊跨中挠度的不利影响。

参考文献

[1] 拓玲. 长安云：云横千里 水天一色（灞河之畔显"星云"新的城市展示之窗）[N]. 西安日报，2021-09-05.

[2] 王雄文，何旭. 为了灞河岸边那朵"云"——陕建装饰集团十四运配套项目"长安云"施工侧记 [J]. 中国建设信息化，2021 (12)：38-39.

[3] 中建科工集团有限公司. "一带一路"文化交流中心系列公建项目北地块——钢结构工程安装安全专项施工方案 [R]. 2020.8.

[4] 王洪臣，卢骥，尹龙星. "一带一路"文化交流中心系列公建项目北地块项目——超限高层建筑工程抗震设计可行性论证报告 [R]. 中国建筑西北设计研究院有限公司，2021.2.

第6章

西安某大学新建文体馆施工组织

6.1 项目基本情况

西安某大学新建文体馆，位于陕西省西安市长安校区。建筑面积 17179.59m²。本工程为体育馆建筑，主要功能包括：体育比赛场地（可举行手球比赛）、观众席看台、游泳池及泳池大厅（50m 标准池及 21m 练习池）、室内网球场地（兼作羽毛球场）、乒乓球室、健身房、舞蹈形体教室及各类附属用房等。结构使用年限 50 年。

新建文体馆主体结构为钢筋混凝土框架结构，主体最大结构高度为 14.4m，地上三层，局部四层，地下局部一层。

文体馆屋盖为空间大跨度管桁架结构，屋盖具有体量大、跨度大等特点，屋盖整体立面呈现弧形，中间最大标高为 22.93m，两侧最低标高为 0.17m。屋盖投影平面尺寸为 159.7m×84m，由 13 榀主桁架及其间次桁架、支撑构成。桁架杆件均采用圆钢管制作而成，节点均为相贯焊接。结构布置见图 6.1 和图 6.2。

图 6.1　结构布置图

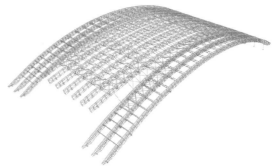

图 6.2　管桁架结构屋盖布置图

屋盖主桁架最大投影长度约为 159.7m，主桁架之间间距为 7m，两侧 6 榀主桁架最大跨度为 72m，结构形式为三层矩形管桁架；中间 7 榀主桁架最大跨度为 60m，结构形式为两层矩形管桁架。桁架两端落地支座为滑动支座，中间支座为销轴转动支座。主桁架及支撑均采用圆钢管，节点类型为圆管相贯节点和铸钢锥头节点。三层矩形管桁架布置见图 6.3 和图 6.4，两层矩形管桁架布置见图 6.5 和图 6.6。

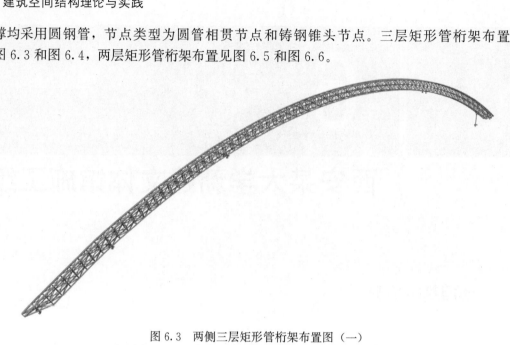

图 6.3　两侧三层矩形管桁架布置图（一）

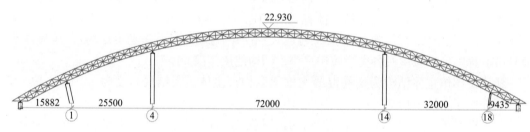

图 6.4　两侧三层矩形管桁架布置图（二）

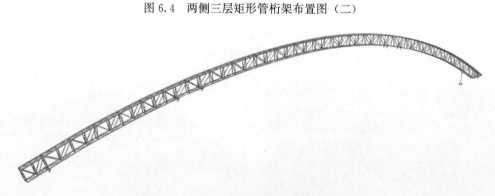

图 6.5　中间两层矩形管桁架布置图（一）

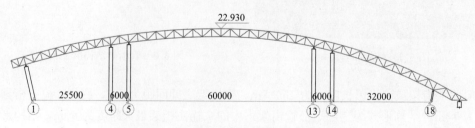

图 6.6　中间两层矩形管桁架布置图（二）

在主桁架间采用横向次桁架及支撑进行连接，次桁架为平面桁架，长度为 6m，宽度为 1.25m。具体见图 6.7 和图 6.8。

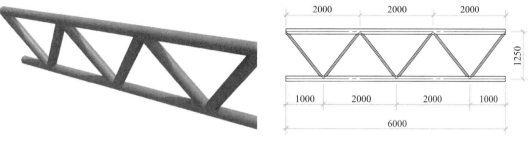

图 6.7　次桁架三维示意图　　　　　　　　图 6.8　次桁架结构图

屋盖桁架杆件材料均采用圆管截面，其截面有 $\phi76\times3.6$、$\phi89\times4$、$\phi168\times6$、$\phi180\times7$、$\phi219\times10$ 等多种截面，最大截面为 $\phi351\times14$、最小截面为 $\phi60\times3.5$，杆件材质为 Q345C。

桁架中间销轴转动支座节点及主桁架及支撑中的上下弦相贯节点构造见图 6.9。

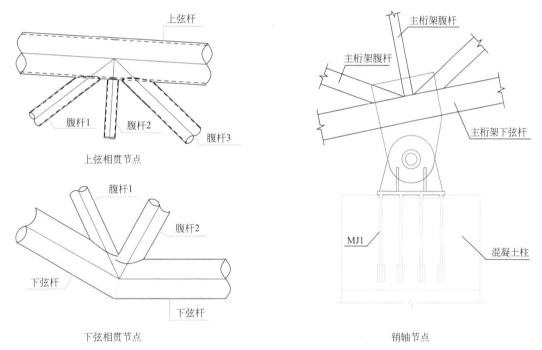

图 6.9　结构主要节点构造图

6.2　现场施工专项方案

6.2.1　施工整体概述

（1）钢结构屋盖为大跨度管桁架结构，立面呈弧形，平面布置见图 6.10。

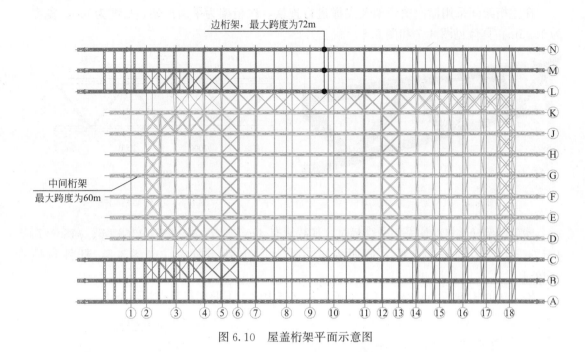

图 6.10 屋盖桁架平面示意图

（2）根据钢屋盖结构、土建结构及现场场地情况，并从安全性及经济性等指标综合考虑，采用"高空分段吊装"安装，即将屋盖主桁架分成三段，采用一台 260t 汽车起重机进行吊装就位，具体见图 6.11。

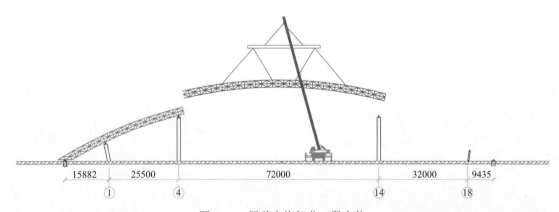

图 6.11 屋盖主桁架分三段安装

（3）根据屋盖钢桁架结构和支撑情况，并结合安装思路，钢屋盖施工时，拟将其分为三个施工区域，三个施工区域独立施工，各区做到统筹规划，协调配合，其分区示意见图 6.12。

（4）屋盖钢桁架均采用圆钢管拼装而成，主桁架截面均为矩形，其尺寸为 2.5m×1m，最大平面投影长度为 159.7m；次桁架为平面管桁架。为提高运输率，钢桁架杆件在工厂散件制作，运输至现场按照吊装单元进行拼装。桁架节点均为相贯焊接，圆管杆件在工厂采用相贯切割，具体见图 6.13。

（5）钢桁架散件运输至现场后，在地面搭设拼装胎架，按照吊装单元对桁架进行拼装。吊装单元分段划分见图6.14，桁架分段信息见表6.1。现场拼装见图6.15。

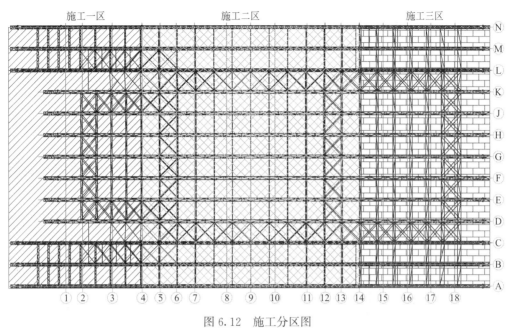

图 6.12　施工分区图

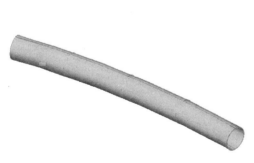

图 6.13　钢管相贯面工厂切割成型加工图

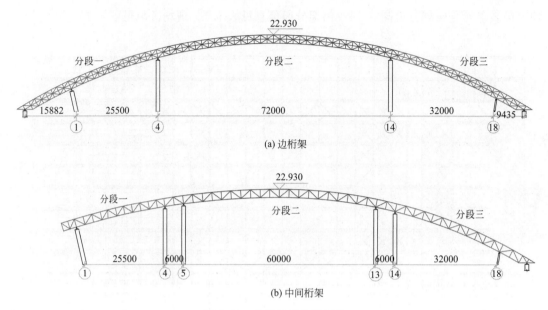

(a) 边桁架

(b) 中间桁架

图 6.14　吊装单元分段划分

边桁架分段信息表　　　　　　　　　　　　　　　　　　表 6.1

序号	桁架编号	分段号	分段长度(m)	分段质量(t)
1	ZHJ-1	分段一	46.5	15.6
2		分段二	73.2	24.5
3		分段三	42.5	14.3
4	ZHJ-2	分段一	46.5	16.0
5		分段二	73.2	25.1
6		分段三	42.5	14.6
7	ZHJ-3	分段一	46.5	18.2
8		分段二	73.2	28.8
9		分段三	42.5	16.7
10	ZHJ-4	分段一	36.2	10.2
11		分段二	66.8	18.8
12		分段三	47.6	13.4
13	ZHJ-5	分段一	36.2	10.0
14		分段二	66.8	18.5
15		分段三	47.6	13.1

　　（6）主体结构完工后，开始屋盖结构安装。屋盖安装施工分为三个施工区域，其施工顺序为：先施工一区，待一区完成后，同时进行二区和三区施工。具体见图 6.16 和图 6.17。

　　每个施工区域施工时，边桁架起重机站位于建筑外侧进行吊装；中间桁架，起重机行走于建筑内侧吊装。

为增强安装结构的稳定性，主桁架安装完成后，采用 25t 小汽车起重机辅助吊装次桁架，使之形成稳定的结构体系。

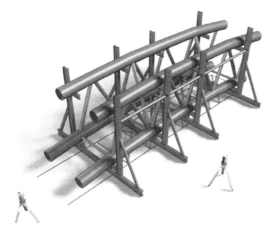

图 6.15　桁架现场拼装示意图

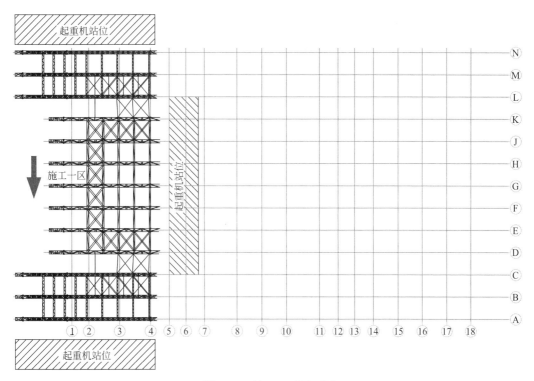

图 6.16　施工一区平面图

（7）施工二区的桁架跨度达 72m 和 60m，桁架整体呈弧形，在吊装时与原结构设计受力状态不同。因此，为保证桁架在吊装时不因受力状态的改变而使桁架变形，桁架拼装完成后，应在桁架下侧设临时钢丝绳，使之形成一个临时稳定的结构，具体见图 6.18。

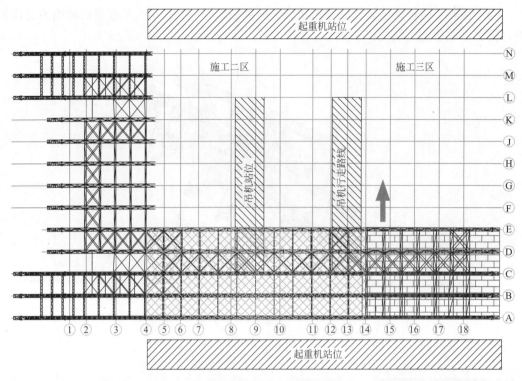

图 6.17　施工二、三区平面图

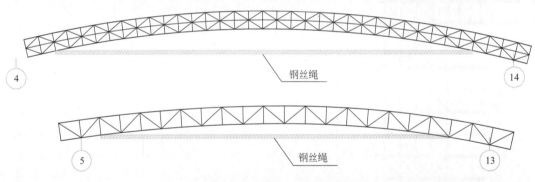

图 6.18　桁架下侧拉设临时钢丝绳示意图

（8）为方便桁架在高空对接，在桁架对接口处焊接定位耳板，对接耳板采用螺栓进行临时固定，待桁架杆件焊接完成后再割除耳板。具体见图 6.19。

6.2.2　施工整体流程

屋盖吊装施工分 17 个步骤，具体如图 6.20 所示。

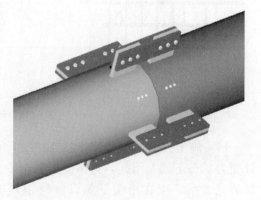

图 6.19　圆管对接连接板示意图

186

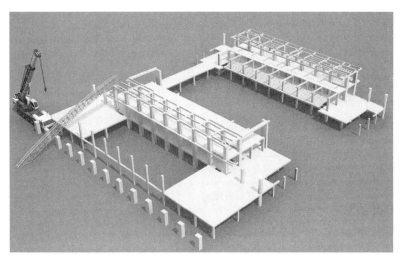

步骤 1：安装施工一区 L 轴桁架，并拉设缆风绳、撑杆进行临时固定

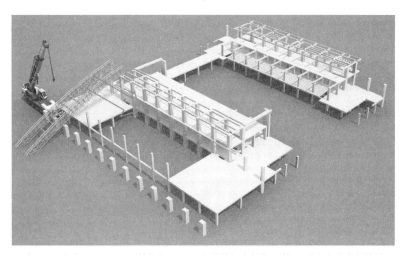

步骤 2：安装施工一区 M 轴桁架，以及安装其间次桁架，使之形成临时稳定结构

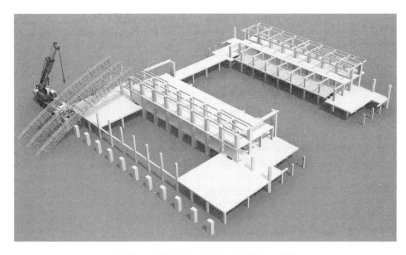

步骤 3：安装施工一区 N 轴桁架及次桁架

图 6.20 屋盖吊装施工步骤（一）

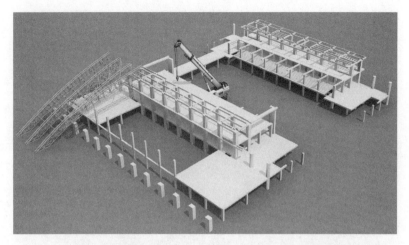

步骤 4：起重机移位至建筑内侧，开始吊装施工一区 K 轴桁架

步骤 5：继续推进安装

步骤 6：推进安装至施工一区 D 轴

图 6.20　屋盖吊装施工步骤（二）

步骤 7：起重机移位至建筑外侧，吊装施工一区 C 轴桁架

步骤 8：推进安装，完成施工一区安装

步骤 9：起重机移位，吊装施工二区 C 轴桁架，并拉设缆风绳、撑杆进行临时固定

图 6.20　屋盖吊装施工步骤（三）

步骤10：起重机移位，吊装施工三区C轴桁架，并拉设缆风绳、撑杆进行临时固定

步骤11：吊装施工二区和三区的B轴桁架

步骤12：吊装两榀桁架间次桁架，使之形成整体稳定的结构

图6.20　屋盖吊装施工步骤（四）

步骤 13：完成施工二区和施工三区 A 轴桁架安装

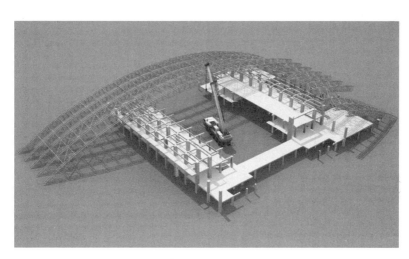

步骤 14：起重机移位至建筑内侧，开始吊装二区和三区内侧桁架

步骤 15：施工至 K 轴桁架安装

图 6.20　屋盖吊装施工步骤（五）

步骤 16：起重机移位至建筑外侧，继续施工二区和三区

步骤 17：完成桁架施工

图 6.20　屋盖吊装施工步骤（六）

6.2.3　现场拼装

文体馆屋面桁架最大跨度为 72m，为提高运输效率，根据现行公路运输条件，拟将桁架在工厂分段加工后运输至现场，在现场进行整榀拼装。

1. 拼装准备工作

现场地面拼装是将散件拼装成吊装单元，主要工作包括构件运输、检验、拼装平台搭设与检验、构件组拼、焊接、吊耳及对口校正卡具安装、中心线及标高控制线标识、吊装单元验收等工作。

2. 拼装胎架设置

屋面桁架拼装，拟在现场采用 H 型钢做成拼装胎架作为拼装平台。根据施工进度确定拼装胎架数量，进行循环利用。拼装胎架见图 6.21。

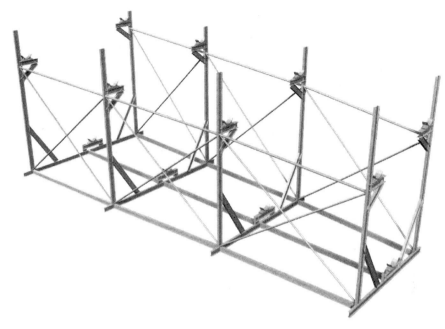

图 6.21　屋盖桁架拼装胎架示意图

3. 拼装起重机

屋面桁架最大分段重量较大，在拼装作业时，拼装机械作业半径小，因此拟采用 25t 汽车起重机作为拼装机械。

4. 桁架拼装的质量验收

地面拼装的质量好坏将直接影响钢结构安装质量，测量工作则是控制钢桁架拼装精度的关键工作，测量验收应贯穿各工序的始末。主体桁架地面拼装的测量方法、测量内容见表 6.2。

<table>
<tr><td colspan="4" style="text-align:center">桁架地面拼装控制尺寸　　　　　　　　　　　　表 6.2</td></tr>
<tr><td>序号</td><td>项目</td><td>控制尺寸(mm)</td><td>检验方法</td></tr>
<tr><td>1</td><td>预拼装单元总长</td><td>±10</td><td>全站仪、钢卷尺</td></tr>
<tr><td>2</td><td>对角线</td><td>±5</td><td>全站仪、钢卷尺</td></tr>
<tr><td>3</td><td>各节点标高</td><td>±5</td><td>激光经纬仪、钢卷尺</td></tr>
<tr><td>4</td><td>单片桁架弯曲</td><td>±5</td><td>激光经纬仪、钢卷尺</td></tr>
<tr><td>5</td><td>节点处杆件轴线错位</td><td>3</td><td>线垂、钢尺</td></tr>
<tr><td>6</td><td>坡口间隙</td><td>±2</td><td>焊缝量规</td></tr>
<tr><td>7</td><td>单根杆件直线度</td><td>±3</td><td>粉线、钢尺</td></tr>
</table>

注：数据来源于《钢结构工程施工质量验收规范》GB 50205-2001。

5. 拼装质量保证措施

拼装质量保证措施见表 6.3。

拼装质量保证措施 表 6.3

序号	内容
1	严格按设计要求进行焊缝尺寸控制,不任意加大或减小焊缝的高度和宽度
2	采用小热输入量、小焊道、多道多层焊接方法以减少收缩量
3	在保证焊透的前提下采用小角度、窄间隙焊接坡口,以减少收缩量
4	拼装焊接时实施多人对称反向焊接,最大限度减少焊接变形
5	拼装焊接时构件预留收缩余量,分段(块)矫正构件,控制好拼装块的焊接变形
6	焊接时应根据杆件的对称布置的特点,选好自由端,避免由焊接误差的累积而造成过大的内力
7	提高构件制作精度,构件长度按正偏差验收
8	对跨距、中心线及位移、标高、起拱度的测量,利用钢尺、经纬仪器、水准仪、全站仪进行精确测量,及时发现并纠正可能出现的位置偏差,确保整体拼装精度
9	拼装胎架必须有足够的刚度

6. 桁架拼装流程

对于屋盖管桁架结构的拼装,可以分为主桁架及次桁架两部分。具体见表 6.4 和表 6.5。

主桁架拼装步骤 表 6.4

步骤图示	说明
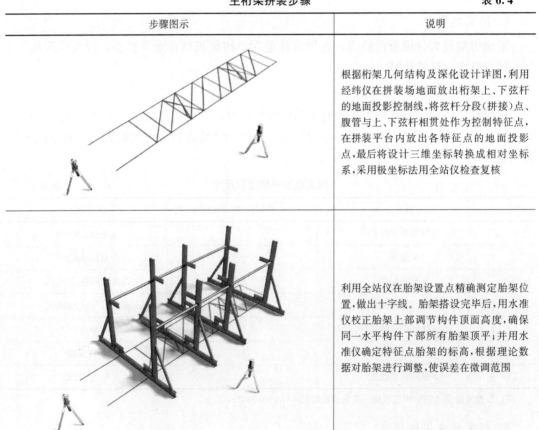	根据桁架几何结构及深化设计详图,利用经纬仪在拼装场地面放出桁架上、下弦杆的地面投影控制线,将弦杆分段(拼接)点、腹管与上、下弦杆相贯处作为控制特征点,在拼装平台内放出各特征点的地面投影点,最后将设计三维坐标转换成相对坐标系,采用极坐标法用全站仪检查复核
	利用全站仪在胎架设置点精确测定胎架位置,做出十字线。胎架搭设完毕后,用水准仪校正胎架上部调节构件顶面高度,确保同一水平构件下部所有胎架顶平;并用水准仪确定特征点胎架的标高,根据理论数据对胎架进行调整,使误差在微调范围

步骤图示	说明
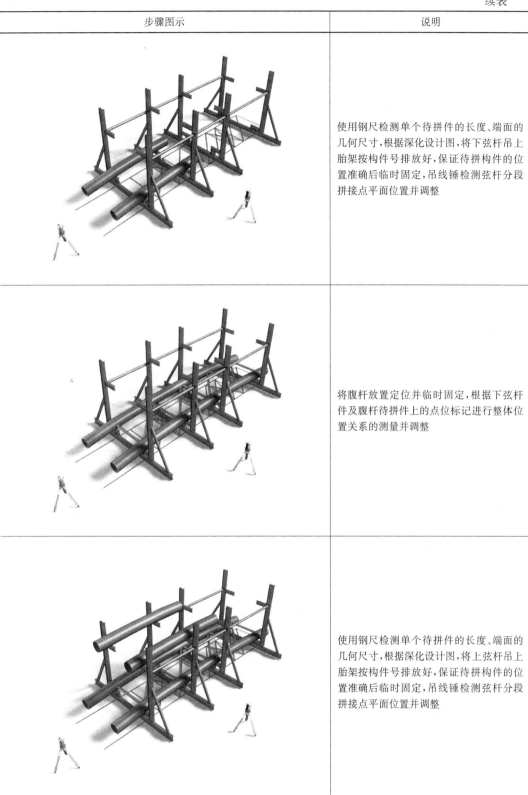	使用钢尺检测单个待拼件的长度、端面的几何尺寸,根据深化设计图,将下弦杆吊上胎架按构件号排放好,保证待拼构件的位置准确后临时固定,吊线锤检测弦杆分段拼接点平面位置并调整
	将腹杆放置定位并临时固定,根据下弦杆件及腹杆待拼件上的点位标记进行整体位置关系的测量并调整
	使用钢尺检测单个待拼件的长度、端面的几何尺寸,根据深化设计图,将上弦杆吊上胎架按构件号排放好,保证待拼构件的位置准确后临时固定,吊线锤检测弦杆分段拼接点平面位置并调整

步骤图示	说明
	将侧向腹杆放置定位并临时固定,根据上、下弦杆件及侧向腹杆待拼件上的点位标记进行整体位置关系的测量并调整
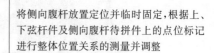	将空间腹杆放置定位并临时固定,根据上、下弦杆件及空间腹杆待拼件上的点位标记进行整体位置关系的测量并调整
	拼装桁架上弦杆平面内腹杆。桁架拼装完成后,利用全站仪对桁架各节点进行复核调整,完成后,开始桁架焊接。焊接完成后,对桁架进行全面检测,将检测数据记录存档,并与焊接前的检测数据对照分析,确定其变形程度,分析变形原因,以便在下一个桁架拼装中能够尽可能减小拼装误差

次桁架拼装步骤　　　　　　　　　　　　　表 6.5

步骤图示	说明
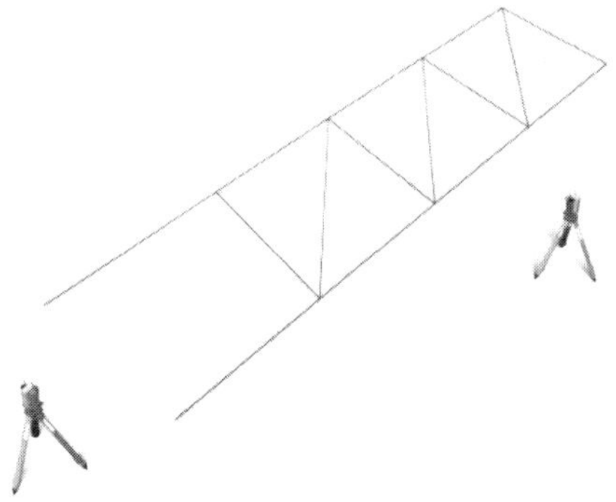	根据桁架的几何结构及深化设计详图,利用经纬仪在拼装场地上放出桁架上、下弦杆的地面投影控制线,将弦杆分段(拼接)点、腹管与上、下弦杆相贯处作为控制特征点,在拼装平台内放出各特征点的地面投影点,最后将设计三维坐标转换成相对坐标系,采用极坐标法用全站仪检查复核
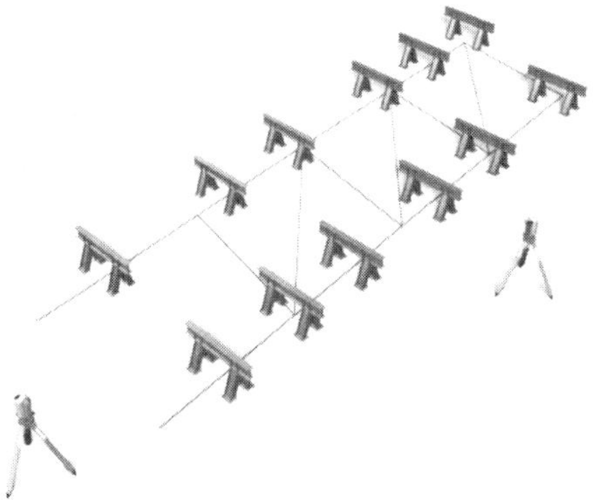	利用全站仪在胎架设置点精确测定胎架位置,做出十字线。胎架搭设完毕后,用水准仪校正胎架上部调节构件顶面高度,确保同一水平构件下部所有胎架顶平;并用水准仪确定特征点胎架的标高,根据理论数据对胎架进行调整,使误差在微调范围
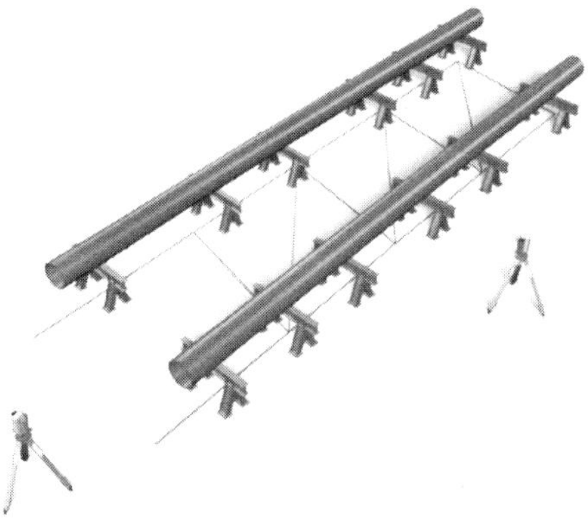	使用钢尺检测单个待拼件的长度、端面的几何尺寸,根据深化设计图,将下弦杆、上弦杆吊上胎架按构件号排放好,保证待拼构件的位置准确后临时固定,吊线锤检测弦杆分段拼接点平面位置并调整
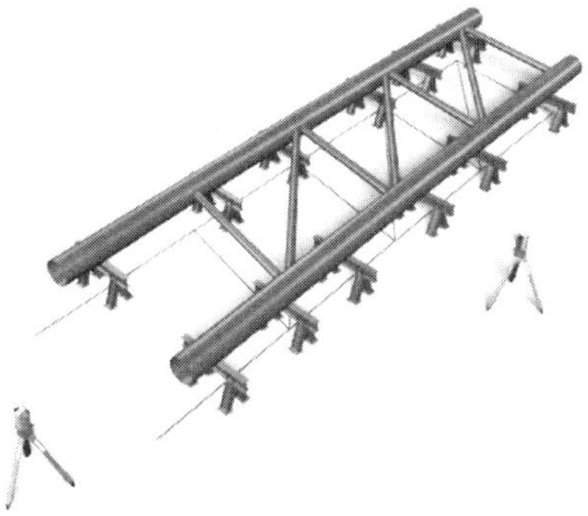	将腹杆放置定位并临时固定,根据上、下弦杆件及腹杆待拼件上的点位标记进行整体位置关系的测量并调整

续表

步骤图示	说明
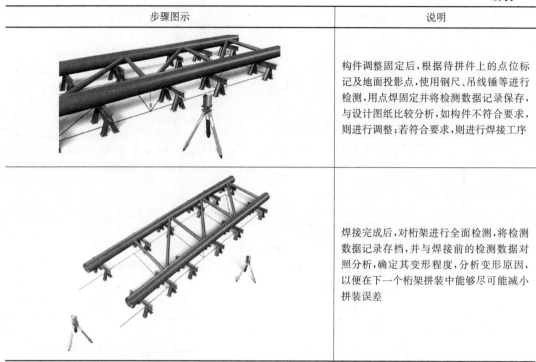	构件调整固定后,根据待拼件上的点位标记及地面投影点,使用钢尺、吊线锤等进行检测,用点焊固定并将检测数据记录保存,与设计图纸比较分析,如构件不符合要求,则进行调整;若符合要求,则进行焊接工序
	焊接完成后,对桁架进行全面检测,将检测数据记录存档,并与焊接前的检测数据对照分析,确定其变形程度,分析变形原因,以便在下一个桁架拼装中能够尽可能减小拼装误差

6.2.4 起重机选择及吊重分析

整体屋盖桁架分段数量多,可选取最不利桁架吊装单元作为分析对象。最不利桁架吊装单元能满足现场吊装要求即可。由桁架吊装分段信息(表 6.1)可知,ZHJ-3 为最不利吊装单元,因此选取 ZHJ-3 作为起重机吊重分析对象,具体分析见图 6.22～图 6.25 和表 6.6～表 6.9。

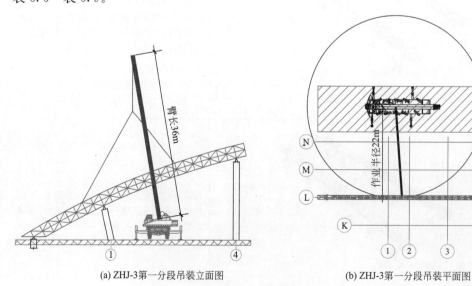

(a) ZHJ-3第一分段吊装立面图　　　　(b) ZHJ-3第一分段吊装平面图

图 6.22　最不利桁架调转分析

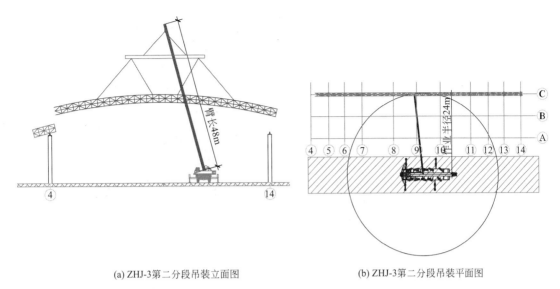

(a) ZHJ-3第二分段吊装立面图　　　　　　　(b) ZHJ-3第二分段吊装平面图

图 6.23　ZHJ-3 桁架第二分段调转分析

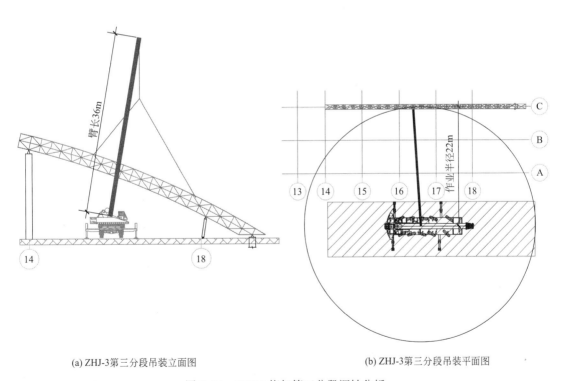

(a) ZHJ-3第三分段吊装立面图　　　　　　　(b) ZHJ-3第三分段吊装平面图

图 6.24　ZHJ-3 桁架第三分段调转分析

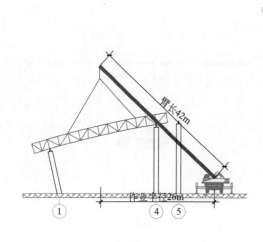

(a) ZHJ-3第一分段吊装立面图　　　　　(b) ZHJ-3第一分段吊装平面图

图 6.25　ZHJ-3 第一分段调转分析

ZHJ-3 第一分段吊重分析　　　　　　　　　　　表 6.6

	名称	ZHJ-3 第一分段
构件说明	质量(t)	18.2
	长度(m)	46.5
	安装高度(m)	约 18
吊装机械及性能	型号	QAY260 汽车起重机
	臂长(m)	36
	作业半径(m)	22
	提升高度(m)	约 20
	起吊质量(t)	43.7

ZHJ-3 第二分段吊重分析　　　　　　　　　　　表 6.7

	名称	ZHJ-3 第二分段
构件说明	质量(t)	28.8
	长度(m)	73.2
	安装高度(m)	约 23
吊装机械及性能	型号	QAY260 汽车起重机
	臂长(m)	48
	作业半径(m)	24
	提升高度(m)	约 24
	起吊质量(t)	37.6

ZHJ-3 第三分段吊重分析　　　　　　　　　　　　　　　　表 6.8

构件说明	名称	ZHJ-3 第三分段
	质量(t)	16.7
	长度(m)	42.5
	安装高度(m)	约 18
吊装机械及性能	型号	QAY260 汽车起重机
	臂长(m)	36
	作业半径(m)	22
	提升高度(m)	约 20
	起吊质量(t)	43.7

ZHJ-3 第一分段吊重分析　　　　　　　　　　　　　　　　表 6.9

构件说明	名称	ZHJ-3 第一分段
	质量(t)	10.2
	长度(m)	36.2
	安装高度(m)	约 18
吊装机械及性能	型号	QAY260 汽车起重机
	臂长(m)	42
	作业半径(m)	26
	提升高度(m)	约 20
	起吊质量(t)	34.3

根据上述情况分析，现场选用 260t 汽车起重机完全能满足现场吊装要求，260t 起重机性能见表 6.10。

260t 起重机性能　　　　　　　　　　　　　　　　表 6.10

臂长(m) 幅度(m)	18	21	24	27	30	33	36	39	42	45	48	51
5	260	240.5										
6	250	240.5	210	188.2	165.7/6.5							
7	226.3	221.2	210	188.2	165.7	154.2	142.4/7.3					
8	184	180.4	176.9	173.6	165.7	154.2	142.4	142.4	118	106/8.5		
9	154.9	152.2	149.6	147	144.6	142.2	139.8	137.5	118	106	105.5	
10	133	131.5	129.4	127.4	125.4	123.5	121.6	119.7	117.9	106	105.5	92.7
12	101.9	101.6	101.3	100.2	98.8	97.5	96.1	94.8	93.5	92.2	90.9	90.6
14	82.3	82.0	81.7	81.4	81.1	80.2	79.1	78.1	77.1	76.1	75.0	74.8
16	68.8	68.5	68.2	67.9	67.6	67.3	67.0	66.2	65.3	64.5	63.6	63.4
18		58.6	58.3	58.0	57.7	57.4	57.1	56.8	56.5	55.7	55.0	54.8
20			50.8	50.5	50.2	49.9	49.6	49.3	49.0	48.6	48.2	48.0
22			44.9	44.6	44.3	44.0	43.7	43.3	43.0	42.7	42.4	42.1
24				39.8	39.5	39.2	38.9	38.6	38.2	37.9	37.6	37.3
26					35.6	35.3	34.9	34.6	34.3	34	33.7	33.3

臂长（m） 幅度（m）	18	21	24	27	30	33	36	39	42	45	48	51
28						32.0	31.6	31.3	31.0	30.7	30.3	30.0
30						29.1	28.8	28.5	28.2	27.8	27.5	27.2
32							26.4	26.1	25.7	25.4	25.1	24.8
34								24.0	23.6	23.3	23	22.7
36									21.8	21.5	21.1	20.8
38										19.8	19.5	19.2
40										18.4	18.0	17.7
42											16.7	16.4
44												15.2
46												
倍率	22	20	17	15	13	12	11	11	9	8	8	7
吊钩				260						150		

6.3 施工模拟分析

施工模拟分析各阶段位移变形和应力如图 6.26 所示。

位移变形 应力

阶段一：最大位移变形为 3.2mm，最大应力为 45.2N/mm^2，满足施工要求

位移变形 应力

阶段二：最大位移变形为 3.1mm，最大应力为 43.2N/mm^2，满足施工要求

图 6.26 施工模拟分析（一）

位移变形　　　　　　　　　　　　　　　　　　应力

阶段三：最大位移变形为 6.5mm，最大应力为 $59.8N/mm^2$，满足施工要求

位移变形　　　　　　　　　　　　　　　　　　应力

阶段四：最大位移变形为 7mm，最大应力为 $49N/mm^2$，满足施工要求

位移变形　　　　　　　　　　　　　　　　　　应力

阶段五：最大位移变形为 7mm，最大应力为 $49N/mm^2$，满足施工要求

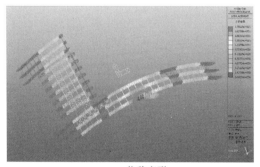

位移变形　　　　　　　　　　　　　　　　　　应力

阶段六：最大位移变形为 17.9mm，最大应力为 $94.5N/mm^2$，满足施工要求

图 6.26　施工模拟分析（二）

位移变形 　　　　　　　　　　　　　　　　应力

阶段七：最大位移变形为 19.1mm，最大应力为 92.9N/mm²，满足施工要求

 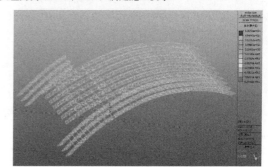

位移变形 　　　　　　　　　　　　　　　　应力

阶段八：最大位移变形为 19.1mm，最大应力为 92.8N/mm²，满足施工要求

 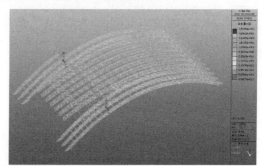

位移变形 　　　　　　　　　　　　　　　　应力

阶段九：最大位移变形为 18.9mm，最大应力为 92.7N/mm²，满足施工要求

 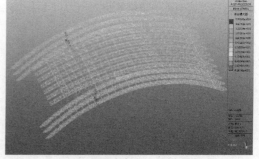

位移变形 　　　　　　　　　　　　　　　　应力

阶段十：最大位移变形为 18.9mm，最大应力为 92.7N/mm²，满足施工要求

图 6.26　施工模拟分析（三）

6.4　施工相关计算

6.4.1　钢丝绳计算

本项目钢构件最不利分段重量约30t，均分到每个吊点的重量为15t，采用60°夹角吊装，则每根钢丝绳的拉力约18t，吊装构件采用6×37的钢丝绳，其直径43mm，钢丝绳抗拉强度为$1700N/mm^2$。

$$[F_g]=\frac{\alpha F_g}{K} \tag{6.1}$$

查规范得知，6×37，直径43mm的钢丝绳破断拉力综合$F_g=1185kN$，取不均衡系数$\alpha=0.82$，取安全系数$K=5$，则$[F_g]=0.82\times1185/5=194.34kN$，大于18t，满足吊装要求。

6.4.2　脚手架验算

脚手架搭设要求及参数见表6.11。

脚手架搭设要求及参数　　　　　　　　　　　　　表6.11

扣件式钢管脚手架	
材料选用	立杆、水平杆、支撑杆均采用材质为Q235的$\phi48\times3.5$型钢管
排、步距	横向、纵向间距均为1.2mm，步距为1.2mm
支撑杆	纵横向均设剪刀撑，每隔四道布设一道
扣件	扣件采用直通型和万向型两种；材质应符合现行国家标准《钢管脚手架扣件》GB 15831—2006的规定
脚手板	采用木板，每块重量不大于30kg，脚手板的宽度不应小于200mm，厚度不应小于50mm，两端应设直径为4mm的镀锌铅丝两道
底座	采用200mm×200mm的焊接底座
搭设高度	14m左右

同时要求满足《建筑施工扣件式钢管脚手架安全技术规范》JGJ 130—2011的构造要求，底部200mm处应设置纵、横扫地杆；脚手架顶层必须设有1.2m的护身栏，用扣件与立杆扣牢

扣件式钢管脚手架施工前，应按《建筑施工扣件式钢管脚手架安全技术规范》的规定对脚手架结构构件进行设计计算。

脚手架立杆及水平杆选用$\phi48\times3.5$，材质为Q235钢管，采用单扣件连接方式，横距$L_a=1.2m$，纵距$L_b=1.2m$，步高$h=1.2m$，搭设高度最高约为14m。

（1）构配件静荷载

$$G_k=1kN/m^2$$

（2）施工均布荷载

$$Q_k=4kN/m^2（施工荷载）$$

（3）扣件抗滑移承载力 R_1 的验算

按每个扣件承载力为 $[R_0]=8.0\mathrm{kN}$

每个受力单元承载力：
$$q=1.2G_\mathrm{k}+1.4Q_\mathrm{k}=1.2\times1+1.4\times4=6.8\mathrm{kN/m^2}$$

则　　　　$R_1=q\times(L_\mathrm{a}/2\times L_\mathrm{b})=6.8\times1.2/2\times1.2=4.9\mathrm{kN}<[R_0]=8$

故扣件承载力满足要求。

（4）纵横向水平杆计算（按简支梁）

$\phi48\times3.5$ 钢管的截面特性见表 6.12。

钢管截面特性　　　　　　　　　　　　　表 6.12

截面面积 A	$4.89\times10^2\mathrm{mm^2}$
截面惯性矩 I	$12.19\times10^4\mathrm{mm^4}$
弹性模量 E	$2.06\times10^5\mathrm{N/mm^2}$
截面模量 W	$5.08\times10^3\mathrm{mm^3}$
回转半径 i	$15.8\mathrm{mm}$
钢管质量 g_k	$3.84\mathrm{kg/m}$

作用在水平杆上的线荷载：
$$q=1.2[G_\mathrm{k}+g_\mathrm{k}]+1.4Q_\mathrm{k}C$$

其中：
$$G_\mathrm{k}=1\mathrm{kN/m^2}$$
$$C=0.6\mathrm{m}（横杆间距）$$
$$Q_\mathrm{k}=4\mathrm{kN/m^2}$$

则：　　　　$q=1.2\times(1\times0.6+0.0384)+1.4\times4\times0.6=4.126\mathrm{kN/m}$

最大弯矩：
$$M=q\times L_\mathrm{a}^2/8=4.126\times1.2^2/8=0.743\mathrm{kN\cdot m}$$

抗弯强度：
$$\sigma_{最大}=\frac{M}{W}=\frac{743\times103}{5.08\times103}=146.26\mathrm{N/m^2}<[f]=205\mathrm{N/m^2}$$

由以上计算可知，单层脚手架水平横杆抗弯强度满足要求！

计算变形：

水平杆挠度：$V/L_\mathrm{a}=5q\cdot L_\mathrm{a}^3/(384EI)=5\times4.126\times1200^3/(384\times2.06\times10^5\times1.219\times10^5)=1/270<1/150$

横向水平杆符合要求。

（5）立杆稳定性验算

轴心压力标准值总和：$N_\mathrm{G}=N_\mathrm{G1K}+N_\mathrm{G2K}=8\mathrm{kN}$；$N_\mathrm{Q}=4\mathrm{kN}$

则：$N=1.2(N_\mathrm{G1K}+N_\mathrm{G2K})+1.4N_\mathrm{Q}=1.2\times8+1.4\times4=15.2\mathrm{kN}$

立柱长细比：$\lambda=l_0/i=1.155\times1.75\times1200/15.8=154$，查表得 $\psi=0.294$。

则：$N/(\psi A)=15.2\times10^3/(0.294\times4.89\times10^2)=105.7\mathrm{N/mm^2}<f=205\mathrm{N/mm^2}$，满足稳定要求。

6.5　施工措施

施工措施内容见表 6.13。

施工措施　　　　　　　　　　　　　　　　　　　　　　　表 6.13

序号	内容
1	本工程主桁架分段形状不规则,吊装时空中姿态的调整难度大。所以主桁架分段吊装时应对吊点的选择、吊装方法采取有针对性的措施。根据类似工程经验,采取手拉葫芦来保证控制桁架分段吊装过程中空中姿态的调整 
2	桁架高空对接时采用吊篮作为高空操作平台: 采用角钢(∟50×5)设计一个挂篮,悬挂于桁架弦杆上。桁架焊接、附属结构安装及焊接、防火及防火涂料涂刷需搭设临时挂篮等辅助设施,并在主结构上拉设安全绳,方便高空焊接及涂刷工作,并挂设安全网、安全绳等 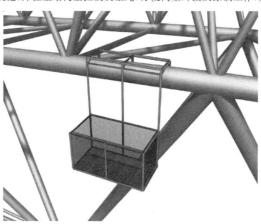

序号	内容
3	分段桁架间高空采用耳板连接装置来对钢桁架实施空中对接,在整榀桁架安装完成,进行检测无误后,实施最终焊接 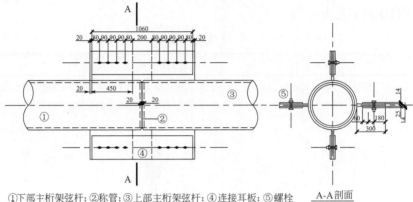 ①下部主桁架弦杆;②称管;③上部主桁架弦杆;④连接耳板;⑤螺栓 ①⇒②⇒③⇒④⇒⑤ 安装顺序 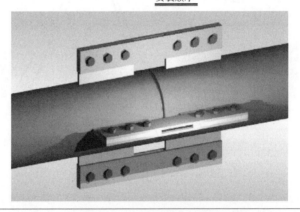
4	为准确定位,已经安装就位的桁架预留牛腿上设置安装托板,后安装的桁架一端直接搁置于安装托板上,调整水平位置后利用连接耳板进行固定。安装采用如下设计形式以确保桁架安装位置及标高准确 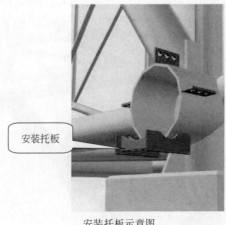 安装托板示意图

序号	内容
5	悬空作业是指作业人员在周边临空状态下进行的高空作业。悬空作业应有牢靠的立足点,并按作业条件设置栏杆、防护网等安全措施  在桁架下方设置安全防护网 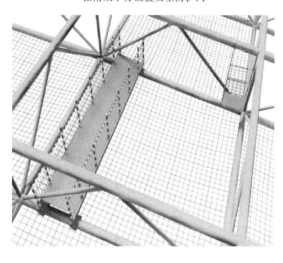
6	吊装时,在绑扎点设置可拆卸活动吊耳。这样设置吊耳的方式不仅能够减少桁架加工过程中的工作量和材料用量,而且在吊装结束后无需割除,从而能够减少工序,加快施工进度。而且该方法可以避免钢丝绳捆扎方法起吊所带来的可能破坏涂装层的缺点 

序号	内容
7	每一分段桁架吊装就位后,结构还没有形成稳固的结构体系,易产生倾覆事故。 为避免上述现象发生,在施工时,每段桁架就位后,起重机松钩前,设置两根支撑钢管加以固定。钢管一端通过抱箍与环桁架弦杆连接,当相应次桁架安装时,便可拆除支撑钢管

参考文献

[1] 史哲仑. 大跨度空间管桁架结构性能及施工模拟分析 [D]. 西安:西安理工大学,2019.
[2] 义隆钢结构工程(西安)有限公司. 西安外国语大学长安校区新建校文体馆钢结构工程 [R]. 2017.

第7章

空间可变形结构——槽式太阳能聚光器的抗风研究

7.1 槽式太阳能热发电系统的基本概念和特点

7.1.1 概述

　　能源是人类社会发展的物质基础，传统能源面临的危机时时警醒我们需要转变能源价值观。随着生态环境问题全球化，世界多国积极支持倡导低碳清洁能源和可再生能源的开发利用，推进人类生活的物质基础转向可再生循环发展。太阳能热发电是一种完全清洁的发电方式，较之传统的化石燃料发电，太阳能热发电利用太阳热能来获得蒸汽，取代了化石燃料电站通过燃烧煤炭或燃油等制造蒸汽的方式，是一种低成本并可连续供电的清洁能源技术。与风电、光伏发电相比，太阳能热发电工艺过程使得其发电和储能天然一体，是当前各类可再生能源发电中唯一储能可以降低成本电价的技术。根据电力系统仿真数据显示，太阳能热发电接入电网将具有更好的调节和控制能力，能够增加系统惯量，支持频率稳定，提高电网抗扰动能力，提高短路电流水平和耐受故障能力，增强送端电网电压稳定性，避免联锁故障，改善接入地区电能质量，抑制次同步振荡，有利于新能源电力系统的安全运行与促进新能源高效消纳，将在新一代能源网络体系中发挥重要作用[1]。

　　目前已有多种形式的太阳能热发电系统，根据聚光器形式的不同，可分为塔式、碟式（盘式）、槽式、菲涅尔式四种类型，如图 7.1 所示。槽式太阳能发电系统相对于塔式、碟式、菲涅尔式系统是目前技术上较为成熟的，也是目前所有太阳能热发电试验中功率及年效率最高的、发电成本较低的太阳能发电技术，是电力工业实现可持续发展的重要能源基础[2]。

7.1.2 槽式太阳能热发电基本概念和工作原理

　　槽式太阳能热发电系统是最早实现商业化的太阳能热发电系统，槽式太阳能热发电是将多个抛物槽式集热器经过串并联的排列，通过汇聚太阳光到集热管上而产生高温，加热

(a) 塔式太阳能

(b) 碟式太阳能

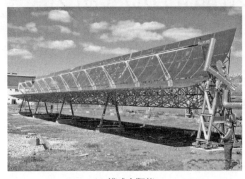
(c) 槽式太阳能

(d) 菲涅尔式太阳能

图 7.1　太阳能热发电系统

工质，产生蒸汽，驱动汽轮发电机组发电的系统。槽式太阳能热发电系统主要包括：集热系统、储热系统、热传输系统、换热系统和发电系统。其中，换热系统及发电系统技术较成熟，应用普遍，在我国槽式太阳能热发电系统技术的发展中不存在任何障碍，而影响我国槽式太阳能热发电技术发展的主要是集热系统、储热系统。集热系统主要由集热管、集热镜面、支撑结构及控制系统组成；储热系统主要由储热罐、储热介质组成[3]。

　　传统的太阳能槽式光热发电系统技术是以导热油为代表的热载体，利用抛物线的光学原理，聚集太阳能，然后将太阳能汇集到集热管上，集热管中的导热油会吸收太阳的能量，导热油会在太阳能集热场的流动过程中，温度从 295℃ 逐渐被加热到 395℃，然后流出太阳能集热场。被加热后的高温导热油一部分流入蒸汽发生器与水换热，然后流回太阳能集热场，而换热的水变成 380℃ 的水蒸气推动蒸汽轮机发电；另一部分高温导热油则通过热交换器与熔盐进行换热流回太阳能集热场，而换热后的高温熔盐将储存在高温熔盐罐中，待夜间无日照时与导热油换热用于夜间蒸汽轮机发电，如图 7.2 所示。

　　目前新一代的太阳能槽式光热发电系统技术是以熔盐为代表的热载体，利用抛物线的光学原理，聚集太阳能，然后将太阳能汇集到集热管上，集热管中的熔盐会吸收太阳的能量，熔盐会在太阳能集热场的流动过程中，温度从 290℃ 逐渐被加热到 550℃，然后流出太阳能集热场。被加热后的高温熔盐流入储热系统中的高温熔盐储罐中，其中一部分高温熔盐会从高温熔盐储罐中流出在蒸汽发生器与水换热，然后流回储热系统中的低温熔盐储罐中，而换热的水变成 375℃ 的水蒸气推动蒸汽轮机发电；另一部分高温熔盐则留在高温熔盐罐中，待夜间无日照时继续输出换热用于夜间蒸汽轮机发电。如图 7.3 所示。

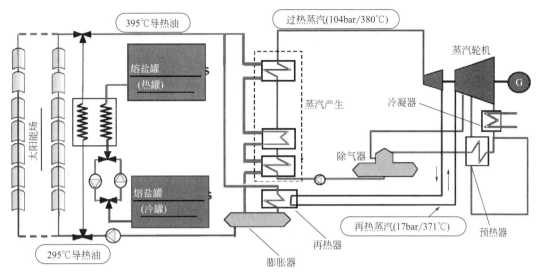

图 7.2　传统槽式太阳能光热发电站组成部分及工作原理

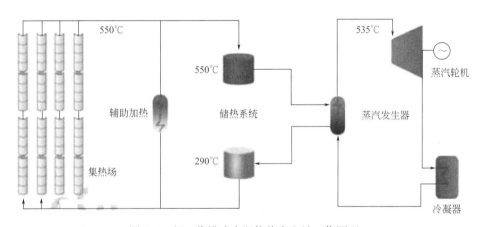

图 7.3　新一代槽式太阳能热发电站工作原理

从上面两种技术的论述可以看到,第一,新一代技术直接采用了熔盐代替了导热油作为热载体,熔盐的价格一般为导热油的 1/6 左右,这样使整个电厂的造价大大得到了降低,另外,熔盐无爆炸性危险,比导热油作为热载体降低了整个太阳能光热电厂的防火防爆等级,减少了事故发生率,也减少了电厂管阀件的采购成本;第二,采用熔盐直接进行储存,省去了二次换热,这样减少了换热损耗,也使系统更为简单;第三,采用熔盐后,使系统的运行换热区间由 290～390℃ 变化到了 290～550℃,换热蒸汽从 375℃ 提高到了 535℃,蒸汽轮机的热电转化效率大大提高。

7.1.3　槽式太阳能热发电设备的材料与构造

槽式太阳能热发电系统主要包括集热系统、储热系统、热传输系统、换热系统和发电系统,此外,还包括辅助能源系统等。

1. 集热系统

集热系统是槽式太阳能热发电系统的核心,指的是槽式太阳能聚光集热器,由槽式抛物面反射镜、集热管、跟踪机构组成。槽式抛物面反射镜一般采用超白玻璃材质，在保证一定聚焦精度的同时，还具有良好的抗风、耐酸碱、耐紫外线等性能。镜面由低铁玻璃弯曲制成，刚性、硬度和强度能够经受住野外恶劣环境和极端气候条件的考验。玻璃背面镀镜后喷涂防护膜，防止老化。由于铁含量较低，该种玻璃具有很好的太阳光辐射透过性[4]。反射镜将入射太阳光聚焦到焦点的一条线上，在该条线上装有集热管。

集热管一般采用双层管结构，里层为黑色不锈钢吸热管，吸热管管内为热载体，用来吸收太阳光加热内部传热液体，热载体可以是水蒸气、油或熔盐，温度一般在400℃左右；吸热管外层有一个玻璃套管，两管之间为真空以减少热量损失。集热管被置于反射面焦线上，通过集热管支架与反射镜固定在一起构成集热器。

槽式集热器的跟踪机构通常是采用单轴跟踪技术，单轴跟踪根据转轴的方位又可分为南北水平轴跟踪、东西水平轴跟踪和极轴跟踪（一般是南北向）3种，集热器可朝东西向放置，由北向南跟踪太阳，也可朝南北向放置，自东向西跟踪太阳。东西向放置时的优势是一天中只需要很小的调整，且中午正向太阳，但早晚时间由于入射角很大（余弦损失）使得集热器性能下降。南北向放置时情况恰恰相反。从一年的情况来看，南北水平放置的槽式场比东西水平放置的收集能量略微低一点，但南北场在夏季收集能量多，冬季少。东西场情况相反，但却能提供更稳定的年输出量。因此，朝向的选择取决于实际应用以及是否在夏季或冬季需要较高的能量。

2. 储热系统

储热系统是在太阳能热发电系统中配置的高温蓄热装置，是为解决太阳能的间歇不稳定性而设计的，它可以在太阳光充裕的时候把热能存储下来，当太阳光不足时再放出热能，实现电厂的持续发电。目前用于太阳能热电蓄热器的能量储存技术主要有：显热储能技术、潜热储能技术、化学反应热储能技术和塑晶储能技术[5]。

3. 热传输系统与换热系统

热传输系统由预热器、蒸汽发生器、过热器和再热器组成。当系统工质为油时，采用双回路，即接收器中工质油被加热后，进入换热系统中产生蒸汽，蒸汽进入发电系统发电。直接采用水为工质时，可简化此系统。

根据不同的导热液，槽式集热器把导热液加热到不同温度，一般为400℃左右，由于槽式太阳能热发电系统的热传输管道特别长，为减少热量损失，管道外要有保温材料，管道要尽量短。长长的管路需泵传输来推动导热液的循环，要设法减小导热液泵功率，导热液可用苯醚混合液、加压水混合液、导热油等液体，传热方式可直接传热也可采用相变传热。导热液通过热交换器把水加热成300℃左右的蒸汽，蒸汽去推动蒸汽轮机旋转带动发电机发电。热交换器有板式、管式等多种结构。

4. 发电系统和辅助能源系统

发电系统的基本组成与常规发电设备类似，但需要配备一种专用装置，用于工作流体在接收器与辅助能源系统之间的切换。发电系统的工作是把从热交换器输出的过热蒸汽送往蒸汽轮机发电，从蒸汽轮机排出的蒸汽经冷凝器转为水，再由给水泵送往热交换器，再次产生蒸汽推动蒸汽轮机。发电机发出的电经变压器转换成高压电输送到电网。

辅助能源系统：在夜间或阴雨天，一般采用辅助能源系统供热，否则蓄热系统过大会引起初始投资的增加。

7.1.4 槽式太阳能热发电系统的发展情况

槽式太阳能热发电技术比其他三种太阳能热发电技术更为成熟，作为已经完全商业化的系统，电站开发风险相对较低，经过多年的发展，装机容量远远高于其他系统，占到所有太阳能热发电装机的 80% 以上。光热发电的主要优势在于可与熔盐储能结合使用，可在晚间需求高峰时段输出甚至整个晚上作为基荷电源。

从 20 世纪 80 年代初各国就开始积极发展槽式太阳能热发电技术，美国、西欧、以色列、日本发展较快。美国 Luz 公司在 1985—1991 年共建造了 9 座槽式太阳热发电系统（SEGS Ⅰ～SEGS Ⅸ），其发电功率分别为 14MW、6×30MW 和 2×80MW，总装机容量达 354MW。SEGS 电站建成后，一直向加州电网供电至今。SEGS 电厂的建造和成功运行，为槽式聚光器热发电系统的可行性提供了基础，不仅在技术和经济等方面说明了槽式太阳热发电系统的可行性，而且为槽式太阳能热发电厂在技术研发、工程设计、设备选型、施工和运行维护等方面提供了宝贵的经验。随后越来越多的国家积极建造槽式太阳能热发电站，西班牙 Andasol 槽式光热电站是欧洲第一个商业化的光热电站，其位于西班牙阳光资源丰富的 Andalusia 的 Guadix 附近，Andasol 槽式光热电站（图 7.4）共由三个 50MW 装机的项目组成，Andasol 一号电站开建于 2006 年 7 月，2009 年 3 月实现并网投运。Andasol 二号电站开建于 2007 年 2 月，2009 年中期建成。三号电站开建于 2008 年 8 月，2011 年 9 月建成投运。Andasol 槽式电站的经典意义在于，其是全球首个配置了大规模熔盐储热系统的商业化光热电站，通过增加 7.5h 的储热系统，电站的年发电小时数大大增加，容量因子达到了 38.8%。

图 7.4 Andasol 槽式光热电站（图片来自于 CSPPLAZA 研究中心）

2020 年，摩洛哥正在推进建设一项装机 800MW 的摩洛哥 Noor Midelt Ⅰ 光热光伏混合项目，项目将由槽式光热发电系统（190MW）和光伏发电系统共同组成，其中光伏发电系统所生产的部分电能将通过电加热装置储存在光热发电系统所配置的储热系统中，这是国际上率先将光伏发电与熔盐蓄热系统结合起来的项目。

我国对太阳能热发电技术的研究起步较晚，直到 20 世纪 70 年代才开始一些基础研究，但由于造价、工艺、技术等方面的原因，太阳能热发电系统未能得到推广和应用，直到 21 世纪，通过团队的不断研究，我国在太阳能热发电领域的各方面均取得了突破性进展。2018 年 10 月 10 日，我国首个大型槽式光热示范电站——中广核德令哈 50MW 光热示范电站投运，为我国光热事业发展奠定了技术、经济性标准。内蒙古乌拉特中旗100MW 导热油槽式光热发电项目于 2020 年 1 月 8 日成功并网，是国家能源局首批 20 个示范项目之一，是中国目前最大的百兆级槽式国家光热发电示范项目。该项目总投资约28.67 亿元，占地 7300 亩，配置 10h 熔盐储热系统，可实现 24 小时连续发电，年发电量近 4 亿 kWh，具有很好的经济和环保效益，将于今年 7 月实现电站日间发电。此外，中国越来越多的企业也参与到了国际上光热发电项目的建设中，阿联酋迪拜 Mohammedbin Rashid Al Maktoum 太阳能园区第四期 700MW 光热发电项目于 2018 年 3 月动工，该项目是世界上最大的光热发电项目，项目采用全球领先的"塔式＋槽式"集中式光热发电技术，其配置包括 1×100MW 塔式熔盐储热发电机组和 3×200MW 槽式熔盐储热发电机组，塔式机组配置 15h 储热系统，每台槽式机组配置 13.5h 储热系统，光热部分合计发电容量达 700MW，该项目是全球迄今为止最大的太阳能发电项目。由迪拜电力水务局 DEWA、中国丝路基金、沙特国际电力和水务集团联合投资，是我国"一带一路"的国家重点工程项目，也是中东市场的标志性项目。

随着风电和光伏等波动性较人的可再生能源发电的增加，光热发电将更有价值。据IRENA 统计，截至 2019 年底，全球光热发电装机总量为 6.3 GW，2019 年新增装机 0.6 GW。从区域分布来看，目前光热项目主要分布在欧洲、北美、非洲等区域，其中西班牙以 2.3GW 的光热装机位列全球第一。目前对槽式光热发电技术的研究日益成熟，因此槽式太阳能光热发电项目的应用前景很广，被认为是最具发展前景的可再生能源利用技术之一。

7.1.5　小结

本章首先介绍了槽式太阳能热发电系统的基本概念，并简要介绍了太阳能热发电系统的组成部分，其中槽式太阳能热发电系统的核心部分是集热系统，本书关注和研究的是槽式太阳能集热器，即槽式太阳能聚光器；最后对目前世界上已建成的具有代表性的大型槽式太阳能热发电站进行了介绍。

7.2　槽式聚光器的风荷载

7.2.1　大气边界层的风特性

地球表面通过地面的摩擦对空气水平运动产生阻力，从而使气流速度减慢，该阻力对气流的作用随高度的增加而减弱，当超过了某一高度之后，就可以忽略这种地面摩擦的影响，气流将沿等压线以梯度风速流动，称这一高度为大气边界层高度或边界层厚度[6]，通常用 δ 来表示。在边界层以上的称为自由大气，以梯度风速流动的起点高度称作梯度风高度，用 Z_G 表示。大气边界层内近地层的气流是湍流，而在自由大气中的风流动是层流，是沿等压线以梯度风速流动的。

大气边界层内的风剖面与地面粗糙度密切相关，各国对地面粗糙度类别的划分不同，我国规范[7] 将地面粗糙度类别分为 A、B、C、D 四类，对应的粗糙度指数 α 分别为

0.12、0.15、0.22、0.30。大气边界层内风剖面可采用指数律和对数律来表示，在土木工程设计和计算中，一般采用指数律，因为指数律比对数律计算简便，而且两者差别不大。指数律风剖面表达式见式（7.1）。

$$\frac{\overline{v}(z)}{\overline{v}_b} = \left(\frac{z}{z_b}\right)^\alpha \tag{7.1}$$

式中　z_b、$\overline{v}_b$——标准参考高度和标准参考高度处的平均风速；

　　　　z、$\overline{v}(z)$——任一高度和任一高度处的平均风速；

　　　　α——地面粗糙度指数。

大气边界层内的湍流特性可以由湍流强度、湍流积分尺度和阵风系数三个参数来表示，其中湍流强度（Turbulence intensity）是描述大气湍流最简单的参数，湍流强度可在三个正交方向上的瞬时风速分量分别定义，其中湍流度在纵向（顺风向）分量比其他两个分量大，因此本书主要介绍纵向脉动风的湍流强度。某一高度 z 的纵向湍流强度 $I_z(z)$ 是地面粗糙度和离地高度 z 的函数，沿高度的分布按式（7.2）、式（7.3）计算：

$$I_z(z) = I_{10}\overline{I}_z(z) \tag{7.2}$$

$$\overline{I}_z(z) = \left(\frac{z}{10}\right)^{-\alpha} \tag{7.3}$$

式中　I_{10}——高度 10m 处的名义湍流度，对应 A、B、C、D 四类地面粗糙度，可以分别取 0.12、0.14、0.23、0.39。

关于大气边界层风特性的其他参数介绍可以参考《结构抗风分析原理及应用》[6] 等书籍，此处不再赘述。

7.2.2　槽式太阳能热发电系统抗风研究意义

槽式太阳能热发电站主要包括集热系统、储热系统、热传输系统、换热系统和发电系统，而其中集热系统的造价通常占到了整个热发电系统总造价的 50% 以上。在我国光热资源丰富的地区，大部分同时也是风资源的丰富区域[8]，太阳能热发电站一般都选址在空旷的戈壁滩或其他平整场地，周边没有遮挡物缓解由于大气流动对于集热系统的聚光器所产生的风荷载及其作用。此外，由于槽式聚光器的迎风面积大、刚度较低，风荷载会导致聚光器出现变形，使镜面反射焦斑偏移，造成系统的能效损失，当镜面变形较大时甚至会发生镜面破坏现象。因此，对于槽式聚光器而言，风荷载是其结构设计最重要的控制荷载。

对太阳能聚光器在风荷载条件下工作状态的研究，提高其抗风能力的研究已经受到了太阳能热发电站研究和设计人员的广泛重视。对太阳能聚光系统的结构设计和结构优化成为关系到太阳能热发电系统成本控制的关键因素。我国对太阳能热发电站的研究相比发达国家来说还处于起步阶段，目前的槽式聚光器结构设计均是参考国外的技术规范或技术标准进行。但由于我国的地面地貌状况、常年的气候条件以及地理位置等因素不同，参考国外的设计标准设计的槽式聚光器一般不能满足刚度和强度要求。比如欧洲国家处于地中海气候，常年风速较低，美国所建的几个太阳能热发电站所在地的风荷载也较小。而我国东南部沿海地区经常有台风登陆，内陆地区则常受到季节风的影响，因此我国各地区风速一般都较高。所以针对我国的地理位置及气候条件等对槽式聚光器结构的抗风问题进行系统全面的理论和试验研究，得到与我国实际情况相符合的设计风荷载参数，进而提出风致响应计算方法，制定符合我国国情的设计准则和控制标准，将对我国太阳能热发电技术的发展有重要意义。同时，由于大型槽式太阳能热发电站一般都拥有数以百计的槽式聚光器，因此在研究槽式太阳能聚光器的风效应时，还需要考虑多个槽式聚光器之间的干扰效应，在相互干扰作用下的风荷载，特别是脉动风荷载可能有比较大的变化，从而诱导出可能的破坏，在这个方面的研究还开展得比较少。此外，由于槽式集热系统的工作原理使得其镜面需要跟随太阳转动，在此过程中其体型、质量分布和刚度都有不同程度的变化。对于这种变体型、变刚度、变质量分布结构的动力特性及动力响应的研究，在国内外开展得还比较少，因此，研究槽式太阳能聚光器的风荷载效应有一定的理论与工程应用价值。

7.2.3　抗风研究方法

结构风工程学是风工程学的分支，主要研究风和结构的相互作用，亦称结构风效应问题，特别是动力风效应，即风致振动问题。结构风工程经过几十年的发展，形成了比较完善的体系，目前对结构进行抗风研究的方法主要有：风洞试验、现场实测、计算风工程、理论分析等。各种研究方法互为补充、互相验证，本书对槽式聚光器抗风性能的研究将采用上述几种方法，下面对结构风工程中的几种主要研究方法进行介绍。

1. 现场实测

现场实测是最直接、最真实的研究手段，利用风速仪、加速度计等仪器在现场对实际风环境及结构风荷载、结构风响应进行测量，可获得详细全面、可信度较高的数据资料，优化设计阶段所采用的试验模型或计算模型。目前所采用的各种风速谱都是基于大量的现场实测数据，如 Davenport 谱是在不同地点、不同条件下测得的 90 多次强风记录基础上总结出来的，大部分国家的建筑结构荷载规范或标准都是采用这个水平风速谱公式。现场实测是结构抗风研究中非常重要的基础性和长期性的工作。在强风/台风作用下的现场实测可以验证设计的有效性和准确性，现场实测所获得的风场特性和风振响应等可以与风洞试验数据做对比，促进风洞试验技术的改进和发展。

现场实测虽然其数据有非常大的价值，但是也存在一些困难：（1）现场实测组织和安排比较复杂，耗时耗资较大，试验成本较高；（2）由于现场实测仪器传感器的质量、数据的采集和传递及后处理的工作等方面会造成数据精度的降低；（3）现场实测只能对已建成的建筑物及其周围风环境进行测试，无法对拟建建筑进行风环境预测，只能为今后同种类型的工程设计提供参考，因此通常只会对重大科研项目开展现场实测；（4）由于缺乏可控制的环境，很难去重复试验和研究流动的各种特性，并且由于风流动非常态性，数据采集和分析也较为困难。

2. 风洞试验

风洞试验是目前结构风工程研究方法中最成熟、应用最为广泛的研究方法。风洞试验[6] 是根据运动相似性原理，将试验对象制作成缩小模型或直接放置于试验风洞内，通过驱动装置使风道产生人工可控制的气流，模拟试验对象在实际气流作用下的状态，从而测得相关的参数，以确定试验对象的安全性、稳定性等性能。风洞试验的理论基础是相似准则。建筑风洞能够通过尖塔、挡板、栅格、粗糙元、湍流度调节器、紊流主动发生器等若干装置对建筑物周围的地形地貌和建筑物所处的大气边界层进行模拟，并采用皮托管、热线风速仪、电子扫描阀测压系统、高频测力天平、位移传感器等采集设备对试验流场的参考风速、建筑物受到的局部风压、整体风荷载、气动弹性力等进行测量。

风洞试验有显著的优点，包括试验条件、试验过程可以人为地控制、改变、重复；在实验室范围内测试方便并且数据精确。目前国内外所建复杂体型建筑的结构设计所需抗风参数均需通过风洞试验获得，同时也可以通过风洞试验研究复杂体型建筑结构的风压特性，并总结其风荷载规律。但风洞试验也存在诸多问题[9]：（1）在风洞试验中一般是采用缩小以后的几何相似模型，因此对建筑某些细部结构在风荷载作用下的响应得不到准确的反映；（2）试验要求满足相似性原理，但是在某些情况下在风洞试验内是实现不了的，比如在台风、强风暴等高雷诺数及绕流的脉动特性在风洞中比较难得到准确的模拟；（3）建设风洞投资费用高，试验过程中的费用高、周期长；设计是一个反复的过程，需要多个方案进行比较，但不可能一一进行风洞试验，结果不能得到抗风性能最优的结构；试验模型都是针对特定的工程结构进行，结构模型的利用率低；（4）风洞试验时洞壁、支架对风洞试验测量的干扰等。虽然风洞试验存在一些缺点，但目前风洞试验仍然是重大工程抗风设计的信息来源和依据。

3. 计算风工程

计算风工程（Computational Wind Engineering，简称 CWE）又称为数值风洞方法，是利用计算流体力学（Computational Fluid Dynamic，简称 CFD）方法在计算机上模拟结构周围风场的变化并求解结构表面的风荷载，其控制方程在数学上为一组偏微分方程。数值风洞模拟通过对建筑结构周围流场所满足的流体动力学方程进行计算，通过计算求解后可借助计算机图形学技术在后处理程序中将模拟结果用图或动画等形式描述出来，并对建筑结构周围的流场情况也能进行仿真模拟。CWE 是近十几年来发展起来的一种结构风工程研究方法，并逐渐形成了一门新兴的结构风工程分支——计算风工程学。计算流体力学CFD 的理论基础是在流体基本方程控制下，通过不同的离散方法建立离散点的集合，求解这些离散变量间关系的代数方程组，其求解结果即为场变量的近似值。

相比风洞试验和现场实测，计算风工程的优点有[10]：（1）周期短、成本低，不同工况的参数易修改；（2）在设计前的方案阶段可根据各方面的需要来调整建筑结构和周围流场的相关参数，对结构在各种条件下进行全面的分析研究；（3）在数值模拟建模过程中可以对原型结构的各个细节处进行模拟，解决了试验中达到雷诺数相似性要求的困难，同时可解决风洞试验由于缩小原型引起的误差；（4）能够得到在流域中任何位置处的流场信息，克服了风洞试验测点布置的局限性和试验数据的不完备性；（5）可通过可后视化后处理模块，较为直观地展示出试验结果。但采用 CFD 数值方法进行建筑结构风工程数值模拟仿真也有一些问题：（1）在土木工程领域所研究的对象一般为钝体形状，结构上发生的旋涡脱落、再附着等流动现象非常复杂，这使得关于建筑结构的 CFD 数值模拟比管流和机翼绕流等方面的问题更复杂，离成熟的技术还有一定距离；（2）数值迭代引起的误差，如计算域设置、网格离散方式、离散格式的截断误差、压力-速度解耦算法等。可见，由于钝体流场的复杂性，计算风工程仍处于基础研究阶段，要取代风洞试验还需进一步的发展。

4. 理论分析

理论分析以结构随机振动理论为基础，综合应用结构力学和概率论的知识，用于结构顺风向的随机振动分析和横风向亚临界范围的随机振动分析与跨临界范围的确定性共振响应分析。

综上所述，各种结构风工程的研究方法都是相辅相成的。例如当建筑体型巨大且造型复杂时，在风洞试验中由于受测点数、试验周期等资源的限制，很有可能导致试验测点布置方案不合理等情况，无法得到结构最不利风压区域或风荷载值，给结构设计带来隐患，但利用数值模拟的优势，将数值模拟和风洞试验的数据有效地结合起来，也是一种比较理想的研究手段。现场实测的数据可以指导风洞试验技术的改进和发展，数值模拟可以根据现场实测所得的结构固有动力属性对模型进行改进以获得更接近实际原型的数据。

7.2.4　槽式太阳能热发电系统抗风研究历史与现状

由于槽式聚光系统的工作原理和工作环境等，风荷载是其结构设计最重要的控制荷载。国内外学者对槽式聚光系统的抗风研究始于 20 世纪 70 年代，Anderson[11] 于 1975年开始考察了槽式聚光器在沙漠、大风等恶劣环境下的工作状况，发现部分聚光器工作性能难以得到保证。随后国际上许多学者对槽式聚光系统在不同工况下的风荷载开展研究，其中在风洞试验方面较有代表性的是：Hosoya N 与 Peterka J A[12] 对多个槽式聚光系统进行了一系列的风洞测压、测力试验，分别考虑了多种干扰工况，得到了槽式聚光器在不同工况下的镜面风压分布及整体风力系数随竖向仰角的变化规律，并分析了槽式聚光器位于镜场不同区域时的受力情况。Ulf Winkelmann[13] 对单个槽式聚光器（缩尺比 1∶75）和多个槽式聚光器（缩尺比 1∶150）进行了风洞试验，获得随仰角和风向角变化时的聚光器的风荷载变化规律，并通过数值模拟对镜场干扰效应进行了分析，根据镜面风压大小将镜场分为四个区域，区域内镜面风荷载值相近。Naeenia 和 Yaghoubi[14,15] 利用数值模拟和风洞试验模拟当地地貌，对一个 250kW 功率太阳热能发电站中的槽式太阳能聚光器进行了研究，得到了不同角度、不同风速下镜面风荷载。Michael Andre[16] 利用大涡模拟方法研究了抛物线槽太阳能集热器的风激扭转振动，为了解集热器周围的瞬态流动特性及扭转振动的相互作用提供了新的视角，结果表明太阳能集热器在某些俯仰角下会发生显著的自激振动，自激振动的发生与旋涡脱落过程同步。

我国对于太阳能热利用技术的基础性研究起步较晚，宫博[17] 对由八个槽式聚光器组成的一排槽式聚光器组进行了现场实测，获得了镜场的边界层风场特性及镜面风荷载特征，得到了槽式聚光器镜面风压分布及风力系数随仰角的变化趋势，并对槽式聚光器脉动风压概率特性进行分析，得出在镜面竖向仰角较小时，镜面大部分区域的风压分布表现为高斯分布。W. Fu[18] 使用 ANSYS Workbench 对单个槽式聚光器的风-结构相互作用进行了分析，结果表明在考虑了风-结构相互作用后，聚光器镜面最大变形与未考虑相互作用的变形相差 30.3%。李正农[19] 利用响应面法计算了单个聚光器结构在风荷载作用下基于变形失效的可靠度指标，分析结果表明在风荷载作用下正常使用可靠性概率为 99.79%，能满足聚光器结构正常使用的要求。

本书作者所在团队对槽式聚光系统的风荷载效应进行了一系列研究，还对单个槽式聚光器的风压分布、脉动特性及等效风荷载等进行了一系列研究[20-22]，取得了一些重要研究成果。此外，为理解槽式聚光器的风致响应，团队首先对两个槽式聚光器原型结构进行了现场实测[23]，获得了槽式聚光器的固有动力特性，如自振频率、振型以及阻尼比等，并将实测结果与有限元软件得到的模态分析结果进行了频率、振型等方面的对比，发现两者的结果吻合得较好。然后通过 ANSYS Workbench 对单个槽式聚光器进行了风致响应分析[24]，获得了镜面的峰值位移响应和风振系数，并对槽式聚光器立柱支座的内力进行了分析。作者结合现场实测、风洞试验、数值模拟和理论分析方法，依托于建筑安全与节能教育部重点实验室（湖南大学）对槽式聚光器风荷载效应进行了一系列研究，所获得的相关结论将会在后文中依次进行详细介绍。

7.2.5　小结

本节对槽式聚光器风荷载研究的必要性和相应的研究方法进行了介绍，其中包括了研究风荷载最重要的前提条件——大气边界层；此外，本书对目前常用的结构抗风研究方法的优缺点进行了介绍；最后对目前国内外学者关于槽式太阳能热发电系统抗风研究进展进行了介绍，国内对槽式太阳能系统的抗风研究进行得不多，现有推广应用的槽式系统结构设计也是参照国外的资料，并且我国针对槽式太阳能系统还没有完整的规范或标准，这些都有待于进一步研究和完善。

7.3　槽式聚光器平均风压分布

7.3.1　引言

我国对太阳能热发电系统的研究起步较晚，目前通常是按照国外已有的规范或技术标准进行设计，但由于地理位置、地面地貌状况和气候条件的不同，完全按照国外的资料设计的太阳能槽式聚光系统通常不能满足强度和刚度要求。槽式聚光器高度较低，一般在 10m 以下，位于湍流度较高的近地面，且镜面结构形式为弧形，其风压分布较为复杂，并且随着太阳的运动聚光器需要不断调整镜面方向及角度，所以进行抗风设计时需要了解其在不同竖向仰角及各种风向角下的风压分布情况。目前，国内对此类形状结构物风压分布的研究还开展得较少，还没有制订相关的设计规范或技术标准。为了较为准确地获得槽式聚光器镜面风荷载的分布规律，作者团队在湖南大学风洞实验室的 HD-3 大气边界层风洞中对槽式聚光器刚性模型进行了风洞测压试验，重点研究了槽式聚光器表面平均风压和脉动风压分布随水平风向角和竖向仰角的变化规律，并通过对聚光器测点风压进行从属面积加权求和，得到了槽式聚光器风力系数随仰角的变化情况。由于大型槽式太阳能热发电站聚光场一般都拥有数量较多的槽式聚光器，通常采用阵列布置，因此在研究槽式聚光器的风压分布时还需要考虑多个槽式聚光器之间的干扰效应，在相互干扰作用下镜面的风压分布可能有较大的变化。故本书在进行槽式聚光器风荷载效应研究时，考虑了多个槽式聚光器工况下镜面之间风压分布相互干扰作用，从而得出了一些有意义的结论，可为实际工程设计提供依据。

7.3.2　风压分布研究方法

为获得槽式聚光器在不同工况下的风压分布，作者采用了风洞测压试验方法，以获得槽式聚光器风压分布随风向角和仰角的变化规律和特征，为槽式聚光器结构抗风设计提供理论支持和参考依据。

1. 风洞实验室简介

本书试验在湖南大学建筑与环境风洞实验室 HD-3 大气边界层风洞中（图 7.5）进行。风洞气动轮廓全长 14m，宽 3.5m，高 2.5m，属于低速直流边界层风洞。模型试验区横截面宽 3m，高 2.5m，转盘直径 1.8m，试验段风速 0.5～20m/s 连续可调。大气边界层模拟风场调试和测定采用眼镜蛇探头，该探头是澳大利亚 TFI 公司生产的 CubraProbe 眼镜蛇三维脉动风速探头，风速量程范围为 2～100m/s，风向测量角范围为 ±45° 锥体，风速精度通常在 ±0.5m/s，倾角和偏角精确度通常在 ±1.0°，该系统可以用来测量流场的平均风速、湍流度以及脉动风功率谱等数据。测压装置是美国 PSI 扫描阀公司 DTCnet 电子式 DSM3400 压力扫描阀系统，该压力扫描阀系统总共由 8 个电子压力扫描阀模块组成，每个模块 64 通道，ESP-64HD 传感器量程 0.36PSI，精度 ±0.05%。

图 7.5　湖南大学 HD-3 风洞实验室

2. 大气边界层模拟

为了能准确测量模型上的风压分布，风洞模型试验首先需要考虑的问题就是大气边界层风场特征，包括：风剖面、湍流度、风速功率谱等因素。大气边界层的模拟是通过在来流风上游区域布置尖劈、粗糙元等，目的是促使均匀流在所测模型附近形成符合规范规定的流场，目前我国规范规定有 A、B、C、D 四类地面粗糙度，对应的粗糙度指数为 0.12、0.15、0.22、0.30，通过调节上游区域的尖劈和粗糙元的间距和布置方式，可以得到所需要模拟的速度、湍流度剖面和脉动风速谱等。由于槽式太阳能热发电站通常位于较空旷的戈壁或沙漠地区，因此，本书在风洞试验中模拟我国规范的 B 类地面粗糙度，风剖面和纵向脉动风速功率谱见图 7.6。

3. 试验模型和试验工况

槽式聚光器原型由反射镜、支架结构（主梁、左右拉翅）和两侧立柱组成，反射镜水平投影尺寸为 12.22m×6.77 m，见图 7.7。槽式聚光器模型的缩尺比为 1∶15（图 7.8）。风洞测压试验时，聚光器模型水平角在 0°～180° 之间以 5° 为增量顺时针逐渐增加风向角，共 37 个角度；聚光器竖向仰角在 0°～90° 之间以 10° 为增量变化，共 10 个角度，角度示意见图 7.9。因篇幅有限，试验详细内容可参见文献 [21]。工况表示为"竖向仰角-水平风

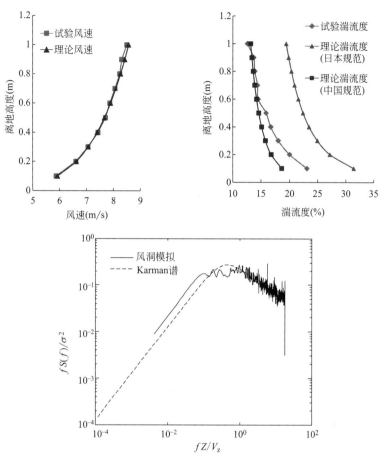

图 7.6 风洞试验的风剖面图

向角",即 50-000 代表的是聚光器竖向仰角为 50°,水平风向角为 0°时的工况。该镜面进行测压试验是为了同步测量镜面上下表面的风压值,采用双面对称布点,上下表面布点数各 162 个,上表面测点从 A～T 排列,下表面测点与上表面对应从 AX～TX 排列,布点数共 324 个,见图 7.10 中表面测点布置图。

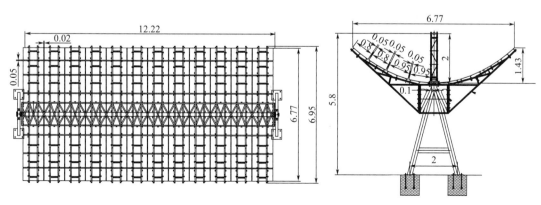

图 7.7 槽式聚光器原型尺寸(单位:m)

图 7.8 槽式聚光器模型（1∶15）

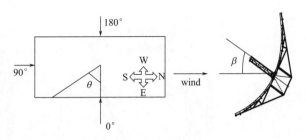

图 7.9 风洞试验角度示意图

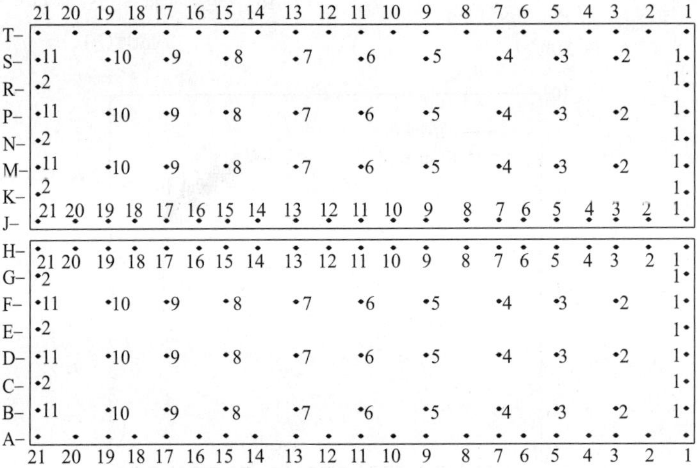

图 7.10 试验中压力测点布置图

4. 数据处理

风洞试验时在聚光器模型镜面的正、反面同一位置成对布置测点，镜面每个测点（实际为每对测点，下同）的净风压系数计算公式如下：

$$C_{\mathrm{P}i}(t) = \frac{P_i^{\mathrm{f}}(t) - P_i^{\mathrm{b}}(t)}{\frac{1}{2}\rho V_{\mathrm{H}}^2} \tag{7.4}$$

式中 $C_{\mathrm{P}i}(t)$——测点无量纲风压系数；

       i——测点号；

$P_i^{\mathrm{f}}(t)$、$P_i^{\mathrm{b}}(t)$——分别为上、下表面对应测点的风压；

       ρ——试验空气密度；

       V_{H}——参考点风速。

通过对 $C_{\mathrm{P}i}(t)$ 的分析，可由式（7.5）和式（7.6）计算平均风压系数、脉动风压系数：

$$C_{\mathrm{P}i,\,\mathrm{mean}} = \frac{1}{N}\sum_{i=1}^{N} C_{\mathrm{P}i}(t) \tag{7.5}$$

$$C_{\mathrm{P}i,\,\mathrm{rms}} = \sqrt{\frac{1}{N-1}\sum_{i=1}^{N}\left[C_{\mathrm{P}i}(t) - C_{\mathrm{P}i,\,\mathrm{mean}}\right]^2} \tag{7.6}$$

式中　$C_{Pi,mean}$——测点 i 的平均风压系数；

　　　$C_{Pi,rms}$——测点 i 的脉动风压系数；

　　　$C_{Pi}(t)$——某测点风压系数时程值，$i = 1$，2，$\cdots$，N；

　　　　N——样本数。

目前对极值风压的计算有多种方法，常用的有：峰值因子法、改进的峰值因子法、Sadek-Simiu 法、Cook-Mayne 法等，本节中采用峰值因子法进行计算，峰值因子法是最为简便的一种方法，在我国《建筑结构荷载规范》及美国 ANSI[25] 以及实际工程中被广泛应用，根据平均风压系数 $C_{Pi,mean}$ 及脉动风压系数 $C_{Pi,rms}$ 可以由式（7.7）、式（7.8）分别得到极大、极小值风压系数：

$$C_{Pi,\ min} = C_{Pi,\ mean} + g \cdot C_{Pi,\ rms} \tag{7.7}$$

$$C_{Pi,\ min} = C_{Pi,\ mean} - g \cdot C_{Pi,\ rms} \tag{7.8}$$

式中　$C_{Pi,max}$——极大值风压系数；

　　　$C_{Pi,min}$——极小值风压系数；

　　　g——峰值因子。

当峰值因子是恒定时，镜面上在不同区域的保证率是不一致的。当镜面风压分布呈现出非高斯特性时，需要确定非高斯分布区域的峰值因子较为复杂，这部分将在后文中进一步研究。

为了得到整体镜面在风洞中的风力特性，通过对风洞试验中各测点风压进行从属面积加权求和，可以得到总体风力[26]：

$$Q = \sum_{i=1}^{M} w_i P_i \tag{7.9}$$

式中　Q——各分散测点加权求和的总风力（N）；

　　　P_i——测点 i 的平均风压；

　　　M——测点数量；

　　　w_i——测点 i 的从属面积。

根据整体坐标系可以划分为阻力 F_x 和升力 F_z，本文将阻力和升力用阻力系数 C_{Fx}、升力系数 C_{Fz}、转动力矩系数 C_{My0} 表示：

$$C_{Fx} = \frac{F_x}{\frac{1}{2}\rho V_H^2 L W} \tag{7.10}$$

$$C_{Fz} = \frac{F_z}{\frac{1}{2}\rho V_H^2 L W} \tag{7.11}$$

$$C_{Fy0} = \frac{My_0}{\frac{1}{2}\rho V_H^2 L W^2} \tag{7.12}$$

式中　F_x、F_z、M_{y0}——沿 x 轴和沿 z 轴的风力及绕 y 轴的力矩；

　　　　　　L——镜面的长度；

　　　　　　W——镜面的开口宽度。

7.3.3 单镜工况下槽式聚光器平均风压分布

槽式太阳能集热器的反射镜是抛物面的薄壁结构，厚度仅几毫米，且聚光器反射镜下面有提供支撑作用的拉翅，拉翅一般采用变截面的薄板或者是桁架结构，来流风会在槽式聚光器的背面发生扰流等。此外，槽式聚光器的工作状态是跟随太阳的方位而不断改变镜面仰角，且风向角也会不断发生变化。因此，槽式聚光器的风压分布不同于一般建筑结构，在不同工况下风压分布会发生较大的变化，本节首先介绍单个槽式聚光器在不同工况下的风压分布规律和特征，并结合数值模拟的流场图对风压分布形成机理进行分析，在此基础上对干扰工况下聚光器的风压分布特征进行介绍。

1. 典型工况下槽式聚光器平均风压分布

通过风洞测压试验方法对槽式聚光器平均风压进行了研究，图 7.11 给出了风洞试验中典型工况下镜面平均风压系数等值线图，工况表示为"镜面竖向角-水平风向角"，即30-000 代表的是镜面竖向角为 30°，水平风向角为 0°时的工况，本节中给出的平均风压系数均为镜面上下表面风压相减的净风压系数，即由公式（7.4）计算所得。

国内外很多学者对矩形障碍物钝体绕流做了很多研究，Gong B 等[27] 利用风洞试验和数值模拟研究了不同长宽比下空气绕过矩形三维障碍物的流场，障碍物厚度远小于长宽方向尺度，与槽式聚光器有相似之处。图 7.11 给出了气流遇到障碍物时的绕流运动方式示意图，对于图示结构，气流在其迎风面离地 $2/3h$（h 为结构总高度）处出现一个驻点（Stagnation Point），气流遇到障碍物以后向四周散开，驻点以上的气流越过结构顶部，而驻点下部气流与地面之间形成顺时针旋涡，障碍物背面气流形成了一个较大的顺时针旋涡，使得背面风压为负压。

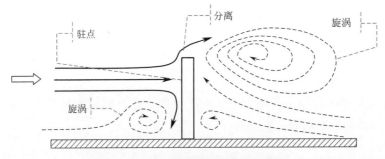

图 7.11 气流遇到障碍物的绕流情况

由图 7.12 可知，当风向角为 0°时，在仰角为 0°工况下镜面风压系数均为正值，最大值出现在中间偏上区域，且风压系数值向四周递减。最大值风压是湍流撞击到镜面产生的，出现的位置为上面提到过的驻点，平均风压分布类似于钝体障碍物正面迎风时的分布规律。

随着竖向仰角增大，当镜面竖向仰角为 30°时，风压系数最大值有所增大，驻点位置向来流风上游处镜面边缘移动，且风压系数值从上游至下游、从中间至两边逐渐递减；当镜面竖向仰角为 60°时，由于槽式聚光器的弧形结构，使得靠近来流风上游的镜面边缘部分大致平行于来流风方向，即大致与地面平行，此时在镜面边缘处出现了较为强烈的梯度变化，类似于定日镜[27] 在仰角 90°工况下的变化规律，除镜面边缘处外，由于镜面弧形结构使得镜面凹点附近也出现了最大值，这不同于定日镜镜面上的风压分布，凹点附近的部分镜面类似于仰角为 0°时的定日镜，所以在此处会出现最大值；当仰角增大到 90°时，镜面下半部分风压系数出现负值，由于弧形结构使得靠近来流风的半个镜面部分区域是处于背面迎风的，远离来流风的镜面上的风压受上游分离气流及脱落旋涡的影响，镜面上平均风压系数值较小，在 $-0.09 \sim 0.27$ 之间。

随着风向角增大，镜面风压分布也发生很大的变化，当风向角增大到 45°时，风压系数最大值出现在来流风上游的镜面边缘处，并从上游至下游形成梯度递减现象，最大值相对于 0°风向角有所增大。当风向角为 90°时，此时来流风与镜面平行，风压系数在镜面边缘形成强烈的梯度递减，但梯度所占镜面区域较小，竖向仰角的变化对风压系数分布影响不大，且整个镜面上的风压系数值都较小，在 $0.04 \sim 0.67$ 之间。当风向角为 135°时，此时镜面背面迎风，镜面风压系数基本为负值，风压系数最大值出现在来流风上游镜面边缘处，分布规律类似风向角 45°时的风压分布。当风向角为 180°时，风压系数均为负值，最大值出现在镜面中间，且风压分布规律类似于风向角 0°时的风压分布，但因背面主梁、拉翅及弧面结构的影响使其分布与风向角 0°时有些许区别。从图 7.12 可知，随着竖向仰角的增大，其平均风压系数向靠近来流风上游处的镜面下边缘移动，聚光器镜面风压分布在水平风向角及仰角不同时有着较大的区别。通过试验获得槽式聚光器的风压分布后，可为后文中聚光器体型系数分区和建议值提供理论依据。

2. 最大平均风压系数

从上述可以看出，槽式聚光器上的风压分布在不同工况下有着较大的差别，而槽式聚光器的工况数众多，风洞试验中共设置了 370 个工况，由于篇幅限制无法一一列举出所有工况下镜面风压分布，而槽式聚光器结构设计人员一般比较关心的是聚光器上最大风压会出现在哪个区域，以及取值是多少，故对 370 个试验工况进行分析，总结出最大平均风压系数出现的工况及相应数值。

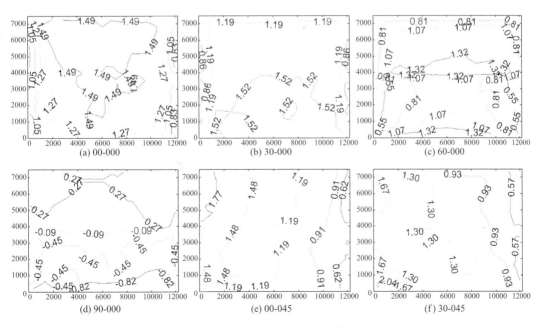

图 7.12　单个聚光器平均风压系数等值线图（一）

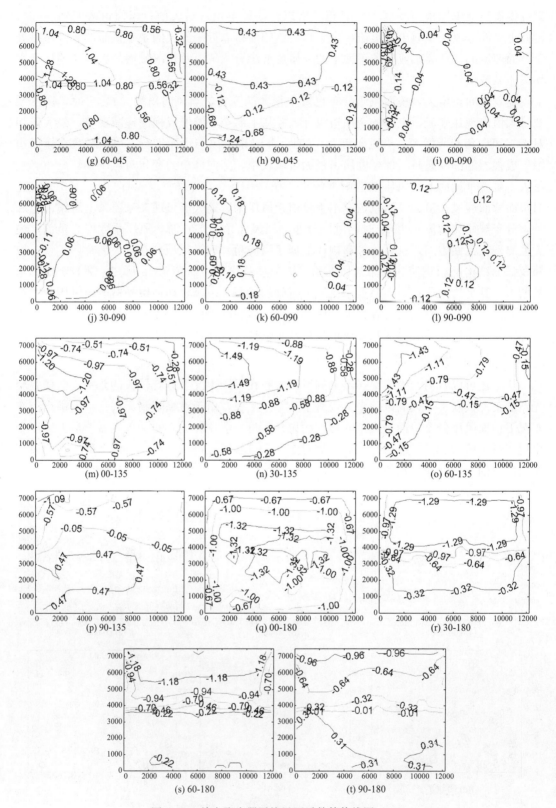

图 7.12 单个聚光器平均风压系数等值线图（二）

表 7.1 给出了不同竖向角下出现最大平均风压系数的风向角及出现的部位,表中给出的平均风压系数是净平均风压系数,编号为成对测点的上表面编号。从表中可以看出,最大平均正压均出现在风向角小于 90° 的工况,属于镜面正面迎风,且最大值都在靠近来流风的镜面边缘出现。最大平均负压除了仰角 90° 外(由于镜面的弧形结构形式,在仰角 90° 时,最大负值出现在 35° 风向角处)均出现在风向角大于 110° 的工况,镜面背面迎风,且随着竖向仰角的增大最大平均负压逐渐向靠近来流风的镜面边缘移动。总的来说,镜面上最大平均正风压系数出现在风向角小于 90° 的工况下,且大多数均位于镜面边缘部位,靠近来流风上游区域,在所有竖向仰角工况下平均风压系数最大值出现在 30-045 工况下,风压系数值为 2.45;最大平均负风压系数出现在风向角大于 90° 的工况下,且大部分也是位于镜面边缘处,在所有竖向仰角工况下的最大平均风压系数(负)出现在 90-035 工况,最大值达到了 −2.86;镜面风向角为 90° 时的工况较为特殊,此时镜面边缘气流分离及旋涡脱落的情况较为复杂,可以参考数值模拟中的流场分布图。图 7.13 给出了最大风压系数的镜面等值线图,图中最大值均出现在镜面的左下角,为靠近来流风的镜面边缘处,且逐渐向下游递减。30-045 工况下镜面的平均风压系数均为正值,此时是镜面正面迎风,90-035 工况下镜面靠近来流风上游区域的平均风压系数均为负值,下游区域的镜面平均风压系数由负转正,且风压系数值相对最大值来说较小。

各竖向角下平均风压系数最大值　　　　　　　　　　　　　表 7.1

竖向仰角	最大平均风压系数(正)			最大平均风压系数(负)		
	风压系数值	风向角	测点位置	风压系数值	风向角	测点位置
0°	0.98	85°	P11	−1.77	175°	H10
10°	2.02	50°	T21	−1.84	110°	P11
20°	2.07	60°	K2	−1.89	115°	R2
30°	2.45	45°	A20	−1.93	125°	R2
40°	2.32	25°	A20	−1.96	120°	R2
50°	2.00	60°	K2	−1.96	125°	S11
60°	1.98	65°	K2	−2.02	125°	S11
70°	1.72	55°	K2	−2.06	130°	S11
80°	1.67	50°	M11	−2.75	150°	T20
90°	1.05	50°	N2	−2.86	35°	A20

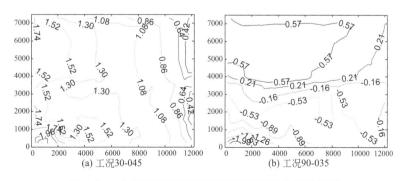

图 7.13　聚光器最不利工况下平均风压系数等值线图

3. 流场特性

前面介绍了槽式聚光器在不同工况下的风压分布规律，而结构表面的风压分布与其所处环境的流场分布是密切相关的，Hosoya 与 Peterka[12] 通过使用钛白粉烟雾从试验中获得槽式聚光器的流场，从流场图（图 7.14）中可以直观地解释平均风压和脉动风压的分布规律及旋涡脱落造成的脉动风压值增大的原因，并定义聚光器的分离区域、再附着区域，通过一系列的照片可以看出迎风面及背风面气流的分离、停滞及剪切层等，从图 7.14（b）中可以看到明显的剪切层，剪切层覆盖着分离区域，剪切层的气流运动轨迹依赖于聚光器的仰角大小，比如当聚光器仰角分别为 0°（图 7.14b 中左边的照片）和仰角为 120°时（图 7.14b 中右边的照片），虽然在这两种工况下镜面最高处的高度差不多，但仰角 0°时的剪切层气流轨迹比仰角 120°时要高出很多。图 7.14（c）给出了气流运动的过渡现象，气流从靠近来流风的镜面边缘开始跟随着镜面的曲面运动，然后在靠近镜面中心位置分离开来，并且在气流分离之前速度有所提高，造成了镜面背风面的高负压区域，故在聚光器仰

(a) 流动停滞和分离

(b) 剪切层的形成

(c) 流动转捩

图 7.14　气流运动现象

角为 60°或－60°时，由于镜面迎风面气流的停滞引起的正压及背风面气流的加速造成的负压，使得聚光器在垂直方向上有较大的力出现。Hosoya 与 Peterka 的槽式聚光器试验对本书中进行的流场分析有非常重要的参考价值。

作者团队对槽式聚光器进行了数值模拟流体分析后，得到了槽式聚光器在各工况下的速度矢量图和风速迹线图，能较为直观地反映槽式聚光器周围的流场情况，下面将通过流场图来进一步分析风压分布形式的形成机理。

（1）00-000 工况下的流场特性

图 7.15 为 00-000 工况下槽式聚光器周围的流场图，从流场图中可以直观地看到槽式聚光器周围气流分离及旋涡等，图 7.15（a）、（d）显示出在槽式聚光器顶部气流发生分离后，气流运动方向与 Hosoya 的试验中气流方向是一致的，气流向上扬起形成一个剪切层，并且气流分离后的尾流在镜面后方卷起一个较大的旋涡；而镜面中间部位的气流在镜面凹槽处出现滞留，加上镜面顶部气流分离后引起的旋涡，使得镜面迎风面的风压最大值并未发生在槽式聚光器最顶部，而是出现在镜面中间偏上的位置，即前文中提到的驻点，气流遇到镜面以后向四周散开，驻点以上的气流上升从顶部流出，镜面下部的气流下降，从图 7.15（d）中可以看到镜面中间偏上的部位的风压值较大，并向四周逐渐递减；槽式聚光器除了镜面顶部以外，在镜面中间也有开缝，从图 7.15（c）中可以看到气流从镜面中间泄流而出，并使得镜面后方的主框架下方出现一个小旋涡，而镜面开缝以下的气流遇到镜面后向镜面下方散开，不同于一般建筑结构的是槽式聚光器离地面有一段较小的距离，气流分离后从镜面下方穿过，在镜面后方与地面形成一个小旋涡，除了上述出现的三个旋涡以外，由于各种旋涡及尾流的影响在镜面后方出现了一个规模最大的旋涡；从图 7.15（b）水平剖面看出气流从镜面两侧绕流后在镜面后方形成了两个较大的对称旋涡，旋涡从

(a) 垂直剖面

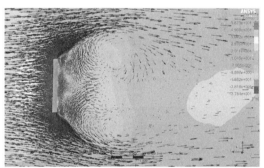

(b) 水平剖面

(c) 侧面局部图1

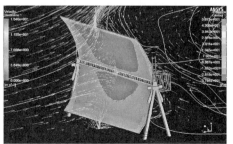

(d) 侧面局部图2

图 7.15　00-000 工况下槽式聚光器流场

外向内卷起。由此可见聚光器背面的气流在气流分离、旋涡脱落及尾流的影响下流场的分布非常紊乱。

（2）仰角变化对流场的影响

随着竖向仰角的变化，槽式聚光器周围的流场发生了显著的变化，图7.16、图7.17、图7.18分别为在风向角为0°时槽式聚光器仰角为30°、60°、90°时镜面周围流场情况。仰角为30°时的流场与仰角0°时有相似之处，但驻点位置移动到镜面中间靠下的位置（图7.16），此时驻点处的风压最大值仍然是来流风中的湍流撞击镜面引起的，驻点以上的气流遇到镜面后上升至镜面顶部，镜面顶部处气流发生分离，形成类似于仰角0°时的剪切层，然后在镜面后方形成一个较大的旋涡；镜面中间开缝处同仰角0°时一样，驻点以下气流沿着镜面向下走，部分从开缝处泄流，并在镜面后方与地面之间形成了一个旋涡；随着仰角的增大，镜面最低点离地距离变大，故在此处气流的分离和绕流相对于仰角0°时则更为强烈，从图7.17可以看出此处镜面的旋涡流速加快，绕流更为激烈，故从图7.16中可以看到在靠近来流风镜面的边缘处也出现了风压最大值，镜面边缘处气流分离后在镜面后方与地面之间形成了一个较小的旋涡，绕流及旋涡区域流速的加快使得此处镜面的风压系数值变大，故仰角为30°时镜面的风压系数值比仰角0°时大一些。

当聚光器仰角增大到60°时，离地较远的镜面仍然与风向成较大的夹角，故此时在镜面开缝附近靠上区域出现了驻点，类似于仰角0°和30°工况，故在60-000工况下镜面开缝靠上的部位出现了风压系数最大值（图7.17），上半部分镜面上的气流顺着曲面上升，然后在镜面顶部处分离向上扬起形成剪切层，并在镜面后方形成一个旋涡，旋涡的卷起速度相对仰角0°和30°时有所增大，对镜面迎风面的正风压有抵消作用，使得仰角60°时最大值的分布区域变小并靠下一些，且聚能管周围的绕流对镜面也有一些影响；当镜面仰角为60°时，此时靠近来流风的镜面边缘部位几乎与来流风是平行的，镜面边缘的气流分离后迅速实现再附着，旋涡脱落也更为剧烈，使得镜面边缘的脉动风压分布梯度强烈（可见第4章），故脉动风压系数值相对仰角较小时的风压系数值偏大，并且在镜面边缘处也出现了平均风压系数最大值。

图7.16　30-000工况下槽式聚光器流场　　　　图7.17　60-000工况下槽式聚光器流场

当仰角增大到90°时，靠近来流风的镜面属于背面迎风状态，故此时镜面上风压为负压，气流在镜面边缘分离后一部分向上爬升，在镜面凹形处形成较为复杂的旋涡，气流经过聚能管绕流后在远离来流风的镜面上形成两个对称的旋涡（图7.18），镜面弧形结构使得镜面上的旋涡脱落及绕流非常复杂，从图7.18可知槽式聚光器不同于定日镜的平板结构,在仰角为 90°工况下,镜面上未出现驻点类的现象;而在镜面靠近来流风边缘分离的另外一部分气流顺着镜面的曲面结构向下走,与镜面下方的气流汇合后通过镜面主框架及悬空部位,与在镜面上部分离脱落的旋涡及尾流融合后在来流风下游区域出现了几个大小不一的旋涡。

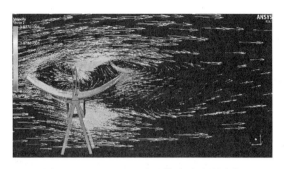

图 7.18　90-000 工况下槽式聚光器流场

(3) 风向角变化对流场的影响

为了分析风向角的变化对流场的影响,图 7.19、图 7.20、图 7.21 给出了槽式聚光器仰角为 0°时风向角分别为 0°、30°、60°、180°工况的流场图,在风向角为 0°时气流遇到镜面后从两侧绕流在镜面后方形成了两个由外向内卷起的对称旋涡,风向角增大到 30°时明显可以看出靠近来流风上游的旋涡变大 (图 7.19a),而来流风下游处的旋涡变小,并且从图 7.19 (b) 中可以看出最大风压值出现在靠近来流风上游的镜面边缘处,并向来流风下游方向逐渐递减,这与 7.3.3 节 1 中的风压分布规律是一致的。随着风向角继续增大到 60°时 (图 7.20a),位于来流风下游处的旋涡已经彻底消失,而靠近来流风上游的旋涡由于气流加速也变小。对于这个现象 S. Becker 在矮墙试验中给出了流场分布简图,见图 7.22。从图中可看出随着风向角的增加,障碍物后方左右两侧涡旋的尺度发生变化,远离来流一侧的逐渐减小而靠近来流一侧的逐渐增大。与矮墙不同的是槽式聚光器下面离地有一段距离,悬空会导致气流从下边缘泄流而出,在地面上卷起一个较大的旋涡,这个旋涡在不同风向角下都存在。此外,由于镜面的弧形曲面结构,使得在聚光器风向角为 60°时,靠近来流风上游的旋涡被压缩成从水平剖面上看较小的旋涡,且当风向角为 60°时可见图 7.20 (b) 中最大风压值也出现在靠近来流风的镜面边缘处。当风向角增大到 180°时,流场图与风向角 0°时非常类似,故不再赘述。

(a) 水平剖面　　　　　　(b) 垂直剖面

图 7.19　00-030 工况下槽式聚光器流场

233

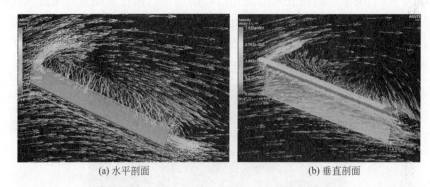

(a) 水平剖面   (b) 垂直剖面

图 7.20　00-060 工况下槽式聚光器流场

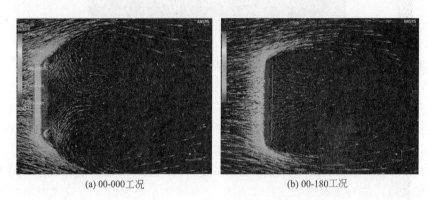

(a) 00-000工况   (b) 00-180工况

图 7.21　00-000 与 00-180 工况下槽式聚光器流场

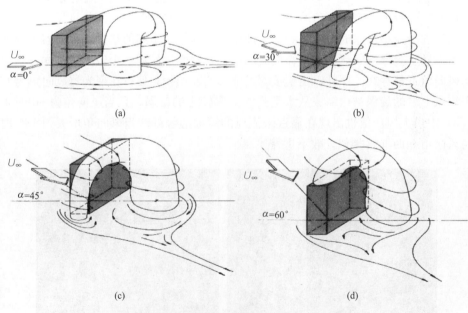

图 7.22　不同风向角下低矮障碍物的流场简图

234

7.3.4 镜群工况下槽式聚光器平均风压分布

前面重点分析研究了单个槽式聚光器的风压分布及流场特性，但实际工程中的大型槽式太阳能热发电站聚光场通常是由数以百计的槽式聚光器组成的，整个发电站的聚光装置通常由若干排聚光器组成，每排聚光器包括了长达上百米的多个单镜，在槽式太阳能发电系统的实际工程中，处在阵列中某位置的槽式聚光器会受到相邻聚光器的干扰，因此在研究太阳能槽式聚光场的风效应时还需要考虑多个太阳能槽式聚光器之间的干扰效应。对于一般建筑而言，干扰主要考虑建筑物自身外形尺寸和建筑物与建筑物之间的干扰距离，但同一个发电站聚光场中所有槽式聚光器的尺寸和形状都是一样的，跟随太阳时镜面的角度也是一样的，故干扰的主要影响因素为周围聚光器的摆放形式及聚光器之间的间距。槽式聚光场中聚光器的排列方式最为常见的是阵列形式（图7.4）。由于聚光器是通过改变自身的仰角来跟踪太阳，故在布置聚光场中聚光器之间的间距时，要考虑其旋转及正常维护所需要的空间，防止镜面旋转时发生镜面或机械的碰撞。此外还要保证基本的光学要求，不能出现太阳被遮挡形成镜面阴影的情况，阴影会使得被遮挡的镜面无法接收太阳光线，降低发电效率，这种情况在太阳高度比较低的时候容易出现。故槽式聚光器之间的间距不能设置得过密，且布置方式应尽量减少相互干扰对聚光器造成的不利影响。

本书采用风洞测压试验对槽式聚光场中聚光器之间的干扰效应进行了分析研究，槽式聚光器在阵列中的位置不一样时其受到的干扰效应也不一样，Hosoya 与 Peterka[12] 在风洞试验中对槽式聚光器干扰效应进行研究时，分别考虑了被测聚光器位于第一排的中间和边缘、第2、3、5排边缘、中间、中间靠后等众多工况，工况数非常多，但文章也指出当被测聚光器位于镜场中间时，该工况能代表整个热发电站中大多数聚光器所处的风环境，故作者对槽式聚光器的干扰效应进行试验时，选择的工况为被测聚光器位于镜场中间的工况（图7.23），对槽式聚光器处于其他位置时的干扰效应分析可以在以后的工作中进一步进行。对测压试验所得数据进行处理后可以得到镜面的风压分布及整体风力系数随着仰角及风向角的变化情况，并结合7.3.3节中单个槽式聚光器的试验分析结果，对镜场的干扰效应进行分析总结。

1. 试验模型及工况

槽式聚光器被测原型与单个聚光器是一致的，周围的干扰聚光器同被测原型一致，干扰聚光器有8个，聚光器镜场总共有三排，每排之间的距离为15m，左右聚光器的距离为1m，镜场干扰试验中所有聚光器与单个聚光器试验采用的缩尺比一致，均为1∶15，故在试验中测压模型与干扰镜前后每排距离为1m，左右聚光器的距离为0.07m，槽式聚光器镜场风洞试验布置示意图见图7.23。

为了与未受干扰的单个槽式聚光器进行对比分析，镜群聚光器的试验工况与7.3.3节中一致，选取镜面仰角在0°～90°之间以10°为增量变化，共10个角度；聚光器模型水平风向角在0°～180°之间以15°为增量顺时针逐渐增加，共13个角度，工况数合计为17×10=130个工况；镜面角度见图7.23。

2. 干扰工况下平均风压分布

图7.24给出了典型工况下聚光器受到周围聚光器干扰时镜面的平均风压分布情况。由于镜面受到周围镜面的干扰，流场情况变化较大，使得镜面的风压分布完全不同于单个

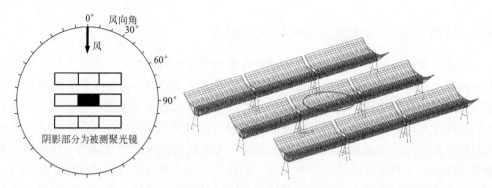

图 7.23　镜场中槽式聚光器的风洞试验布置示意图（圈中为被测聚光器）

聚光器的风压分布。当风向角为 0°时，在仰角为 0°工况下镜面上已经没有出现驻点，镜面上大部分区域的风压值均为负压，且整个镜面的平均风压系数值相比单镜工况来说很小，单镜工况时最大风压值约为 1.5，受到前方镜面的干扰以后镜面的最大风压值为 0.19，风压值降低了 87%，可认为该工况下前排聚光器的干扰效应为遮挡效应，整个镜面最大值出现在离地较近的下半镜面中间，并向四周递减。

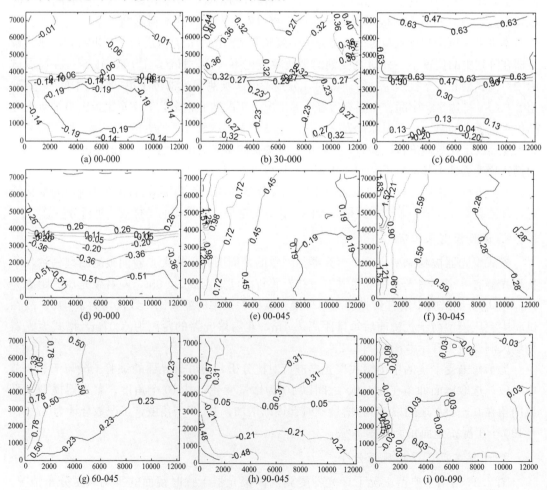

图 7.24　镜群工况下聚光器平均风压系数等值线图（一）

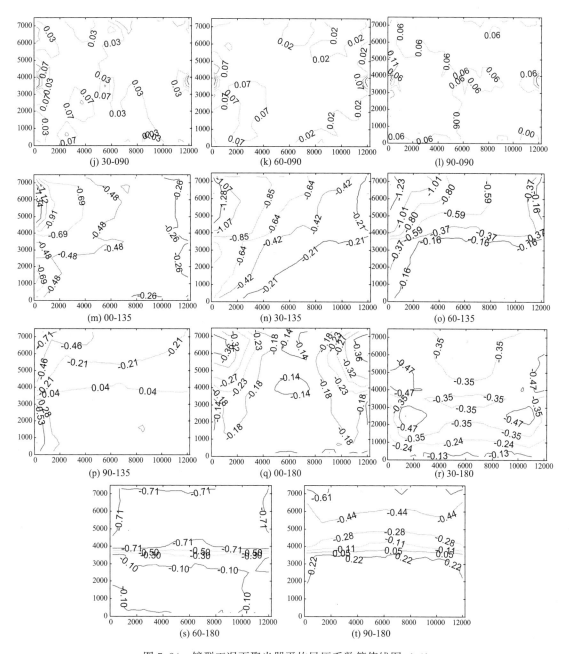

图 7.24　镜群工况下聚光器平均风压系数等值线图（二）

随着竖向仰角的增大，当镜面竖向仰角为 30°时，风压系数最大值有所增大，镜面的风压系数最大值出现在镜面最高点的两个角落，风压系数值相对仰角 0°工况增大了两倍多，且最大风压系数值仅为单镜工况的 30%左右，可以认为随着竖向仰角的增大，前方聚光器的遮挡面积变小，更多气流通过前排聚光器后作用在被测聚光器上，由于离地最高的镜面附近风速较大，故风压最大值出现在镜面最高处；当镜面竖向仰角为 60°时，此时前排聚光器对来流风的遮挡效应进一步减小，镜面上风压最大值出现在离地较远的上半镜面，风压值相对仰角 30°工况有所增加，但相对于单镜工况仍然是较小的，仅为单镜工况值的 50% 左右，单镜工况在最下端靠近来流风的边缘处有风压最大值，而在干扰作用下镜面的最下端边缘出现了负压，这与单镜工况是完全不一样的，由于前排聚光器结构的旋涡脱落以及通过聚光器下方的气流等使得镜面靠近来流风的边缘出现负压；当仰角增大到 90° 时，镜面风压分布规律与单镜工况较为类似，镜面下半部分风压系数为负值，这是由于靠近来流风的半个镜面处于背面迎风，镜面的最大风压值出现在靠近来流风的镜面边缘，但是与其他仰角工况类似的是镜面上的最大风压值仍然比单镜工况要小，干扰工况下的风压最大值约为单镜工况的 62% 左右，但仅是位于镜面边缘的风压最大值有所降低，整个镜面其他大部分区域的风压值与单镜工况相近。从上述描述中可以看出，在风向角为 0° 时，聚光器之间的干扰作用主要来源于被测聚光器的前排聚光器，且干扰效应表现为遮挡效应，这与 Hosoya 与 Peterka[12] 关于槽式聚光器镜群干扰的结论是一致的，随着聚光器竖向仰角的增大，前排干扰聚光器对被测聚光器的遮挡效应随着镜面迎风面积的减小而逐渐减小，除了仰角 90° 工况以外，镜群风压分布完全不同于单镜工况。

随着风向角的增大镜面风压分布也发生很大的变化，当风向角增大到 45° 时，干扰工况下镜面的风压分布与单镜工况分布规律较为类似，风压系数最大值出现在来流风上游的镜面边缘处，并从上游至下游形成梯度递减，最大风压系数值与单镜工况下的最大值相近，但镜群工况下风压系数递减较快，当递减到镜面中间部位时，镜面中间部位风压值仅为边缘部位风压值的 30% 左右，而单镜工况下中间部位风压值仍为边缘部位风压值的 70%，并且镜群工况下镜面边缘的梯度变化较快，说明在镜群工况下气流分离后再附着的情况较为剧烈；当风向角为 90° 时，此时来流风与镜面平行，镜面上的风压系数值较小，在 0.02～0.15 之间，且整个镜面风压系数值变化不大，这是由于紧挨在一起的聚光器之间的距离很小，仅为 70mm，故被测聚光器整个镜面上的风压是干扰镜面上气流分离后再附着造成的，即气流在靠近来流风上游的干扰镜面边缘分离后迅速实现再附着，被测镜面位于干扰镜面来流风的中下游，类似于单镜工况时来流风中下游区域的镜面一样；当风向角为 135° 时，此时镜面背面迎风，镜面风压系数基本为负值，风压系数最大值出现在来流风上游镜面边缘处，分布规律类似风向角 45° 时的风压分布，且镜群工况的风压系数最大值与单镜工况相近，但风压系数递减速度较快，类似于镜群工况下风向角 45° 时的现象；当风向角为 180° 时，风压系数均为负值，风压分布规律类似于风向角 0° 时的风压分布，但因背面主梁、测压管线的遮挡及弧面结构的影响使其分布与风向角 0° 时有些许区别，镜群工况下的风压系数值同风向角 0° 时一样，来流风上游的干扰镜面对被测镜面的干扰效应为遮挡效应，且随着竖向仰角的增大遮挡效应逐渐减小。从上述分析可知，除风向角 90° 外，随着风向角的增大，干扰镜面对被测镜面的遮挡效应逐渐消失，在斜风向工况下风压系数最大值与单镜工况是相近的，但风压系数值的递减梯度相对单镜工况来说更为剧烈。

3. 风力系数及干扰因子

(1) 风向角 0° 工况下

通过式（7.9）～式（7.12）对槽式聚光器镜面上各测点平均风压从属面积进行加权求和，便可以得到镜面的整体风力平均值（本小节中提到的风力/力矩系数均为平均风力/力矩系数），沿整体坐标系进行分解得到沿 x 轴的阻力系数 C_{Fx}、沿 z 轴的升力系数 C_{Fz}、

绕 y 轴的转动力矩系数 C_{My0}。六分力坐标示意图见图 7.25。

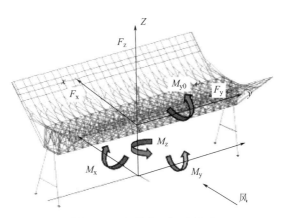

图 7.26 给出了风向角为 0°时槽式聚光器风力系数分别在单镜工况及镜群干扰工况下随竖向仰角的变化曲线。上小节中对镜群相互干扰对聚光器风压分布的影响进行了较为详细的说明，而本小节中的风力系数对比图能更为直观地看到聚光器的干扰效应。风向角为 0°时，单镜工况下阻力系数随竖向仰角的增大逐渐减小，而干扰工况下阻力系数随仰角变化的曲线完全不同于单镜工况，甚

图 7.25　六分力坐标示意图

至在竖向仰角 0°时出现了反方向阻力，在竖向仰角小于 50°时，阻力系数随着仰角的增大而逐渐增大，且阻力系数值在竖向仰角较小时远远小于单镜工况的阻力系数。这是由于前排干扰镜面对被测镜面的干扰效应为遮挡效应，而随着竖向仰角的增大，前排干扰镜面的受风面积逐渐减小，故对后排被测镜面的遮挡效应逐渐减小。从图 7.26 (a) 中可以看到干扰工况的阻力系数随着仰角的增大逐渐向单镜工况阻力系数靠拢。当竖向仰角增大到 50°时，干扰镜面对被测镜面的遮挡效应仍然存在，但遮挡程度相对于 0°仰角已有较大降低，且随着仰角的增大进一步减小。随着竖向仰角的继续增大，此时遮挡效应逐渐减小对镜面造成的影响已经小于被测镜面本身随着仰角增大阻力系数逐渐减小的作用，故干扰工况阻力系数 C_{Fx} 的变化曲线在竖向仰角为 50°附近发生转折，随着竖向仰角增大而逐渐减小，并随着遮挡效应进一步减小继续向单镜工况靠拢，在仰角为 90°时两种工况的阻力系数值相近。

图 7.26 (b) 中升力系数 C_{Fz} 在干扰工况下也是表现为遮挡效应，且该效应在仰角 0°～90°一直存在，但不同于阻力系数的是，在竖向仰角为 0°时由于被测镜面本身的升力系数值非常小，干扰镜面对其影响也非常小；转动力矩系数 C_{My0} 与升力系数 C_{Fz} 的干扰效应较为类似，从仰角 0°开始逐渐递增，在仰角 40°～50°达到最大值，但最大值相对其他两个系数来说偏小，仅为 0.13，转动力矩系数的干扰效应同其他两个系数，表现为遮挡效应。

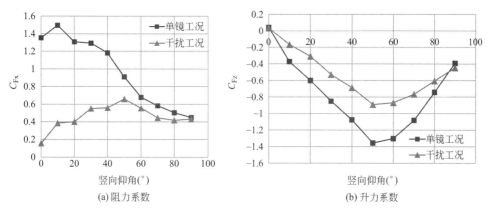

(a) 阻力系数　　　　　　　　　　　(b) 升力系数

图 7.26　风向角 0°工况下槽式聚光器风力系数对比（一）

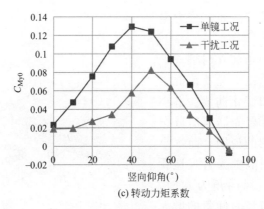

(c) 转动力矩系数

图 7.26　风向角 0°工况下槽式聚光器风力系数对比（二）

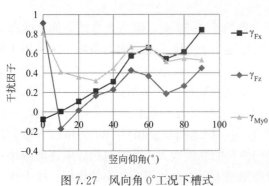

图 7.27　风向角 0°工况下槽式
聚光器风力系数干扰因子

为了进一步直观地看到干扰程度随仰角的变化程度，采用干扰因子进行说明：$\gamma = C_G/C_S$，其中 C_S 为单镜工况下的各风力（力矩）系数绝对值，C_G 为镜群干扰工况下各风力（力矩）系数绝对值。图 7.27 中给出了风向角 0°工况下聚光器阻力系数 C_{Fx}、升力系数 C_{Fz}、转动力矩系数 C_{My0} 的干扰因子随仰角的变化曲线。阻力系数 C_{Fx} 的干扰因子 γ_{Fx} 随着竖向仰角的增大总体上是递增趋势，随着竖向仰角的增大，镜面的干扰作用逐渐减小，这是由于前排干扰镜面的迎风面积逐渐减小造成的，干扰因子与迎风面积成反比关系，在仰角 90°时干扰因子达到最大值 0.84。升力系数的干扰因子 γ_{Fz} 的曲线变化趋势与阻力系数不同，从总体上看 γ_{Fz} 是递增的，但 γ_{Fz} 不是单调递增函数，在竖向仰角小于 50°时 γ_{Fz} 是递增的（除竖向仰角为 0°工况），在仰角 50°～70°之间有一个下降区段，可见聚光器在周围镜面的干扰下流场较为复杂，使得升力系数与迎风面积无明显相关性；在仰角较大时 γ_{Fz} 比 γ_{Fx} 小，在仰角为 90°时升力系数干扰因子 γ_{Fz} 为 0.42，远小于阻力系数干扰因子 γ_{Fx}，说明在仰角较大时周围干扰镜面对被测镜面升力系数影响程度较大，这是由于随着仰角的增大，通过前排镜面下方的气流逐渐增多，此时被测镜面下方的气流增多且气流流速加快，对垂直方向的升力系数影响很大，升力系数对此较为敏感。转动力矩系数干扰因子 γ_{My0} 变化趋势相对于其他两个系数的干扰因子较为平缓，其变化趋势类似于 γ_{Fz}，但干扰因子值总体上比阻力系数干扰因子值大，说明聚光器干扰镜面对转动力矩系数的影响比阻力系数小。

（2）风向角 45°工况下

为了解斜风向角下镜群的干扰效应，图 7.28 给出了在风向角为 45°时槽式聚光器风力系数分别在单镜工况及干扰工况下随竖向仰角变化的曲线对比。在斜风向角 45°工况下，单镜工况下的阻力系数变化曲线与风向角 0°时类似，随竖向仰角的增大而逐渐减小；而在干扰工况下阻力系数变化曲线与风向角 0°时的变化曲线有较大的不同，首先是在斜风向角下，仰角较小时镜群对被测聚光器的遮挡效应明显减小，如在 00-000 工况下阻力系数值很小，仅为 0.16 左右，约为单镜同工况时的 12%，而在 00-045 工况下阻力系数为 0.65 左右，约为单镜同工况时的 49%，可见在斜风向角下镜群对被测聚光器的遮挡效应减小很多，但相对于单镜工况来说镜群对镜面的遮挡效应还是存在的，且随着竖向仰角的逐渐增大镜面的遮挡效应逐渐减小，这与风向角 0°时是类似的。在斜风向角 45°工况下阻力系数的转折点出现在仰角 20°时，转折点的出现与 0°风向角的原因是一样的，随着竖向仰角的继续增大阻力系数逐渐减小，且随着遮挡效应的进一步减小干扰工况的阻力系数值逐渐向单镜工况靠拢。当风向角为 45°时，升力系数 C_{Fz} 在单镜工况和干扰工况下的值比风向角 0°工况均要小一些，升力系数在干扰工况下也表现出遮挡效应；转动力矩系数 C_{Myo} 在斜风向角下的变化趋势与风向角 0°时类似，且其系数值相对其他两个系数偏小。

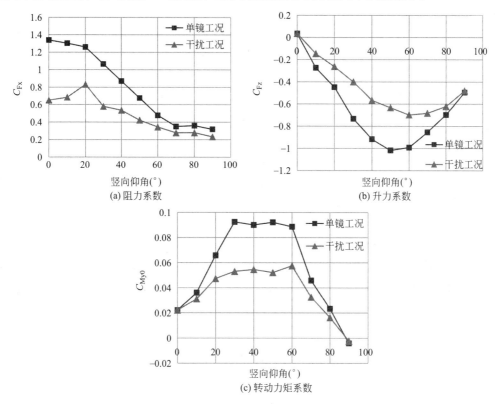

图 7.28　风向角 45°工况下槽式聚光器风力系数对比

图 7.29 为风向角 45°工况下槽式聚光器风力系数干扰因子随仰角的变化曲线，仰角较小时 γ_{Fz} 随仰角增大而逐渐增大的变化曲线比风向角 0°时平缓，且其数值比风向角 0°时大，说明仰角较小时其遮挡效应相对于风向角 0°时有所减小，但仰角增大到 50°时两者数值较为接近。γ_{Fz} 的变化趋势比风向角 0°时更有规律，随着仰角的增大干扰因子逐渐增加，干扰因子与迎风

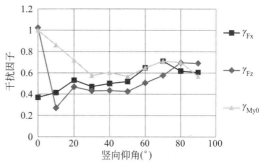

图 7.29　风向角 45°工况下槽式
聚光器风力系数干扰因子

面积成反比关系，且斜风向角下 γ_{Fz} 的数值在所有工况下均比风向角 0°时要小，说明在斜风向角下镜群对被测聚光器的遮挡效应减小了。γ_{Fz} 在斜风向角下的数值与变化趋势均不同于风向角 0°时，可见在不同工况下周围干扰镜面对被测聚光器的影响有较大不同。γ_{My0} 变化曲线在风向角 45°下也平缓些，从以上分析可知在斜风向角下前排聚光器竖向仰角的变化对被测聚光器影响不大，即前排干扰镜面对被测聚光器的干扰比风向角 0°工况有明显降低。

7.3.5 小结

本章介绍了在不同工况下槽式聚光器的平均风压分布，通过对 370 种工况下聚光器风压时程数据的分析处理，给出了典型工况下槽式聚光器表面平均风压分布等值线图，总结如下：

（1）随着竖向仰角的增大，其平均风压系数向靠近来流风上游处的镜面下边缘移动，聚光器镜面平均风压分布在风向角及竖向仰角不同时有较大的区别；此外，给出了典型工况下槽式聚光器的流场特性，进一步分析了风压分布的形成机理。

（2）通过对 370 种工况下槽式聚光器平均风压系数进行进一步分析，给出了聚光器最不利工况下平均风压系数值及相应工况，最大风压系数大多数出现在镜面边缘部位，所给出的相关结论可为槽式聚光器结构抗风设计提供参考依据。

（3）采用风洞试验对槽式聚光器之间的干扰效应进行了分析，给出了典型工况下槽式聚光器受到周围聚光器干扰时镜面的平均风压分布情况，在干扰工况下槽式聚光器的平均风压干扰效应表现为遮挡效应，随着竖向仰角的增大，遮挡效应逐渐减小，并且当风向角不同时，干扰效应有所区别。

（4）通过计算给出了槽式聚光器平均风力系数在单镜工况及干扰工况下随竖向仰角变化的曲线对比图，分析了聚光器在镜群干扰工况下的干扰效应随竖向仰角的变化规律。

7.4 槽式聚光器的脉动风压分布及特性

7.4.1 引言

通常作用在建筑结构上的风荷载由两部分组成：平均风和脉动风，故风荷载对结构的作用也有静力的平均风作用和动力的脉动风作用，平均风的作用可用静力方法计算，而脉动风是随机荷载，它引起结构的振动，一般采用随机振动理论进行分析。在实际工程应用中，当计算风荷载的建筑结构为刚度较大、高度较低的低矮结构时，由脉动风压引起的结构振动效应较小，故通常不考虑脉动风振作用，计算风荷载时仅考虑平均风压，为了计入脉动风压对风荷载的影响，引入阵风系数这个参数。阵风系数考虑的是脉动风压的瞬间增大系数，即脉动风压的变异效应。而对于刚度较小的高层建筑，脉动风会产生不可忽略的动力效应，在设计中必须考虑。槽式聚光器属于轻质、低频结构，故在对其风荷载进行计算时必须考虑脉动风荷载的动力效应，本节对槽式聚光器结构的脉动风压分布及特性做深入分析，分别给出了单镜和镜群工况下槽式聚光器的脉动风压分布图，并给出部分测点在不同工况下的脉动风压功率谱图，对影响脉动风压的因素进行了分析；同时还探讨了脉动风压分布的概率特性，对于一般的建筑结构通常假定其风压分布服从高斯分布特性，但槽式聚光器的结构形式较为特殊，本节通过相关方法对其在各种工况下表面风压是否服从高斯分布进行判别，并给出不同工况下聚光器的非高斯分区。

7.4.2　槽式聚光器脉动风压分布规律与特征

1. 单镜聚光器脉动风压分布

槽式聚光器的脉动风压分布类似于 7.3.3 节中的平均风压分布规律，镜面上脉动风压的主导因素在工况不同时也不相同，主导因素包括来流风的湍流特性和旋涡脱落特性等，故在不同工况下脉动风压分布的状况较为复杂，本节介绍镜面上脉动风压的分布情况，而脉动风压的产生机理及特性会在后文中进行较为详细的介绍。图 7.30 给出了典型工况下镜面脉动风压系数等值线图。当风向角为 0°时，在仰角为 0°工况下镜面脉动风压系数的最大值也出现在驻点处，此时脉动风压的主导因素是来流风中的湍流造成的。

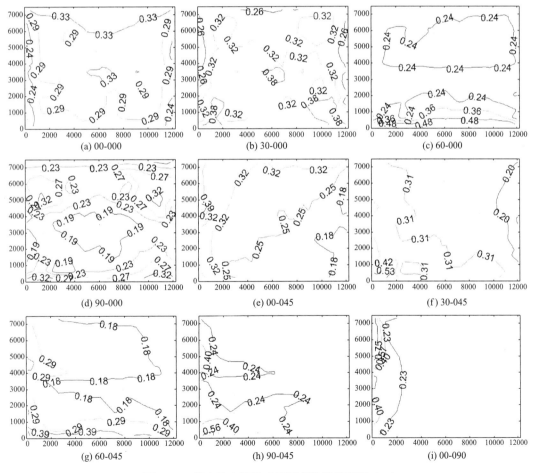

图 7.30　单个聚光器脉动风压系数等值线图（一）

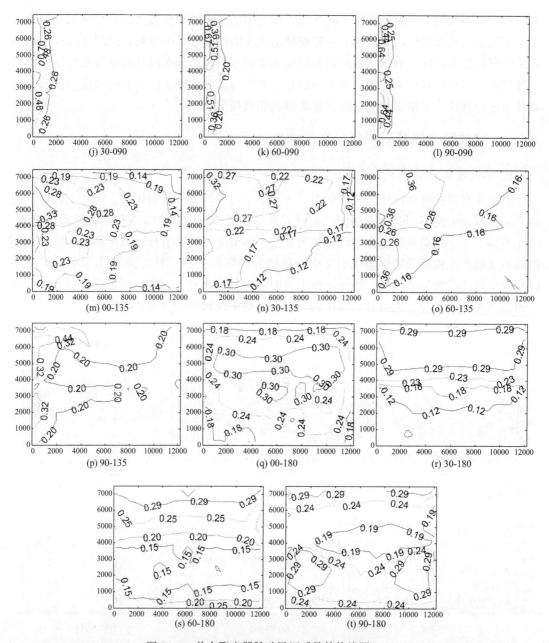

图 7.30　单个聚光器脉动风压系数等值线图（二）

随着竖向仰角增大，脉动风压系数最大值向来流风上游镜面边缘移动，如仰角 30°时脉动风压系数的最大值已经出现在下部镜面，而当仰角增大到 60°时其最大值已经出现在镜面边缘处，且相对于平均风压分布来说呈现出较为强烈的梯度分布，这是因为气流在靠近来流风的边缘处分离，由于镜面很薄，迎风尺度非常小，气流会立刻实现再附着，在镜面边缘处产生柱形涡，故脉动风压系数最大值出现在镜面边缘，并且随着竖向仰角的增大，脉动风压系数从 0.33 增大到 0.48；在竖向仰角增大到 90°时，由于镜面的弧形结构，除了在镜面边缘处有最大脉动风压值外，在来流风下游处（简称下游）镜面中间部位出现了两个对称的最大值，这是由于在镜面边缘处气流分离后在下游形成的两个对称的旋涡造成的。

当风向角增大到 45°时，各竖向角下脉动风压分布类似，均从来流风上游处镜面边缘开始向下游递减；当风向角为 90°时，由于镜面边缘有较强的气流分离，故呈现出较为剧烈的梯度变化，脉动风压系数的最大值均分布在镜面边缘处，由于镜面是光滑的，气流分离再附着后的区域内脉动风压系数几乎不变；当风向角为 135°时，各仰角下的脉动风压分布与平均风压分布趋势类似；当风向角为 180°时，仰角 0°、30°、60°均与平均风压分布类似，脉动风压的最大值出现在驻点附近，并向四周扩散，仰角 90°时，分布规律同 90-000 工况，在镜面上出现两个对称的旋涡。总的来说，镜面脉动风压分布与平均风压分布规律类似。

此外，从 30-045、60-045、30-135 等工况可以看出，当风向角为斜风向时，脉动风压分布从靠近来流风上游顶点处开始，在镜面两条边上形成一个三角区域，在三角区域内有强烈的梯度变化，这种现象是由于气流的分离再附着形成的，称为"锥形涡"（图 7.31）。锥形涡的形成机理是气流在镜面上风边缘处分离后的气流存在一个沿分离线的速度分量，靠近上风角的气流分离后，分离下风的气流对其进行替代，前者的剪切层涡量叠加到后者上，增加了环流，故在迎风的两个边缘上产生一对大小不等的锥形涡。锥形涡最早是在研究飞机机翼时被发现的，目前在建筑结构上也是备受关注的特征湍流形式，国内外许多学者对锥形涡进行了研究，孙葵花[29] 等人用拟三维流动显示技术观察与分析了平板边界层内的流动结构，讨论了雷诺数 Re 在 $300\sim650$ 范围内大尺度结构间的联系，并指出锥形涡的形成是边界层中一系列复杂运动现象产生的关键。李秋胜[30] 采用大涡模拟（LES）对平屋盖建筑受 45°风向角作用下的表面风荷载问题进行了非稳态数值模拟分析，研究了锥形涡下的风压分布及女儿墙对锥形涡的影响，并通过数值模拟给出了各工况下模型的锥形涡旋涡结构图。锥形涡对结构的边缘角落等局部位置的破坏十分显著，比如图 7.13 给出了最不利工况下的平均风压系数等值线图：工况 30-045、90-035，可见最不利工况均为出现在斜风向角工况下，故锥形涡对槽式聚光器风压分布的影响是非常关键的。

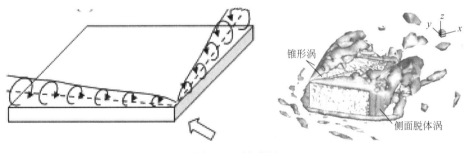

图 7.31　锥形涡

2. 镜群干扰工况下聚光器脉动风压分布

镜面上脉动风压的主导因素在不同的工况下不同，主导因素包括来流风的湍流特性和旋涡脱落特性等，在镜群工况下由于干扰镜面的存在使得被测聚光器周围的旋涡脱落等流场特别复杂，被测聚光器的脉动风压在大部分工况下是旋涡脱落造成的。图 7.32 给出了典型工况下聚光器镜群脉动风压系数等值线图。当风向角为 0°时，在仰角为 0°工况下镜面脉动风压系数的最大值出现在镜面最顶端，并向下逐渐递减，脉动风压最大值比单镜工况大一些，但是递减的速度较快，脉动风压最小值仅为 0.16，此工况下镜面的脉动风压均为旋涡脱落造成的，而镜面顶部旋涡脱落较为强烈。

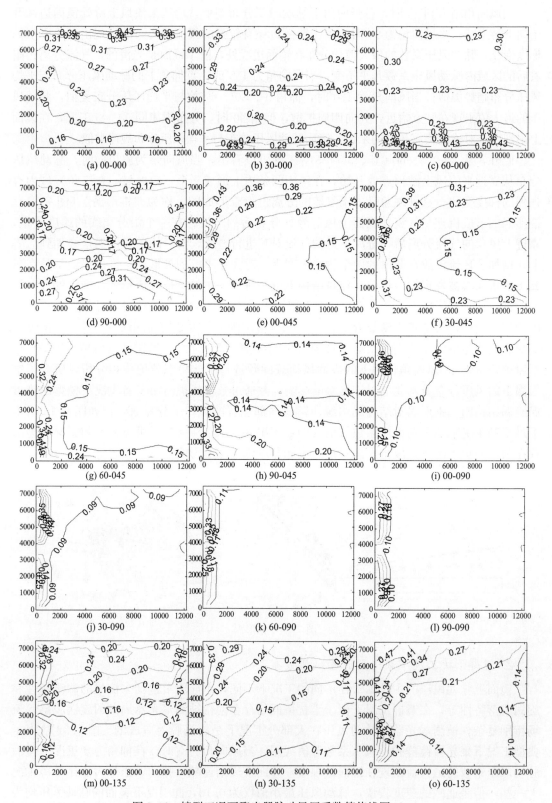

图 7.32 镜群工况下聚光器脉动风压系数等值线图（一）

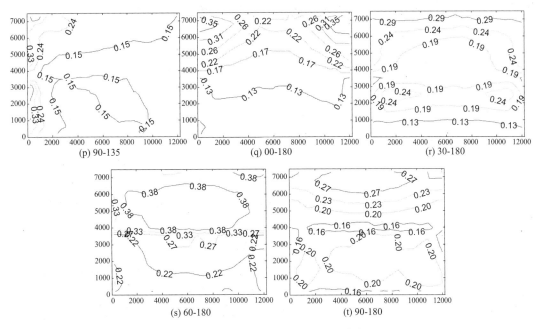

图 7.32　镜群工况下聚光器脉动风压系数等值线图（二）

随着竖向仰角增大，脉动风压系数最大值出现在镜面离地最近的边缘处，如仰角 30°时脉动风压系数的最大值已经出现在镜面最下端及顶部两个角落处。而当仰角增大到 60°时其最大值仅出现在镜面最下端边缘处，且呈现出较为强烈的梯度分布。随着竖向仰角的增大，镜面最下端与地面之间的空间逐渐增大，更多气流通过镜面下方，而气流分离及旋涡脱落更为剧烈。总体来说镜面的干扰未造成脉动风压的突然增大，脉动风压系数最大值与单镜工况相近。

当风向角增大时，各竖向仰角下脉动风压分布类似，均从来流风上游处镜面边缘开始向下游递减。当风向角为 90°时，脉动风压系数的最大值均分布在镜面边缘处，由于镜面是光滑的，气流分离再附着后的区域内脉动风压系数几乎不变。从与图 7.30 对比可知，在干扰工况下镜面的脉动风压分布同单镜工况类似，且脉动风压值相近。当风向角为 180°时，脉动风压分布规律与单镜工况完全不一样，但脉动风压值相差不多。总体来说，镜群干扰对被测镜面的脉动风压最大值影响不大，未出现脉动风压值突然增大的现象。

7.4.3　风压脉动特性

1. 风压功率谱理论

功率谱是功率谱密度函数（Power Spectral Density，PSD）的简称，定义为单位频带内的信号功率，表示了信号功率随着频率的变化情况。功率谱密度函数是一种概率统计方法，是对随机变量均方值的量度，一般用于随机振动分析，连续瞬态响应只能通过概率分布函数进行描述，即出现某水平响应所对应的概率，功率谱可以用来描述风压随机信号功率在频率域上的分布状况。功率谱密度函数是随机信号自相关函数的傅立叶变换，可以完整地反映出随机信号的特征统计平均量值，所以可用其表示信号的统计平均谱特性[31]。

单个随机风压信号的功率谱密度函数是自功率谱密度函数，其表达式为：

$$S_{xx}(\omega)=\frac{1}{2\pi}\sum_{-\infty}^{+\infty}R_{xx}(k)\mathrm{e}^{-i\omega k}(-\pi\leqslant\omega\leqslant\pi) \tag{7.13}$$

式中 $S_{xx}(\omega)$、$R_{xx}(k)$——分别为自功率谱密度和自相关函数。

2. 风压功率谱

本节中给出的功率谱图均为归一化功率谱，横坐标为折减频率 $f'=fB/v_z$，纵坐标为无量纲化自谱函数 $S'=fs(f)/\sigma^2$，其中 f 为频率；B 为模型宽度；v_z 为参考点高度处风速；$S(f)$ 为测点风压自功率谱函数；σ^2 为测点风压的方差。影响聚光器镜面的脉动风压的因素主要有两个：一个是纵向脉动风压的湍流特性，这与来流风自身特性有关；另一个是结构表面引起的涡旋湍流特性，也称为特征湍流[31]。当镜面竖向角、水平风向角、位置不同时脉动风压所受影响的因素也不同。

图 7.33 给出了槽式聚光器在 00-000 工况下部分测点的脉动风压功率谱，测点 B6、P6 的峰值出现在低频段，峰值对应的横坐标约为 0.05，这个峰值可以认为是来流风的湍流特性造成的，并且测点 P6 的峰值高于测点 B6，而在高频段测点 B6、P6 的能量明显减小，无明显峰值出现。在角部区域的测点 A1、T1 的功率谱除了在低频段有明显峰值以外，在高频段也出现了较多的峰值，如在横坐标 0.3~0.4 之间，脉动风压在高频段仍然有较大的能量，这是由于气流在镜面边缘分离、绕流及涡旋脱落等造成的脉动风压，可见在角部区域测点的脉动风压存在更多的高频成分。

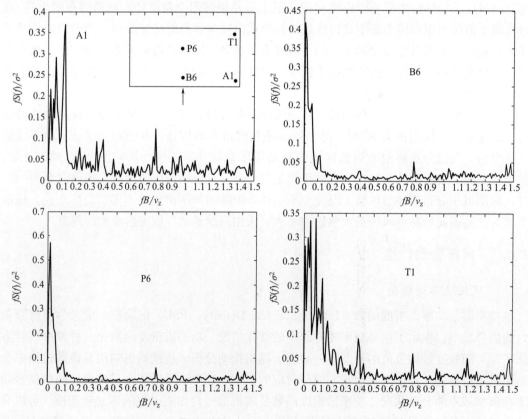

图 7.33　槽式聚光器 00-000 工况下测点脉动风压功率谱图

随着风向角的增大，镜面上各测点的脉动风压特性也随之发生变化，图 7.34 中测点 P7 在低频段仍有较大能量，出现了较多峰值，同时在高频段 0.4 附近也出现了明显的峰值，功率谱幅值约为 0.45；测点 D10 在低频段出现了几个峰值，在高频段类似于测点 P7 的位置也出现了较为明显的峰值，但其幅值明显大于测点 P7，约为 0.58。可见随着风向角的增大，镜面上测点在高频段的峰值增多，且其幅值也明显增大，这是由于在斜风向角下涡旋脱落明显增多，且从来流风上游至下游镜面测点脉动风压能量逐渐递减，这与 7.4.2 节中脉动风压分布规律结论是相同的。

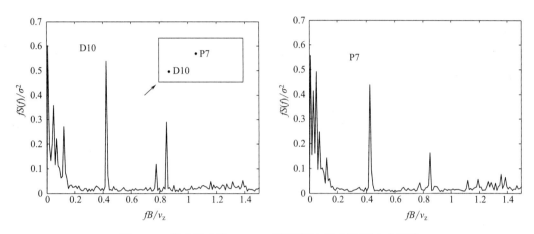

图 7.34　槽式聚光器 00-045 工况下测点脉动风压功率谱图

当风向角增大到平行于镜面时，在 00-090 工况下，图 7.35 中测点 F11 和测点 F10 的高频成分相对于前面的工况来说明显增多，气流在来流风上游处镜面边缘分离，然后迅速实现再附着，测点 F11 的峰值分布范围很广，从低频段到高频段有许多峰值，这是由于气流在镜面边缘分离后再附着，涡旋脱落非常丰富，在高频段脉动风压的能量仍然较大，此时脉动风压主要是由结构表面引起的涡旋湍流特性造成的。测点 F10 与测点 F11 相同的是其脉动风压谱在低高频段均有较多峰值，测点 F10 位于间歇性再附区内，此时脉动风压中既包含了高频成分又包括了低频成分，低频成分是与大尺度涡旋有关，而高频成分与小尺度涡旋有关，其脉动风压能量相对于测点 F11 来说明显降低。测点 F11 在低频段的功率谱

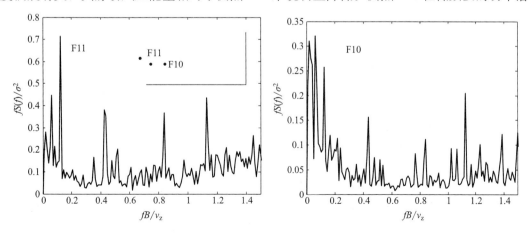

图 7.35　槽式聚光器 00-090 工况下测点脉动风压功率谱图

幅值最大值约为 0.7，高频段的功率谱幅值约为 0.5 左右，而测点 F10 在低频段的脉动风压功率谱幅值最大值仅为 0.3 左右，高频段的最大幅值约为 0.2，其能量明显变小，这是由于当风向角为 90°时，镜面侧面迎风，由于镜面非常薄，当气流在镜面边缘分离后会迅速实现再附着，主涡旋作用范围非常小，故测点 F11 下游的测点 F10 的能量会迅速降低。

当竖向仰角增大到 60°时，图 7.36 中测点 B2 所在镜面位置几乎平行于来流风，气流在镜面边缘分离、涡旋脱落较多，故在高频段有较多峰值，且高频段脉动风压能量较大，从 7.2 节可知随着竖向仰角的增大，脉动风压最大值向靠近来流风的镜面边缘移动，测点 B2 的功率谱曲线包含的能量大于测点 P2。由于槽式聚光器的弧形结构，使得在竖向仰角 60°时，测点 P2 所处镜面位置近似于垂直地面，故在此处的测点脉动风压在低频段仍然有较大能量，该处是以空间大尺度涡旋结构为主，风压大部分能量包含在低频范围内，而高频段的能量较低，这不同于定日镜平板结构的功率谱曲线图。

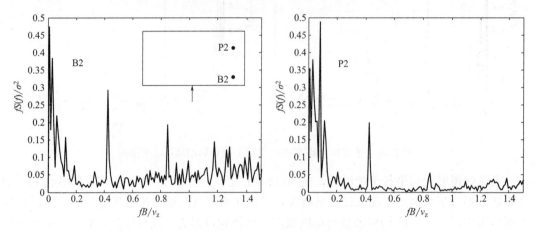

图 7.36 槽式聚光器 60-000 工况下测点脉动风压功率谱图

此外，图 7.37 给出了部分工况下两个测点的功率谱对比图，坐标轴采用对数形式，在 00-000 工况下，M6 主要是受脉动风自身湍流特性影响，而在镜面角部气流的分离、绕流及脱落的旋涡较为复杂，测点 T1 相对中间测点 M6 来说有更多的高频成分，且高频段能量仍然较大，这是由结构表面引起的旋涡带来的能量；在 00-045 工况下，上游处测点 F11 驼峰出现的频率比测点 F5 的驼峰要低；在 00-090 工况下上游测点 P11 的驼峰出现在折算频率 0.3 附近，且能量集中在低频段，而下游测点 P2 的峰值大部分出现在高频段；在仰角 50°时，上游测点 A11 的驼峰出现在折算频率 0.2 附近，而来流风下游测点 S6 驼峰出现在 0.8 附近，并且测点 S6 在高频段仍有较多峰值。通过上述分析可知，测点脉动风压功率谱曲线上的驼峰与测点所在区域的旋涡脱落有关，当测点的脉动风功率谱包含更多的来自脉动风的湍流能量时驼峰出现在较低频率，反之当测点包含更多来自结构表面引起的湍流能量时驼峰出现的频率相对较高。

本小节通过分析槽式聚光器在不同工况下测点脉动风压功率谱的变化来探讨影响脉动风压的主要因素，包括纵向脉动风自身的湍流特性和结构表面引起的涡旋湍流特性即特征湍流，涡旋作用对镜面脉动风压分布的影响机理是作用在镜面上主导涡旋的尺度由前缘分离区的大尺度旋涡向后缘再附区的小尺度旋涡转变[31]，对镜面脉动风压的影响体现在：在来流风上游的分离区内以大尺度旋涡为主要控制能量，峰值大部分出现在低频段，而在

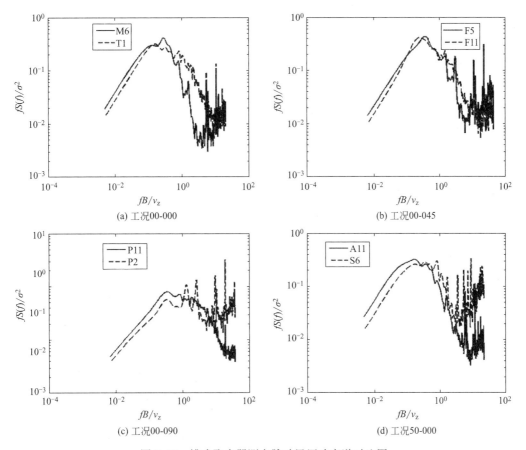

(a) 工况00-000　　　　　　　　　(b) 工况00-045

(c) 工况00-090　　　　　　　　　(d) 工况50-000

图 7.37　槽式聚光器测点脉动风压功率谱对比图

下游区小尺度旋涡不断增加，此时高频段的能量占主要控制地位。另外，需要补充的是，图中脉动风压谱在高频段约为 $50\mathrm{Hz}$ 的整数倍有些突起的信号，根据经验判断这是在风洞试验中由电流信号干扰造成的，在本书的分析中不考虑该部分。

7.4.4　脉动风压的概率特性

在结构风工程研究中通常假定风荷载分布符合高斯分布，并在此基础上通过峰值因子法来计算结构的设计风荷载，然而越来越多的学者对结构表面风压分布的概率特性做了研究，通过大量的风洞试验或现场实测发现在气流分离区及拐角区等风荷载会表现出明显的非高斯特性，如果仍采用高斯分布模型来描述风压分布，则会在计算风荷载上产生较大误差，对结构的抗风是不安全的。

1. 槽式聚光器风压分布非高斯判别标准

要区分风压是否属于非高斯分布单从风压时程上很难判定，有必要寻找一种简洁、有效的非高斯分布划分的办法，对于判别风压分布是否符合高斯分布时，不同的结构类型判别标准也不同，Kumar[32] 在其博士论文中对低矮房屋的判定标准设定为偏度 $|C_{\mathrm{Sk}}|$ 大于 0.5 且峰度 C_{Ku} 大于 3.5 为非高斯的标准，孙瑛等[33] 采用该方法对大跨屋盖结构进行非高斯分析时所得标准为 $|C_{\mathrm{Sk}}|$ 大于 0.2 且 C_{Ku} 大于 3.7。柯世堂[34] 对大型双曲冷却塔表

面划分高斯及非高斯区域的标准为：$|C_{Sk}|$ 大于 0.2 且 C_{Ku} 大于 3.5 的风压信号为非高斯分布。宫博[35] 在对定日镜的非高斯特性进行研究时提出：当 $|C_{Sk}|$ 超过 0.5，C_{Ku} 大于 4.0 时，认为风压不服从高斯分布。

槽式聚光器从结构形式或高度方面都不同于上面提到的低矮房屋、大跨结构等，故不能盲目地采用上述非高斯判别标准。本书采用孙瑛、柯世堂文章中的方法[33,34]，通过对所有测点在典型工况下的偏度系数-峰态系数关系图进行分析，从而得出直观的判别标准。图 7.38 为典型工况下的偏度系数-峰度系数关系图，其中横坐标为各测点的偏度系数值，纵坐标为与偏度系数值相对应的峰度系数值。从图中可以看出大部分测点的偏度-峰度值均处在 $|C_{Sk}| \leqslant 0.5$，$2.0 \leqslant C_{Ku} \leqslant 4.0$ 区域，故先将满足 $|C_{Sk}| \leqslant 0.5$，且 $C_{Ku} \leqslant 4.0$ 的测点划分在高斯区域内，将其余的划分在非高斯区域内，这与定日镜判别标准是类似的，但有部分测点的高阶矩超出这个范围很多，因此作者通过测点的风压时程曲线与概率密度分布直方图对不满足的测点风压进行进一步判断其是否属于非高斯分布（由于篇幅有限，进一步判别的细节可参考文献［36］），通过分析可知槽式聚光器用该判别标准是合适的。

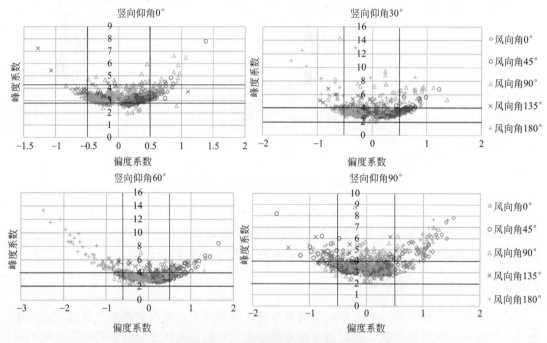

图 7.38　典型工况下槽式聚光器测点偏度系数-峰度系数关系图

2. 槽式聚光器风压的非高斯分区

根据前文分析结果，便可以划分出槽式聚光器的高斯区与非高斯区，这使我们能够简单直观地了解典型工况下槽式聚光器不同区域的风压分布特性，图 7.39 给出了槽式聚光器高斯与非高斯区域划分图，为了能够得到较为规整的划分图，有少数点是非高斯（高斯）测点，但被划分为高斯（非高斯）区域，但对整个划分结果影响不大。从图 7.39 可知：（1）除了风向角 90°以外，仰角较小时镜面大部分区域的风压分布符合高斯分布特性，只有少数区域的风压分布呈现非高斯特性。（2）镜面仰角较大时，如 60-000、60-045、90-045 等镜面上大部分区域的风压分布呈现非高斯特性，这是由气流在来流风处分离及旋涡脱落造成的。此外，由于槽式聚光器的弧面结构形式，使得在 60-000、90-000 工况下来流风下游处镜面风压分布符合高斯分布，这不同于定日镜的平板结构[35]。（3）风向角为 90°时，镜面在靠近来流风的左边镜面上风压有明显的非高斯特性，这是由于此时镜面与风向是平行的，气流在靠近来流风镜面边缘处分离使得镜面上的风压分布表现出非高斯特性。而在来流风下游区域也出现了非高斯区域，这是由于气流在镜面边缘分离以后形成大量的旋涡，并向来流风中下游移动，且来流风前缘分离后的再附作用会导致尾流的风压波动紊乱。由上述分析可知，结构表面部分测点风压的非高斯特性主要是由结构表面引起的特征湍流及旋涡脱落、旋涡再附作用造成的。总的来说，镜面仰角较大时大部分区域的风压属于非高斯分布。

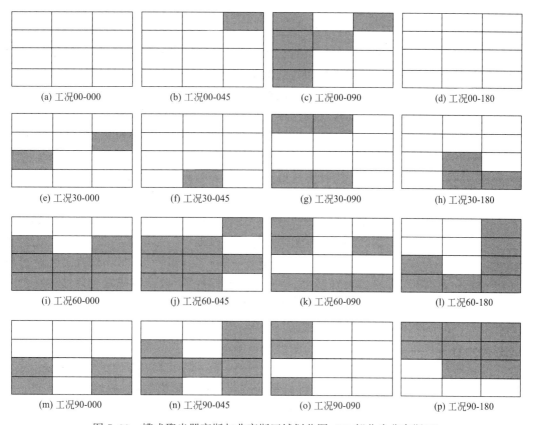

图 7.39　槽式聚光器高斯与非高斯区域划分图（▩部分为非高斯区）

7.4.5　小结

本节主要介绍了槽式聚光器的脉动风压分布及风压脉动特性等，主要结论如下：

（1）槽式聚光器的脉动风压分布与平均风压分布规律类似，随着竖向仰角的增大脉动风压系数最大值向靠近来流风上游的镜面边缘移动；此外，在镜群干扰工况下，周边干扰聚光器对被测聚光器的脉动风压最大值影响不大，未出现脉动风压值突然增大的现象。

（2）本节通过分析槽式聚光器测点在不同工况下脉动风压功率谱的变化规律来探讨影响脉动风压的主要因素，其中影响因素包括纵向脉动风压的湍流特性和结构表面引起的涡旋涡流特性即特征湍流，发现在不同工况下影响脉动风压的主导因素不同。

（3）通过对所有测点在典型工况下的偏度系数-峰态系数关系图进行分析，从而得出槽式聚光器非高斯的判别标准，即当测点风压偏度系数满足 $|C_{Sk}|$ 大于 0.5，峰度系数 C_{Ku} 大于 4.0 时，则认为风压不服从高斯分布；然后给出了典型工况下槽式聚光器高斯与非高斯的区域划分图。

7.5 槽式聚光器的极值风压

7.5.1 引言

作用在结构上的风荷载是随时空不断变化的，风荷载一般可以区分为长周期的平均风荷载和短周期的脉动风荷载，其中脉动风荷载是随时间随机变化的。在研究风荷载时，研究人员及工程师最为关注的通常是风荷载的极值，极值可以表示为平均风压加上脉动风压均方根与峰值因子的乘积形式。极值的计算方法一直是受到国内外学者热切关注的重要问题之一，在过去几十年中，诸多学者提出了各种计算风压极值的方法，早期以 Davenport[37] 为代表的学者为了研究和应用方便，假设所分析的脉动风压服从高斯分布，采用基于高斯过程的零值穿越率理论来计算峰值因子，本书中称为传统峰值因子法。但在很多情况下风压分布的概率分布特性表现出明显的非高斯特性，比如在气流分离区、旋涡脱落区等，故此时采用传统峰值因子法计算所得的极值风压通常小于实际值，从而使结构设计偏于不安全。因此，研究人员对传统峰值因子进行了改进，其中较有代表性的是 Kwon 和 Kareem 等[38] 在 Davenport 的工作基础上将非高斯随机变量表示为高斯随机变量的 Hermite 多项式，从而将 Davenport 法扩展应用于非高斯过程，称为改进峰值因子法，但是 Hermite 正变换关系的适用条件是随机数据的峰度大于 3，故基于 Hermite 正变换公式的非高斯峰值因子计算方法有一定的局限性。Sadek 和 Simiu[39] 提出了一个从高斯到非高斯的极值样本映射方法，可用于计算非高斯过程的峰值因子，该方法是在零值穿越率理论的基础上，应用 Groigoriu[40] 的"转化过程法"提出非高斯过程的峰值因子计算方法，称为 Sadek-Simiu 法。Huang 等[41] 在改进峰值因子法的基础上根据峰度和偏度系数提出了偏度非高斯峰值因子法，他认为峰度对于峰值因子的计算结果影响不大，提出了只利用偏度值计算非高斯峰值因子的方法。柯世堂[42] 在目标概率法的基础上提出了适用于单个样本随机过程的极值估计法，该方法基于可靠度理论，称为全概率逼近法，该方法是对整个采样时程中的极大（小）值样本进行分析，然后进行极值Ⅰ型分布拟合，得到一定保证率的设计极值风压。

7.5.2 槽式聚光器极值风压分布

从 7.4 节可以看出，槽式聚光器在许多工况下风压分布表现出明显的非高斯特性，因此，采用传统的峰值因子法计算出的聚光器极值风压可能会偏于不安全，因此作者在文献 [36] 中采用了五种极值计算方法：峰值因子法、改进峰值因子法、Sadek-Simiu 法、偏度非高斯峰值因子法、全概率逼近法，来计算槽式聚光器镜面上代表测点在不同工况下的峰值因子，并对比分析这五种方法的计算结果，发现峰值因子法对非高斯过程的峰值因子值估计偏低，改进峰值因子法的估计值离散性大，部分工况下的峰值因子估计值偏保守，而全概率逼近法避开了对随机过程的高斯分布假定，计算方法较为直观简便，且所得结果与 Sadek-Simiu 法较为接近，因此本节采用了全概率逼近法来计算槽式聚光器的极值风压。

根据式（7.7）、式（7.8）来计算出槽式聚光器在典型工况下的极值风压系数，其中的峰值因子采用全概率逼近法所得结果，图 7.40、图 7.41 分别给出了槽式聚光器的极大值、极小值风压系数，从极值风压系数等值线图可以看出极值风压分布规律与平均风压系数、脉动风压系数的分布规律是类似的，随着竖向仰角的增大，极值风压系数的最大值向靠近来流风的镜面边缘移动，并且随着风向角的增大，极值风压系数的最大值出现在来流风上游处的边缘处，在风向角 90°时镜面边缘出现较为强烈的梯度变化。在典型工况下槽式聚光器的极大值风压系数最大值出现在斜风向角下，最大值达到 6.03，而极小值风压系数的最大值（绝对值）为 5.73，而且均出现在镜面边缘角落区域，在槽式聚光器结构的抗风设计时应引起注意。由于槽式聚光器极值风压系数的分布类似于平均风压系数、脉动风压系数的分布规律，故在此不再详细说明。

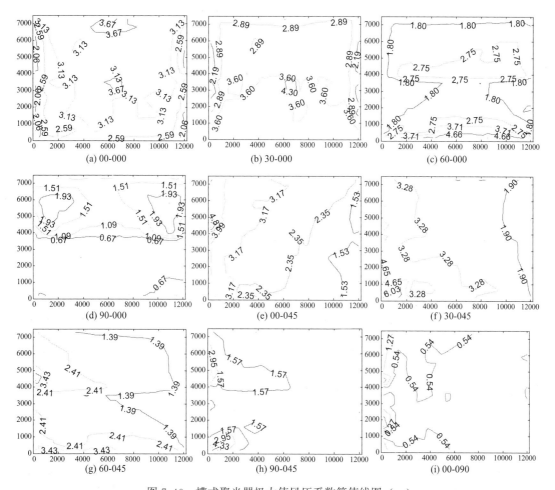

图 7.40　槽式聚光器极大值风压系数等值线图（一）

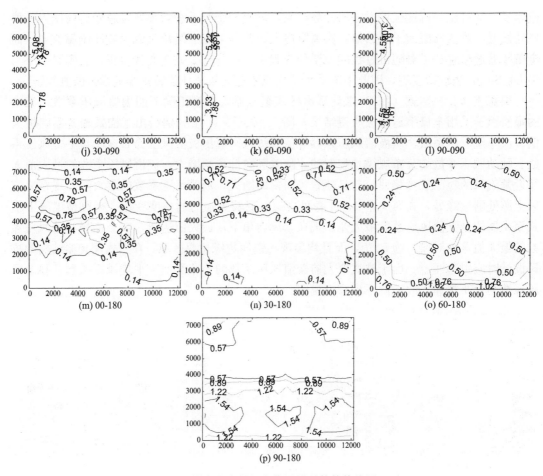

图 7.40　槽式聚光器极大值风压系数等值线图（二）

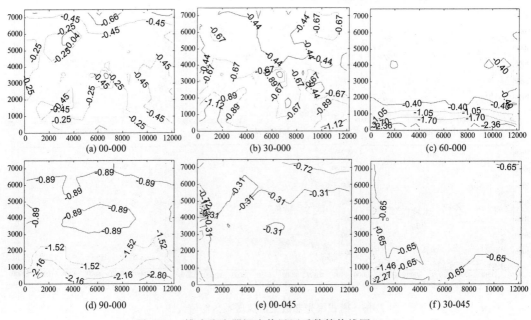

图 7.41　槽式聚光器极小值风压系数等值线图（一）

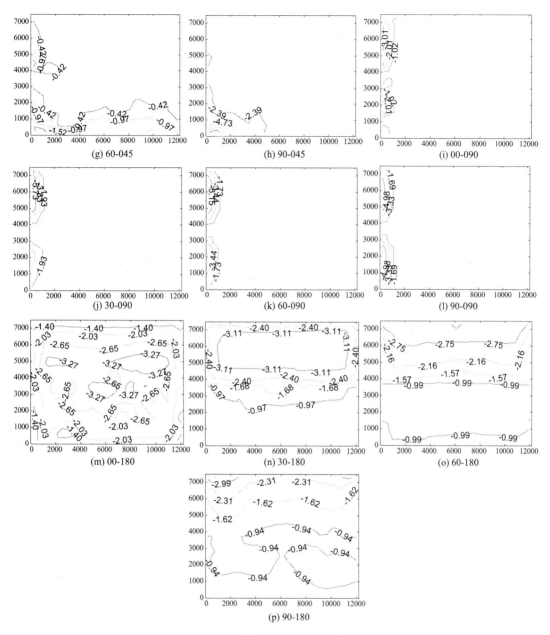

图 7.41　槽式聚光器极小值风压系数等值线图（二）

7.5.3　小结

通过 7.4 节可知，槽式聚光器在仰角较大时大部分区域的风压分布表现出明显的非高斯特性，采用传统峰值因子法计算出的极值风压会偏于不安全，因此本节采用全概率逼近法所得峰值因子来计算出极值风压系数，并给出了典型工况下槽式聚光器极值风压系数等值线图，所得相关结论可为槽式聚光器的结构抗风设计提供参考依据。

7.6 槽式聚光器的风力系数

7.6.1 引言

前文对槽式聚光器表面风压分布和脉动特性等进行了介绍，并通过对风洞试验中各测点风压进行从属面积加权求和，得到结构的整体风力系数，但因在计算过程中采用以某一测点风压代替测点从属面积内的风压的近似计算方式，会给试验带来一些误差，且风洞测压试验由于模型构建尺寸及制作工艺等限制，主框架及立柱等构件上的风压难以获得，这使得测验试验所得风力系数与实际值有所差别；此外，通过对测压试验数据的进一步处理仅能得到结构的一部分风力或力矩，而通过测力试验可以获得结构各方向的力（力矩）。高频动态天平测力风洞试验技术通过使用多分量天平和轻且刚度大的几何相似模型，在风洞试验设定的风场条件下测量作用在模型上的气动力，然后通过对数据的进一步计算处理得到建筑物的风荷载。测力试验是直接测量在风荷载作用下模型各方向的动态力，由于模型制作简单、成本较低、方便应用等优点而被广泛应用于各类建筑结构的抗风研究。基于上述原因，作者对槽式聚光器模型进行了天平测力试验，获得了槽式聚光器的六个风力（矩）系数随竖向仰角和水平风向角的变化规律和特征，并将测力试验结果与测压试验结果进行了对比分析；此外，通过对 130 种工况下风力（矩）系数数据的进一步分析，提取出了六个方向平均风力（矩）系数最大值及对应的最不利工况；最后对槽式聚光器在镜群干扰工况下进行了测力试验，并将干扰工况下风力（力矩）系数与单镜工况下的风力（力矩）系数进行了对比分析，对其干扰效应及干扰因子进行了对比分析，验证了测压试验中槽式聚光器干扰效应的结论。

7.6.2 试验概况及数据处理

1. 试验概况

测力试验在湖南大学 HD-3 风洞实验室进行，采用的测力设备是 45E12A4 型六分量高频动态天平。槽式聚光器测力的各构件尺寸与测压试验一致，详见 7.3.2 节。槽式聚光器模型的镜面及镜面支撑、主梁材料采用轻质 ABS 塑料，立柱采用高强轻质木材，为了提高槽式聚光器整体刚度，将两个立柱固定在一块高强度轻质的铝板上。模型缩尺比为 1：15，测力试验模型如图 7.42 所示。在进行测力试验时，聚光器模型水平风向角 θ 在 $0°\sim180°$ 之间以 $15°$ 为增量顺时针逐渐增加，镜面竖向仰角 β 在 $0°\sim90°$ 之间以 $10°$ 为增量变化，工况数合计为 130 个；测力试验的体轴坐标系定义及天平所测得六个方向的力（力矩）如图 7.25 所示。测力试验采样频率取为 333Hz，每个分量的采样数据点长度为 11000 个，采样时间为 33s。

2. 试验数据处理

槽式聚光器六个力（力矩）分别为沿 x 轴的阻力 F_x、沿 y 轴的侧向力 F_y、沿 z 轴的升力 F_z 以及侧向力矩 M_x、基底倾覆力矩 M_y、方位力矩 M_z，可用式（7.14）～式

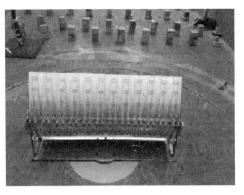

图 7.42　槽式聚光器测力试验模型

（7.16）计算得到相应的阻力系数 C_{Fx}、侧向力系数 C_{Fy}、升力系数 C_{Fz}、侧向力矩系数 C_{Mx}、基底倾覆力矩系数 C_{My}、方位力矩系数 C_{Mz}：

$$C_{\mathrm{F}i}=\frac{F_i}{\frac{1}{2}\rho V_{\mathrm{H}}^2 LW} \tag{7.14}$$

$$C_{\mathrm{M}i}=\frac{M_i}{\frac{1}{2}\rho V_{\mathrm{H}}^2 LWh_{\mathrm{c}}} \tag{7.15}$$

$$C_{\mathrm{Mz}}=\frac{M_z}{\frac{1}{2}\rho V_{\mathrm{H}}^2 L^2 W} \tag{7.16}$$

式中　F_i——i 为 x、y、z 时，F_x、F_y、F_z 分别为沿 x 轴、y 轴、z 轴方向风荷载均值；

M_x、M_y、M_z——分别为侧向力矩、基底倾覆力矩、方位力矩的均值；

L——镜面的长度；

W——镜面的开口宽度；

ρ——试验空气密度；

V_{H}——参考点风速；

h_{c}——聚光器立柱底到镜面中心的高度。

7.6.3　单镜工况下槽式聚光器的风力系数

1. 风力系数随竖向仰角的变化规律

图 7.43 是在水平风向角为 0°时六个风力（矩）系数随竖向仰角的变化曲线。在本次的测力试验中仰角 β 在 0°～90°之间以 10°为增量变化，为了与已有的槽式聚光器测力试验结果[26,43]进行对比，故通过对试验数据的进一步处理获得了仰角 β 在 0°～180°之间的槽式聚光器风力（矩）系数的变化情况。阻力系数的最大值（本节所提到的系数值均为绝对值）出现在竖向仰角 0°～10°附近，而最小值在竖向仰角 90°附近，这与 Hosoya[26] 以及 Mier-Torrecilla[43] 所得的阻力系数随仰角变化趋势是一致的。升力系数的最大值和最小

值分别出现在仰角 60°附近和 0°/180°附近，且系数值随着仰角的增大由负转正，升力方向发生了变化，其变化规律与文献［26］和［43］的升力系数的变化规律是一致的。基底倾覆力矩系数的变化规律与阻力系数较为相似。由图 7.43 可知，随着仰角的变化，三个系数值的大小均有明显变化，可见仰角的变化对槽式聚光器的整体受力有较大影响，这与聚光器的迎风面及镜面周围流场变化、旋涡脱落有关。

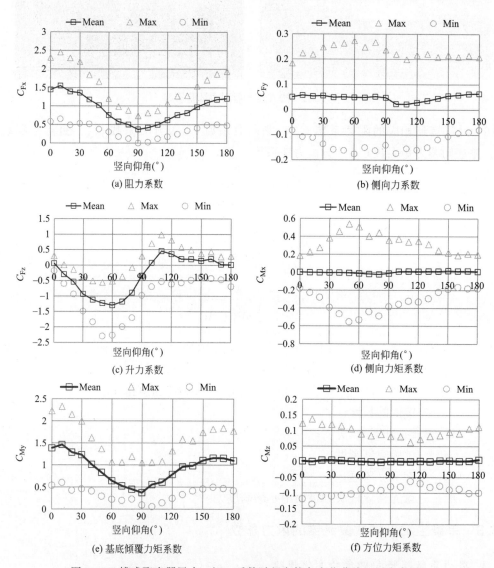

图 7.43　槽式聚光器风力（矩）系数随竖向仰角变化曲线（风向角 0°）

从图 7.43 中的六个系数可以看出，阻力系数、升力系数及基底倾覆力矩系数的值明显大于其他三个系数（侧向力系数、侧向力矩系数和方位力矩系数），故在槽式聚光器结构的抗风设计中需要重点关注的风力（矩）系数为阻力系数、升力系数及基底倾覆力矩系数。

2. 风力（矩）系数随水平风向角的变化规律

图 7.44 是三个平均风力（矩）系数在仰角 0°、30°、60°、90°工况下随水平风向角的

变化曲线。阻力系数 C_{Fx} 在四个仰角工况下以风向角 90°为中心近似于反对称，其中最大值出现在风向角 0°~15°附近，而在风向角 90°时达到最小值，接近于 0；四个仰角工况下阻力系数随风向角的变化规律是一致的，且仰角 90°时阻力系数最小，这与 7.6.3 小节 1 中的结论是一致的；升力系数 C_{Fz} 的最大值也出现在风向角 0°~15°附近，四个仰角工况下的升力系数随水平风向角的变化趋势不同，其中最不利的仰角工况是 60°。基底倾覆力矩系数的变化规律同阻力系数相似，故不再赘述。从图 7.44 可以看出随着水平风向角的改变，三个风力（矩）系数在数值和方向上均发生了较大变化，这是由于风向角改变时，聚光器周围流场状况也随之发生变化，其受力状况较为复杂；三个风力（矩）系数的最不利风向角均出现在 0°~15°附近，但最不利仰角工况不同。此外，值得注意的是，仰角较小时，风向角 0°的阻力系数比风向角 180°要大，这和槽式聚光器的特殊抛物面结构有关，风向角 0°时，抛物面的凹面是迎风面，而风向角 180°时，凸面为迎风面，这使得阻力系数在两种工况时的受力面不同；升力系数在风向角 0°和 180°时不同也是这个原因。

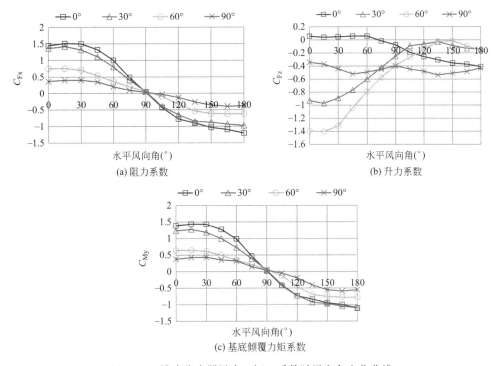

图 7.44 槽式聚光器风力（矩）系数随风向角变化曲线

3. 风力系数最大值

通过对槽式聚光器测力试验的 130 种工况试验数据进行进一步分析，提取出了各平均风力（矩）系数最大值及相应的最不利工况，如表 7.2 所示。其中阻力系数与基底倾覆力矩系数的最大值均出现在 10-000 工况，升力系数的最大值出现在 50-000 工况，最大值为 1.29，这与聚光器的迎风面积、迎风面结构形式及旋涡脱落等因素有关；阻力系数最大值是六个风力（矩）系数中的极值，达到 1.55，可见槽式聚光器结构抗风设计时，阻力系数是其需要重点关注的风力系数；而侧向力系数、侧向力矩系数、方位力矩系数相对于其他三个风力（矩）系数来说非常小，故在槽式聚光器结构抗风设计时可不考虑这三个风力

（矩）系数对结构的影响。表 7.2 所给出的风力（矩）系数最大值可作为槽式聚光器结构抗风设计的计算依据。

平均风力（矩）系数最大值及对应工况　　　　　　　　　　　　　表 7.2

	$\max\|C_{Fx}\|$	$\max\|C_{Fy}\|$	$\max\|C_{Fz}\|$	$\max\|C_{Mx}\|$	$\max\|C_{My}\|$	$\max\|C_{Mz}\|$
仰角 β	10	60	50	60	10	20
风向角 θ	0	135	0	135	0	45
值	1.55	0.18	1.29	0.30	1.46	0.10

7.6.4　镜群干扰工况下的风力系数

1. 阻力系数 C_{Fx}

通过对槽式聚光器镜群测力试验数据的处理，图 7.45 给出了槽式聚光器在仰角 0°、30°、60°、90°时阻力系数 C_{Fx} 在镜群干扰工况下与单镜工况下的对比图。从图中可以看出仰角 0°、30°、60°、90°时聚光器在干扰工况下的阻力系数干扰特性主要表现为遮挡效应，这个与 7.3 节中的结论是一致的，在单镜工况下阻力系数随风向角的变化曲线关于风向角 90°近似反对称分布，但是在周围聚光器的干扰下，阻力系数随风向角的变化趋势与单镜工况完全不同，干扰工况下的变化曲线关于风向角 90°近似对称分布，周围聚光器的存在使得即使是在背风向的情况下（风向角 90°～180°）聚光器的阻力系数仍然是正值，这与单镜工况是完全相反的。当仰角较小时（图 7.45a、b），干扰工况下阻力系数的最大值出现在风向角 60°，此时与单镜工况下的阻力系数值是接近的，在风向角 90°时单镜工况与干扰工况下的阻力系数绝对值最小，接近于 0，即在风向角 60°～90°时聚光器的遮挡作用很小；当仰角较大时（图 7.45c、d），干扰工况下的阻力系数最大值出现在风向角 0°和 180°附近，但系数值比单镜工况小，阻力系数最小值出现在风向角 90°，与仰角较小时一样。从上可知，阻力系数在干扰工况下的干扰特性在大部分工况下表现为遮挡效应，且在干扰工况下聚光器随风向角的变化趋势完全不同于单镜工况，在风向角大于 90°时，阻力方向与单镜工况相反，可见周围聚光器的干扰对气流运动方向及风速影响很大。

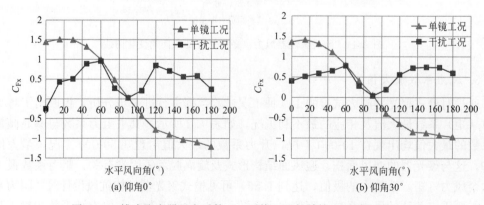

(a) 仰角 0°　　　　　　　　　　　　　(b) 仰角 30°

图 7.45　槽式聚光器阻力系数 C_{Fx} 干扰工况与单镜工况对比图（一）

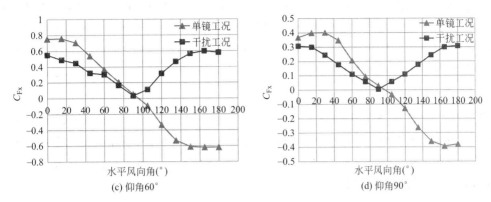

(c) 仰角60°　　　　　　　　　　(d) 仰角90°

图 7.45　槽式聚光器阻力系数 C_{Fx} 干扰工况与单镜工况对比图（二）

2. 升力系数 C_{Fz}

图 7.46 是槽式聚光器在仰角 0°、30°、60°、90°时升力系数 C_{Fz} 在镜群干扰工况下与单镜工况下的对比图。在干扰工况下升力系数的变化趋势与单镜工况有所不同，在仰角为 0°时，干扰工况下的升力系数随风向角的变化曲线较为杂乱，风向角较小时干扰工况下槽式聚光器的升力系数值变为负值，且其系数值相对于单镜工况有所增大，在风向角 80°时升力系数突然减小，与单镜工况的升力系数值接近，随着风向角的继续增大，干扰工况下的升力系数绝对值随之增大，这说明在周围聚光器的干扰下，聚光器周围的流场非常复杂和紊乱，升力系数的变化较为复杂；当仰角较大时（图 7.46c、d），此时干扰工况下聚光

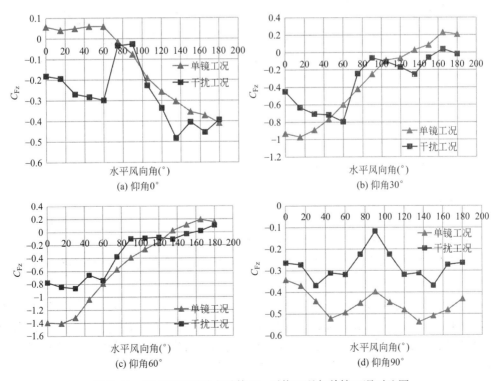

(a) 仰角0°　　　　　　　　　　(b) 仰角30°

(c) 仰角60°　　　　　　　　　　(d) 仰角90°

图 7.46　槽式聚光器升力系数 C_{Fz} 干扰工况与单镜工况对比图

器的升力系数随风向角的变化规律与单镜工况类似，但系数值比单镜工况小，在仰角较大时前排聚光器对流场的干扰变小，聚光器周围的流场比仰角较小时的流场要平稳一些，故在仰角较大时干扰工况下升力系数随风向角的变化曲线变得有规律一些，同单镜工况较为类似，且其干扰效应表现为遮挡效应。

3. 基底倾覆力矩系数 C_{My}

图 7.47 为槽式聚光器在仰角 $0°$、$30°$、$60°$、$90°$ 时基底倾覆力矩系数 C_{My} 在镜群干扰工况下与单镜工况下的对比图。基底倾覆力矩是槽式聚光器在进行结构抗风设计时重点考虑的受力，在干扰工况下其最大值约为 0.8，基底倾覆力矩系数的变化曲线及干扰特性与阻力系数 C_{Fx} 是类似的，故在此不再赘述。

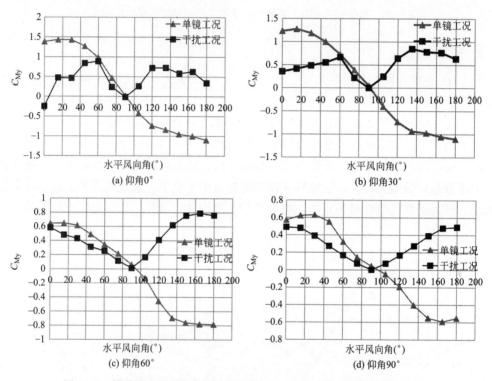

(a) 仰角 $0°$

(b) 仰角 $30°$

(c) 仰角 $60°$

(d) 仰角 $90°$

图 7.47　槽式聚光器基底倾覆力矩系数 C_{My} 干扰工况与单镜工况对比图

7.6.5　小结

本节在湖南大学风洞实验室的 HD-3 大气边界层风洞中对槽式聚光器模型进行了测力试验，通过对槽式聚光器在 130 种工况下各方向风力系数风力时程数据的分析处理，主要结论如下：

（1）不同工况下槽式聚光器六个风力（矩）系数随竖向仰角和水平风向角的变化较大，其中阻力系数、升力系数及基底倾覆力矩系数的值明显大于其他三个系数（侧向力系数、侧向力矩系数和方位力矩系数），故在槽式聚光器结构的抗风设计中需要重点关注的风力（矩）系数为阻力系数、升力系数及基底倾覆力矩系数。

（2）通过对 130 个工况下六个风力（矩）系数的分析，总结出了六个风力（矩）系数的最大值及最大值出现的工况，其中阻力系数与基底倾覆力矩系数的最大值均出现在 10-000 工况，升力系数的最大值出现在 50-000 工况，此结论可为后续进行槽式聚光器结构设计或者优化分析提供计算依据。

（3）采用测力试验对槽式聚光器镜群之间的相互干扰特性进行了分析研究，通过对槽式聚光器在典型仰角工况下（仰角 0°、30°、60°、90°）的六个风力（矩）系数在单镜工况和干扰工况下的对比分析，得出了在干扰工况下槽式聚光器的受力特性，其干扰效应在大部分工况下表现为遮挡效应。

7.7 槽式聚光器系统的动力特性

7.7.1 引言

槽式聚光器结构设计时考虑风荷载的动力效应是十分重要的，而结构的固有频率和振型是进行动力学研究的重要参数，故在对聚光器结构进行动力分析之前需要对其进行模态分析，以了解结构的固有振动特性。模态是结构的固有振动特性，每一个模态具有特定的固有频率、阻尼比和模态振型，模态参数可以由有限元软件建模或者是通过试验进行模态分析得到。由于结构的模态参数是其进行动力学研究的重要参数，模态分析也是更深入的动力学分析如瞬态动力学分析、频谱分析的起点，而验证结构有限元模型的适用性也使得后续动力学分析结果更具有说服力。槽式聚光器的结构形式较为特殊，并且由于使用功能的要求，聚光器镜面需要跟随太阳转动，在此过程中其体型、质量分布和刚度都有不同程度的变化，故进行模态分析时需要考虑聚光器结构仰角变化对其自振频率和振型的影响，对于这种变体型、变刚度、变质量分布结构的动力特性的研究，有一定的理论与工程应用价值，本节将详细对槽式聚光器不同仰角下的动力特性进行分析研究。

作者采用了 ANSYS 软件建立了槽式聚光器有限元模型，对其进行了模态分析，得到了不同仰角下聚光器结构的动力特性参数，包括聚光器的自振频率和振型；同时对槽式聚光器原型结构进行了现场实测，通过分析处理得到了槽式聚光器动力特性参数的实测结果，并通过模态置信准则对实测的模态结果进行了验证；最后将有限元分析所得自振频率和振型与实测所得自振频率和振型进行了对比，并在验证两种方法所得振型的相关性时引入了均匀设计法来对测点进行优化选择，此方法大大减少了对比工作量，通过对两种方法所得结果的对比分析验证了槽式聚光器有限元模型是合理适用的，为进一步的槽式聚光器风致响应分析提供基础。

7.7.2 槽式聚光器模态的现场实测

1. 实测聚光器原型简介

现场实测槽式聚光器原型位于张家港市乐余镇。本节研究的实体模型是两个槽式聚光器通过连接装置组合在一起，槽式聚光器结构高约 6.2m，单个聚光器开口宽度 5.958m，单个聚光器镜面长度方向为 6.1m，镜面沿长度和宽度方向分别分布 6 块小聚光器，每块小镜面尺寸是 1m×1m，小镜面之间的缝隙沿长度方向是 0.02m，沿宽度方向是 0.03m，小镜面由四个镜面支座通过螺丝固定在镜面支架上。主体框架是由 0.05m×0.05m× 0.003m 的方管组成的一个空间三棱柱体钢结构，主要起到抗扭转和抗弯作用；端板为 0.012m 厚钢板；镜面支架是由 0.04m×0.04m×0.02m 钢方管焊接而成；立柱支座截面 是 0.1m×0.1m×0.04m 钢方管。实测原型见图 7.48。

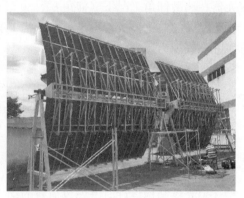

图 7.48　槽式聚光器实测原型

2. 实测设备

数据采集仪使用的是武汉优泰电子技术有限公司的 UT3300 系列数据采集器，最高采 样频率是 204.8kHz，采样频率为二进制分频，采样频率是分析频率的 2.56 倍，本次实测 的采样频率选择为 128Hz，满足香农采样定理；传感器采用的是约克仪器公司的 4000 型 加速度计；模态分析软件采用的是武汉优泰电子技术有限公司的 uTekMa 模态分析软件， 通过在该软件中建模并导入实测采集的数据，进行处理分析得到模态参数、振型图、阻尼 比等。

3. 模态实测布置和工况

槽式聚光器实测的测点布置方案为[44]：选择一个测点作为参考点，并保持参考点位 置传感器不动，多次移动其他测点处的传感器，直至完成所有测点的测试。72 块镜面板 均在镜面中间部位布置一个测点，四个立柱支座分别在其顶部和两边斜柱的中点处各布置 一个测点，故槽式聚光器实测测点一共 84 个（图 7.49）。槽式聚光器实测激励方案为环境 激励，不仅节约成本，也不会使结构产生局部损伤，且能满足真实边界条件[45]。环境激

图 7.49　槽式聚光器测点布置（红色标记处为部分测点）

励作为一种天然的激励形式，相比人工激励少了许多局限性，已在许多大型工程中得到应用。槽式聚光器实测工况为镜面竖向仰角分别为 0°、30°、60°、90°四种工况，在每种工况下，对聚光器镜面的法线方向及立柱支座的水平面两个方向进行测试，每组工况测试时间约为 2min。

4. 实测模态验证

对模态进行验证是模态试验分析中比较重要的一个步骤，是对模态参数识别结果是否正确的一种检验方法，模态验证主要是通过模态相关性检验（MAC）、模态比例因子检验（MSF）、振型空间相关性检验（COMAC）等。本节采用模态置信准则 MAC 对试验结果进行检验。通常对于同一个振型，MAC 值接近 1，而不同的振型其 MAC 值就较低，如为比例阻尼，其 MAC 为 0。通过对实测数据进行计算分析可以得到各个工况下的模态 MAC 直方图。图 7.50 给出了各工况下的模态 MAC 直方图。从图中可以看出在竖向仰角分别为 0°、30°、60°、90°工况下，模态 MAC 直方图中位于对角线上的值均为 1.0，而非对角线上的值均小于 3.0，且大部分值均接近 0，可以认为实测所得模态识别结果是较为可靠的。

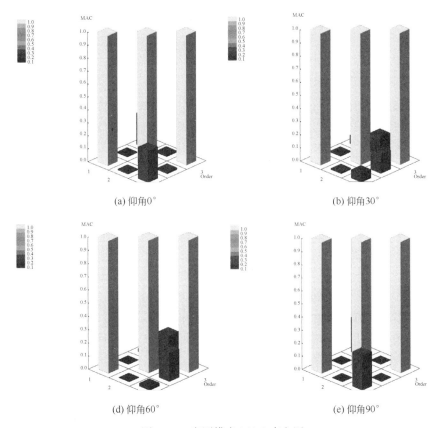

(a) 仰角0°　　　　(b) 仰角30°

(d) 仰角60°　　　　(e) 仰角90°

图 7.50　实测模态 MAC 直方图

7.7.3　槽式聚光器模态的有限元分析

1. 有限元模型

在保证了模型精确度的前提下，为减少计算时间，采用 ANSYS WORKBENCH 软件建立有限元模型时对实体结构进行了合理的简化，如倒角、圆角、螺栓等部位。聚能管和聚能管支架质量和刚度均较小，对聚光器结构的荷载分布和刚度影响较小，故在建模过程中予以忽略。槽式聚光器镜面采用 Shell63 壳单元，其他构件均采用 Beam188 梁单元，对于聚光器结构中的螺栓连接均设置为 bond 边界条件，聚光器两边立柱支座与地面采用固接。图 7.51 给出了槽式聚光器竖向仰角 30°的有限元模型示意图。有限元模型的竖向仰角从 0°～90°每转 10°一个工况，镜面角度示意图同 7.3 节。

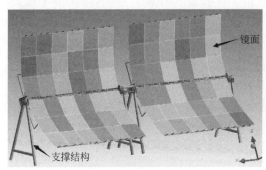

图 7.51　槽式聚光器有限元模型

2. 聚光器结构模态分析

本书对槽式聚光器的模态分析计算采用 Lanczos 法，通过计算得到槽式聚光器系统的动力特性，包括自振频率及各阶振型。由于槽式聚光器镜面竖向仰角的变化会引起结构质量和刚度分布的变化，故给出了不同竖向仰角下结构的自振频率及振型。表 7.3 为槽式聚光器不同竖向仰角下前 10 阶的自振频率。从表 7.3 可以看出，槽式聚光器的频率分布比较密集，并且出现大小相近的频率对，如第 1、2 阶，第 4、5 阶，第 6、7 阶，这是因为槽式聚光器为近似对称结构。由于聚光器镜面的支撑结构延伸长度较长且构件是空心钢管，结构的整体刚度较低，前 10 阶自振频率在 1.93～5.79 之间。镜面竖向仰角的变化对各阶频率影响不大，随着竖向仰角的增大，各阶频率变化很小，频率值随之略有增大。图 7.52～图 7.55 给出了 0°、30°、60°、90°仰角下的前 8 阶振型图。竖向仰角为 0°时，第 1、2 阶和第 6、7 阶振型为槽式聚光器整体镜面绕 x 轴转动为主，第 1、2 阶为镜面和主体框架一起整体绕 x 轴转动，镜面沿 x 轴向边缘中间部位的相对位移较大，第 6、7 阶为沿 x 轴方向的镜面上下两个镜面以主框架为中心同时向内收紧或向外张开，振型图呈正对称与反对称关系；第 3 阶是槽式聚光器沿 x 轴平动；第 4、5 阶和第 8 阶以镜面的局部扭转变形为主，镜面四角向内（外）收紧（张开），各频率对呈现正对称与反对称关系。从图 7.52～图 7.55 可以看出，当槽式聚光器竖向仰角分别增大到 30°、60°、90°时的镜面振型图与竖向仰角 0°时的振型图较为相似，只有部分振型有些许变化，如第 4 阶、第 8 阶等，镜面局部扭转时向内收紧或向外张开有些许不一致。从总体上看，表 7.3 中聚光器仰角变化时，各阶频率随着仰角的增大而略有增大，且不同竖向仰角下聚光器结构各阶对应的振型图是相似的，可见槽式聚光器竖向仰角的变化对其前几阶振型和自振频率影响不大。

不同仰角下的自振频率（Hz）　　　　　　　　　　　表 7.3

角度＼阶数	1	2	3	4	5	6	7	8	9	10
0°	1.939	1.968	2.410	3.638	3.676	4.766	4.778	5.410	5.437	5.440
30°	1.954	1.983	2.437	3.666	3.704	4.777	4.784	5.450	5.452	5.496
60°	1.981	2.012	2.472	3.715	3.755	4.804	4.805	5.474	5.476	5.692
90°	1.993	2.025	2.497	3.736	3.776	4.816	4.821	5.484	5.486	5.789

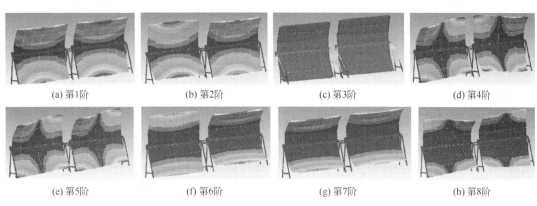

(a) 第1阶　　(b) 第2阶　　(c) 第3阶　　(d) 第4阶

(e) 第5阶　　(f) 第6阶　　(g) 第7阶　　(h) 第8阶

图 7.52　槽式聚光器前 8 阶振型（仰角 0°）

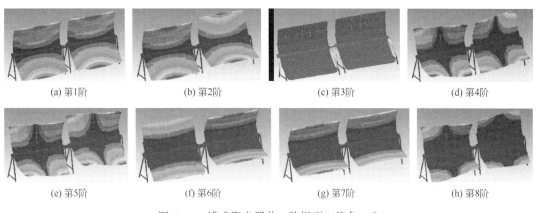

(a) 第1阶　　(b) 第2阶　　(c) 第3阶　　(d) 第4阶

(e) 第5阶　　(f) 第6阶　　(g) 第7阶　　(h) 第8阶

图 7.53　槽式聚光器前 8 阶振型（仰角 30°）

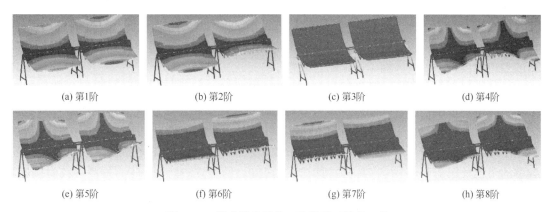

(a) 第1阶　　(b) 第2阶　　(c) 第3阶　　(d) 第4阶

(e) 第5阶　　(f) 第6阶　　(g) 第7阶　　(h) 第8阶

图 7.54　槽式聚光器前 8 阶振型（仰角 60°）

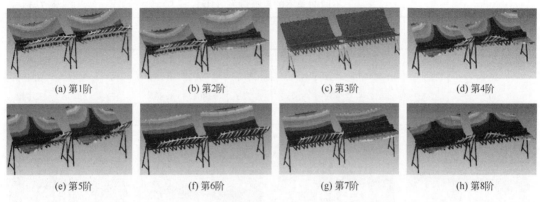

(a) 第1阶	(b) 第2阶	(c) 第3阶	(d) 第4阶
(e) 第5阶	(f) 第6阶	(g) 第7阶	(h) 第8阶

图 7.55　槽式聚光器前 8 阶振型（仰角 90°）

7.7.4　聚光器实测模态及与有限元模态对比

通过 uTekMa 软件对槽式聚光器实测数据进行处理分析，可得到槽式聚光器的固有动力特性包括频率、振型等。表 7.4 给出了各工况下槽式聚光器自振频率实测与有限元模拟的对比。图 7.56～图 7.59 为各工况下槽式聚光器实测振型图与有限元模拟振型图的对比。从表 7.4 及图 7.56～图 7.59 可以看出有限元模拟的第 1、2 阶振型对应于现场实测得到的第 1 阶振型；有限元模拟的第 4、5 阶振型对应于现场实测得到的第 2 阶振型；有限元模拟的第 8、9 阶振型对应于现场实测得到的第 3 阶振型；从对比图可知有限元模拟所得的聚光器振型与实测所得振型较为类似。由于现场实测条件有限，且频率较为密集，出现了部分模态丢失的现象，比如在实测中没有测得聚光器结构的平动模态（即有限元模拟的第 3 阶）；实测的振型结果里没有与有限元模拟的第 6、7 阶相对应的振型图；此外，有限元模拟得到的振型图中有对称和反对称振型，而实测振型图只有对称振型，故说明实测过程中可能丢失了反对称振型图。聚光器的现场实测是每个方向分别进行测试，有些复杂的模态没有被测出来，而且现场实测采用的是自然激励，有可能某些模态没有被成功激发出来。

槽式聚光器实测所得振型第 1 阶、有限元模拟的第 1、2、6、7 阶均是绕 x 轴的转动，实测振型第 2、3 阶与有限元模拟的第 4、5、8、9 阶是镜面的局部扭转变形。从聚光器结构的现场实测结果可以看出，随着槽式聚光器竖向仰角的增大，结构的自振频率几乎不变，而有限元模拟计算的自振频率也是随着仰角的增大略有增加；此外，随着仰角的增大，由现场实测和有限元模拟所得聚光器结构各阶对应的振型图均较为类似，说明竖向仰角的变化对槽式聚光器的频率及振型影响较小。

从槽式聚光器实测结果与有限元模拟结果对比分析来看，在不同竖向仰角工况下现场实测所得结构自振频率与有限元模拟所得对应的自振频率相对误差较小，其中最大误差仅为 7.3%，且大部分误差均在 5% 以内。误差可能是由于实测仪器的精度问题或是有限元模拟中对某些部位进行简化造成的。总的来说，从表 7.4 中槽式聚光器各竖向仰角下自振频率的对比及图 7.56～图 7.59 中振型图对比可知，两种方法计算所得自振频率较为接近，相对误差小，实测振型图与有限元模拟对应的振型图较为类似，吻合度较好，由此验证了槽式聚光器有限元模型的适用性。

槽式聚光器各竖向仰角工况下的自振频率对比（Hz）　　　　　　表 7.4

角度 \ 阶数		1	2	3	4	5	6	7	8	9
0°	模拟	1.939	1.968	2.410	3.638	3.676	4.766	4.778	5.410	5.437
	实测	1.875			3.688				5.563	
	相对误差	3.4%	4.9%		−1.4%	−0.3%			−2.7%	−2.3%
30°	模拟	1.954	1.983	2.437	3.666	3.704	4.777	4.784	5.450	5.452
	实测	1.875			3.688				5.563	
	相对误差	4.1%	5.8%		−0.6%	−0.4%			−2.0%	−2.0%
60°	模拟	1.981	2.012	2.472	3.715	3.755	4.804	4.805	5.474	5.476
	实测	1.875			3.688				5.500	
	相对误差	5.7%	7.3%		0.7%	1.8%			−0.5%	−0.4%
90°	模拟	1.993	2.025	2.497	3.736	3.776	4.816	4.821	5.484	5.486
	实测	1.875			3.688				5.563	
	相对误差	3.4%	4.9%		−1.4%	−0.3%			−1.4%	−1.4%

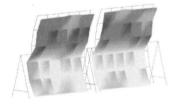
(a) 实测第1阶

(b) 实测第2阶

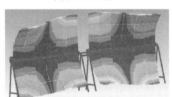
(c) 实测第3阶

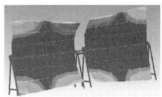
(d) 模拟第1阶

(e) 模拟第4阶

(f) 模拟第8阶

图 7.56　槽式聚光器竖向仰角 0°振型图对比

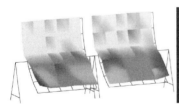

(a) 实测第1阶

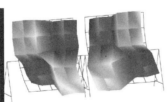
(b) 实测第2阶

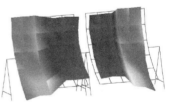
(c) 实测第3阶

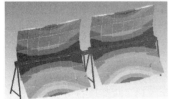
(d) 模拟第1阶

(e) 模拟第4阶

(f) 模拟第8阶

图 7.57　槽式聚光器竖向仰角 30°振型图对比

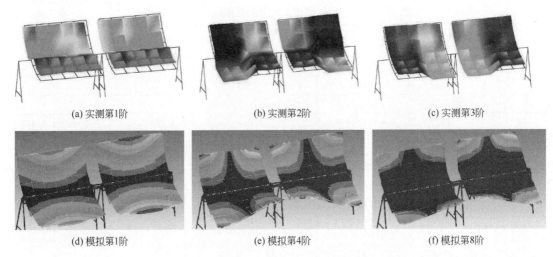

(a) 实测第1阶　　　　　　(b) 实测第2阶　　　　　　(c) 实测第3阶

(d) 模拟第1阶　　　　　　(e) 模拟第4阶　　　　　　(f) 模拟第8阶

图 7.58　槽式聚光器竖向仰角 60°振型图对比

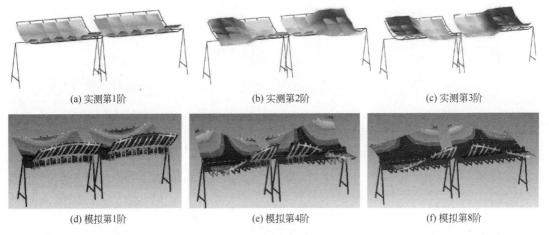

(a) 实测第1阶　　　　　　(b) 实测第2阶　　　　　　(c) 实测第3阶

(d) 模拟第1阶　　　　　　(e) 模拟第4阶　　　　　　(f) 模拟第8阶

图 7.59　槽式聚光器竖向仰角 90°振型图对比

7.7.5　小结

本节通过有限元软件及现场实测分别对槽式聚光器进行模态分析计算并对结果对比分析研究后得出以下结论：

（1）通过有限元软件 ANSYS WORKBENCH 对槽式聚光器进行了模态分析，得到了聚光器结构的自振频率和振型图，槽式聚光器的频率分布比较密集，并且出现大小相近的频率对。其中第 1、2 阶和第 6、7 阶振型为镜面绕 x 轴转动，第 3 阶为聚光器沿 x 轴平动；第 4、5 阶和第 8 阶以镜面的局部扭转变形为主。

（2）槽式聚光器随着竖向仰角的增大，聚光器的振型和频率变化不大，各阶对应的振型图较为类似，说明竖向仰角的变化对槽式聚光器的频率及振型影响较小。

（3）对槽式聚光器结构进行现场实测，得到槽式聚光器的固有动力特性，并对结果进行了模态验证。然后将现场实测结果与有限元模拟结果进行对比分析，现场实测出现了部分模态丢失的情况。总体来说在不同竖向仰角工况下现场实测所得结果与有限元模拟所得结果吻合度较好，说明槽式聚光器有限元模型是适用的。

（4）验证槽式聚光器有限元模型的适用性后，可在后续分析计算中采用有限元软件对该模型进行风致响应等动力学分析，所得槽式聚光器结构的动力参数及结论可为聚光器后续分析计算提供参考依据。

7.8　槽式聚光器系统的风致响应分析与等效风荷载

7.8.1　引言

对槽式聚光器进行结构抗风设计时考虑风荷载的动力效应是十分重要的，因此对槽式聚光器进行风致响应分析是研究槽式聚光器抗风性能中非常重要的环节之一。此外，需要说明的是，对于结构设计而言，便于设计人员使用的是静力等效风荷载这个概念，静力等效风荷载是指将等效风荷载作为一个静力荷载作用到结构上时，引起的某一响应与实际的风荷载作用到该结构上时该响应的最大值一致。作用在结构上的风荷载看作是平稳随机过程，结构的风致响应及等效风荷载均要基于随机运动理论进行求解，计算过程较为复杂，因此将风工程的成果转化为设计人员常用的等效风荷载一直是风工程研究领域中较为热门的方向之一。

本节首先采用时域分析方法对槽式聚光器进行了风致响应分析，其中时域分析过程中用到的风荷载时程数据是通过对槽式聚光器进行风洞试验所得。通过将风压时程加载在有限元模型上，对其进行了瞬态分析，获得了槽式聚光器位移峰值响应和风振系数。然后对风荷载作用下的槽式聚光器立柱支座的受力状况进行了分析，给出了各工况下各支座的内力大小。最后根据前文的研究成果给出了槽式聚光器的基本风压、风压高度系数及最不利工况下槽式聚光器的局部体型系数、风振系数的建议取值，由此给出了槽式聚光器在最不利工况下镜面上的等效风荷载分布的计算方法及槽式聚光器系统整体受力的计算公式，并给出了最不利工况下槽式聚光器分区的等效风荷载值。对单个聚光器的风荷载受力分析可以为镜群风荷载分析提供基础，所得结论可为后续进行槽式聚光器结构抗风设计或优化分析提供依据。

7.8.2　槽式聚光器的风致响应

1. 槽式聚光器有限元模型

作者采用 ANSYS 软件对槽式聚光器进行风致响应分析，首先对槽式聚光器原型进行建模，槽式聚光器镜面采用具有弯矩和薄膜特性的 Shell63 壳单元，其他构件均采用 Beam188 梁单元，对于聚光器结构中的螺栓连接均设置为 bond 边界条件，聚光器两侧立柱支座与地面采用固接。槽式聚光器模型如图 7.60 所示。槽式聚光器有限元模型的仰角从 0°~90°每转 10°一个工况，与风洞试验一致。

2. 槽式聚光器的风荷载时程

对槽式聚光器原型进行风致响应分析时，将风洞测压试验中获得的聚光器风压时程加

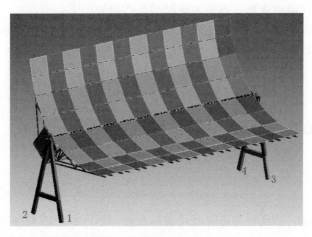

图 7.60 槽式聚光器模型（竖向仰角 $\beta = 50°$）

载在聚光器有限元模型上。风致响应分析时需要将风洞试验测得的槽式聚光器模型上的镜面风压时程转换成原型结构的风压时程，基于相似定理，可以推导出原型结构风压时程：

$$\frac{n_m B_m}{V_m} = \frac{n_p B_p}{V_p} \tag{7.17}$$

式中　m——模型；

　　　　p——原型；

　　　　n——频率；

　　　　B——几何尺度；

　　V_m、V_p——分别为聚光器模型和原型在参考点高度处风速。

风速缩尺比 λ_V、几何缩尺比 λ_B、频率缩尺比 λ_n 分别为：

$$\lambda_V = \frac{V_m}{V_p} = \frac{8}{14}, \; \lambda_B = \frac{B_m}{B_p} = \frac{1}{15}, \; \lambda_n = \frac{\lambda_V}{\lambda_B} = 8.57 \tag{7.18}$$

风洞中采样频率为 312.5Hz，转换为全尺寸原型结构上的采样频率为 38.86Hz；风洞中 30.3s 采样时间转换为原型实际时间为 260s。槽式聚光器原型结构上的风压时程可由式（7.19）计算得到：

$$P_{ip}(t) = P_{im}(t) \left(\frac{V_p}{V_m}\right)^2 \tag{7.19}$$

式中　$P_{ip}(t)$——原型上各测点的风压时程；

　　　$P_{im}(t)$——模型上各测点风压时程。

本节中考虑的基本风速为分为两种情况[46]：一种为正常使用状态，基本风速 $V = 14\text{m/s}$；另一种为极限状态，基本风速 $V = 20\text{m/s}$。由式（7.19）计算得到槽式聚光器原型结构上各测点的风压时程后，在有限元软件 ANSYS 中将各测点风压时程分别均匀加载在每个测点的从属面积上。

3. 槽式聚光器的峰值位移风致响应

由于槽式聚光器的工作原理对镜面变形有较为严格的要求，入射的太阳光线经反射后必须聚焦在集热管，镜面的较大变形会导致能量的流失，甚至会导致镜面的破坏，因此槽式聚光器结构在风荷载作用下的位移响应是设计过程中需要重点考虑的因素。本节通过有限元分析得到了槽式聚光器的风致位移响应。图 7.61 分别给出了槽式聚光器峰值位移响应随仰角和风向角的变化曲线。

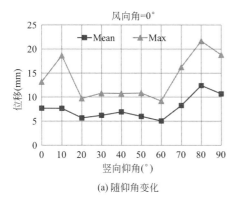

(a) 随仰角变化

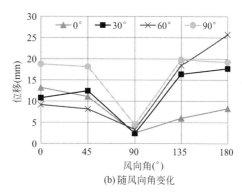

(b) 随风向角变化

图 7.61 槽式聚光器的峰值位移响应

图 7.62 给出了最不利工况 80-000 和 60-180 工况下的位移分布云图。从图中可以看出:(1)当风向角为 0°时,镜面在各仰角工况下的峰值位移响应最大值出现在仰角 80°工况,位移值达到了 21.7mm,为其他工况下的 1.2~2.2 倍;而在仰角 20°~60°之间位移响应变化不大,在 10mm 附近波动;(2)在图 7.61(b)中,当仰角 90°工况时,在大部分风向角下镜面的位移响应大于其他仰角工况,这与定日镜的位移响应[35] 是完全不同的,故槽式聚光器镜面为仰角 90°时并不是有利工况;(3)在典型工况下,聚光器的位移响应最大值出现在 60-180 工况,位移值为 25.7mm;四个仰角工况下位移响应均在风向角 90°时达到最小值,可认为风向角 90°时聚光器处于有利工况;(4)峰值位移响应最大值出现的位置均位于镜面长边中点附近的边缘部位,这是由于该部位离两端立柱最远,且离主梁支撑最远,该处的镜面支撑刚度最小;此外,气流在靠近来流风的镜面长边边缘处分离,由于镜面很薄,迎风尺度非常小,气流会立刻实现再附着,在镜面的边缘处有较为强烈的旋涡脱落等现象,此时由脉动风引起的位移响应也会增大;(5)镜面长边边缘处位移响应较大,故在进行结构设计时应加强此处支撑结构刚度,以抵抗风荷载导致的光路偏移造成的能量损失或结构破坏。

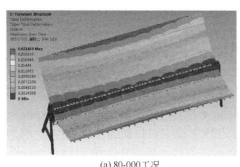

(a) 80-000工况

(b) 60-180工况

图 7.62 槽式聚光器的位移响应分布云图

4. 槽式聚光器的风振系数

槽式聚光器进行结构设计时需要考虑动力荷载对结构的影响，一般采用的方法是采用风振系数来考虑风荷载对结构的动力影响。本节采用式（7.20）来计算聚光器的风振系数 β_z：

$$\beta_z = \frac{U_{\text{peak}}}{U_{\text{mean}}} \tag{7.20}$$

式中 U_{peak}、U_{mean}——槽式聚光器的峰值位移响应和平均位移响应。

图 7.63 给出了槽式聚光器在各工况下的风振系数。从式（7.20）可以看出当引起镜面位移响应的主导因素是平均风荷载时，相应的平均位移响应较大，此时的风振系数变小，反之亦然。从图 7.63 可以看出：（1）风振系数的取值在 1.5～3.4 之间，工况不同，风振系数相差较大；（2）风向角为 0°时，除了仰角 10°外，风振系数随仰角的变化并不大；（3）风向角为 90°时，各仰角工况下的风振系数取值均较大，为 2.0～3.4 之间，这是由于在风向角 90°时，气流分离与漩涡脱落非常强烈，使得镜面位移响应的主控因素为脉动风荷载；（4）风振系数的最大值出现在 90-090 工况下，但在该工况下的平均位移响应非常小，故最后得到峰值位移响应值也很小。

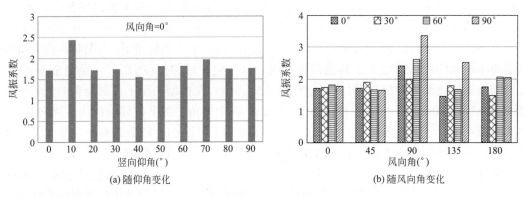

图 7.63　槽式聚光器的风振系数

总的来说，槽式聚光器在各工况下考虑风荷载的动力效应后，聚光器的位移增大了 1.5～3.4 倍，故进行聚光器结构抗风设计时必须要考虑风荷载的动力效应。

5. 槽式聚光器立柱底部支座受力分析

槽式聚光器立柱底部支座与地面连接时通常采用螺栓、角钢和混凝土等，在风荷载作用下，立柱支座受力较为复杂，其中对支座影响最不利的是支座所受到的上拔力（沿 z 轴正向的分力），故本节给出的支座内力指的是沿 z 轴方向的内力。通过有限元分析可以计算出不同工况下槽式聚光器立柱支座的峰值内力系数 C_{Rz} 大小，其中 C_{Rz} 通过式（7.14）计算所得。图 7.64 给出了槽式聚光器在各工况下的支座内力，其中立柱支座编号见图 7.60，正值为沿 z 轴正向的力，即支座的受力为上拔力，负值为沿 z 轴负向的力，即支座的受力为下压力。从图 7.64 可以看出立柱支座的最大值出现在镜面仰角 0°时，在正常使用状态下（基本风速 $V=14\text{m/s}$）支座内力达到了 12.8kN，随着仰角的增大，支座内力的 z 轴正分力逐渐减小，在仰角 60°时达到最小值。在图 7.64（b）中槽式聚光器的支座内力在风向角 90°时都非常小，可见风向角 90°为聚光器的有利工况。图 7.65 给出了两种状态下立柱支座内力最大值工况的内力云图。此外，本节给出了槽式聚光器在极限状态下（基本风速 $V=20\text{m/s}$）仰角为 0°时的支座内力云图，在极限状态下，立柱的支座上拔力达到了 55.8kN。本节所得到的支座内力可为槽式聚光器结构的支座抗风设计提供参考依据。

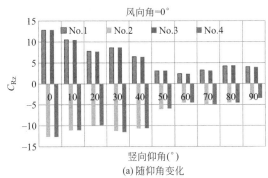

(a) 随仰角变化

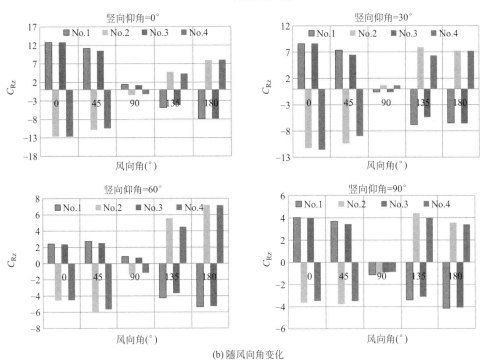

(b) 随风向角变化

图 7.64　槽式聚光器各支座内力图

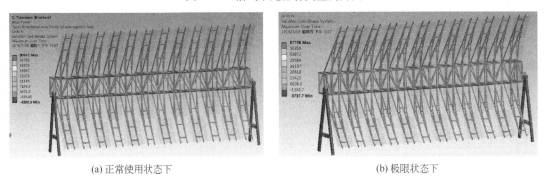

(a) 正常使用状态下　　　　　　　　(b) 极限状态下

图 7.65　槽式聚光器支座最不利内力云图

7.8.3 槽式聚光器等效风荷载

我国《建筑结构荷载规范》GB 50009-2012 第 8.1.1 条中的风荷载计算公式为：

$$w_k = \beta_z \mu_s \mu_z w_0 \tag{7.21}$$

式中 w_k——风荷载标准值；

β_z——风振系数；

μ_s——风荷载体型系数；

μ_z——风压高度变化系数；

w_0——基本风压。

槽式聚光器的结构形式及高度均不同于目前荷载规范内的结构类别，因此本节中将采用式（7.21）来计算槽式聚光器的等效风荷载，公式内的各个参数将在本节中进行介绍。

1. 基本风压

槽式聚光系统的基本风压可以根据所在地地理环境和气象条件来确定。由于目前国内外没有制定针对槽式聚光器的设计条文，在本节中将引用定日镜相关标准《定日镜质量试验方法》T/GRLM 01-2014[46]，该标准推荐的工作风速为 14m/s；第一抗风强度设计条件的风速推荐值为 20m/s；第二抗风强度设计条件的风速推荐值为 30m/s；通过使用伯努利方程可以将建议风速转换为基本风压。由于槽式聚光器与定日镜的高度及使用环境是相似的，故槽式聚光器基本风压采用定日镜相关标准内的规定值是合适的。

2. 风压高度变化系数

根据《建筑结构荷载规范》GB 50009-2012 第 8.2.1 条，对于 A 类地面粗糙度类别，当高度为 5m 时 $\mu_z = 1.09$，高度为 10m 时 $\mu_z = 1.28$；B 类地面粗糙度类别，高度低于 10m 时 $\mu_z = 1.0$。槽式聚光器的最大离地高度随仰角的改变而不断变化，但镜面的离地高度最大值为 7.165m，低于 10m，槽式太阳能热发电系统通常位于戈壁、沙漠等地，因此建议在该类地区的槽式聚光器的风压高度变化系数 μ_z 取 1.0。

3. 风荷载体型系数

在《建筑结构荷载规范》GB 50009-2012 表 8.3.1 风荷载体型系数中的各种类别结构均与槽式聚光器有较大不同，故不能直接采用规范中的建议值，规范中指出对于不规则形状的固体，一般由风洞试验确定。由于槽式聚光器镜面仰角的变化会导致镜面不同部位距离地面高度的变化，具体的变化状况非常复杂，为了方便使用，本节以 10m 高度为参考点的风压系数来描述其镜面各部位在不同的风向角和仰角条件下的体型系数。

作者在给出不同工况下槽式聚光器的局部风荷载体型系数时对镜面做了分区，各分区的局部风荷载体型系数可按下式进行计算：

$$\overline{C}_{Pj,\text{mean}} = \frac{\sum_{i=1}^{k} \overline{C}_{Pi,\text{mean}} A_i}{\sum_{i=1}^{k} A_i} \tag{7.22}$$

式中 $\overline{C}_{Pj,\text{mean}}$——各分区局部体型系数；

j——分区号；

$\overline{C}_{Pi,\text{mean}}$——各测点的平均风压系数；

k——各分区内测点的数量；

A_i——各测压点从属面积；

$\sum A_i$——各测压点从属面积的总和。

由于槽式聚光器工况数众多，结构设计时设计人员比较关心的是槽式聚光器的最不利工况，综合前几节的内容以及表 7.2 给出了以下几个最不利工况的局部风荷载体型系数：工况 10-000（最大阻力系数 $\max|C_{Fx}|$、最大基底倾覆力矩系数 $\max|C_{My}|$），工况 60-135（最大侧向力系数 $\max|C_{Fy}|$、最大侧向力矩系数 $\max|C_{Mx}|$），工况 50-000（最大升力系数 $\max|C_{Fz}|$），工况 30-000（较大阻力系数、较大基底倾覆力矩系数）、工况 30-135（较大侧向力系数）、工况 00-000（较大升力系数）、工况 30-045、90-035（较大平均风压系数）。由于在同一工况下镜面不同部位的风压值相差较大，故在给出槽式聚光器的局部体型系数时对不同部位采用不同的建议值，具体的局部风荷载体型系数见图 7.66。图 7.66 中给出的最不利工况下槽式聚光器局部风荷载体型系数可以代入式（7.21）来求解槽式聚光器的等效风荷载，同时也可以为设计人员提供参考依据。

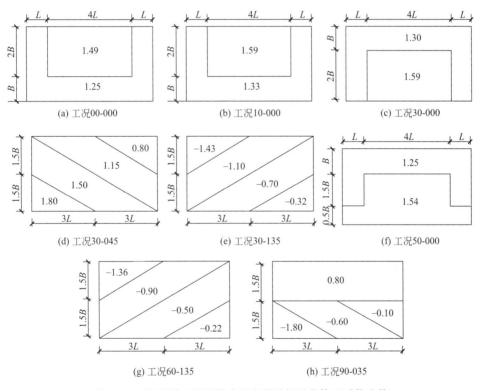

图 7.66　最不利工况下槽式聚光器局部风载体型系数取值

4. 风振系数

通过前几节的分析可知，对于槽式聚光器来说，由于镜面迎风面积大，镜面很薄，且槽式聚光器的工作原理对镜面的变形要求非常高，因此计算其等效风荷载时必须要考虑脉动风荷载引起的动力放大效应。表 7.5 为最不利工况下槽式聚光器的风振系数建议取值，其中最大风振系数值出现在 50-000 工况下，风振系数达到了 3.4。需要注意的是在风向角为 90°时，风振系数值比较大，最大值达到了 4.0，但是同时我们发现在风向角 90°时聚光器镜面的平均风荷载比其他风向角小很多，相应的平均位移响应也很小，因此即使风振系数值比其他风向角大，但是其等效风荷载的值也仍然较小，故风向角 90°工况不是需要特别关注的不利工况。

最不利工况下槽式聚光器风振系数取值 表 7.5

工况	00-000	10-000	30-000	30-045	30-135	50-000	60-135	90-035
不利工况	$\max\lvert C_{Fz}\rvert$	$\max\lvert C_{Fx}\rvert$ $\max\lvert C_{My}\rvert$	$\max\lvert C_{Fx}\rvert$ $\max\lvert C_{My}\rvert$	$\max\lvert C_{p,mean}\rvert$	$\max\lvert C_{Fy}\rvert$	$\max\lvert C_{Fz}\rvert$	$\max\lvert C_{Fy}\rvert$	$\max\lvert C_{p,mean}\rvert$
风振系数	2.28	2.30	3.13	3.32	2.92	3.40	2.88	2.78

5. 聚光器整体受力公式

本节中给出的计算公式为槽式聚光系统的整体受力计算公式：

阻力： $$F_x = \beta_z w_0 LW \cdot C_{Fx} \tag{7.23}$$

侧向力： $$F_y = \beta_z w_0 LW \cdot C_{Fy} \tag{7.24}$$

升力： $$F_z = \beta_z w_0 LW \cdot C_{Fz} \tag{7.25}$$

侧向力矩： $$M_x = \beta_z w_0 LWh_c \cdot C_{Mx} \tag{7.26}$$

基底倾覆力矩： $$M_y = \beta_z w_0 LWh_c \cdot C_{My} \tag{7.27}$$

方位力矩： $$M_z = \beta_z w_0 L^2 W \cdot C_{Mz} \tag{7.28}$$

式中各参数可以见 7.6 节。阻力系数 C_{Fx}、侧向力系数 C_{Fy}、升力系数 C_{Fz}、侧向力矩系数 C_{Mx}、基底倾覆力矩系数 C_{My}、方位力矩系数 C_{Mz} 在最不利工况下的取值可参考表 7.2。

7.8.4 小结

本节对槽式聚光器进行了风致响应分析，并结合相关结论给出了槽式聚光器的等效风荷载计算参数的建议值，具体结论如下：

（1）结合风洞试验所得数据，采用有限元软件 ANSYS 对槽式聚光器进行了风致响应分析，得到了各工况下的峰值位移响应，聚光器的位移响应最大值出现在 60-180 工况，位移值为 25.7mm，且各工况下的峰值位移响应最大值均出现在镜面长边中点附近的边缘部位，这是由于该处的镜面支撑刚度最小，且旋涡脱落较为强烈，故在进行结构设计时应加强此处的支撑刚度。

（2）槽式聚光器在不同仰角工况下风振系数相差较大，其取值在 1.5～3.4 之间，聚光器结构抗风设计时必须要考虑风荷载的动力效应。

（3）通过对槽式聚光器进行风致响应分析，得到了聚光器不同仰角工况下两侧立柱支座的内力，上拔力（支座内力 z 轴方向的分力）在 00-000 工况时达到最大值，正常使用状态下的最大上拔力为 12.8kN，该结论可为槽式聚光器支座设计提供参考依据。

（4）本节中给出了槽式聚光器镜面等效风荷载的计算公式和槽式聚光器系统整体受力

的计算公式，并分别给出了最不利工况下公式中的各参数的建议值，这些数据和结论可以为槽式聚光器结构设计提供参考依据。

7.9　槽式太阳能热发电的相关技术标准和规范

目前我国首批太阳能热发电示范项目正在积极推进中，太阳能热发电产业链趋于完善。产业发展，标准先行。太阳能热发电系统相对更加复杂，涉及产业链也较广，相关标准的研究制定将对我国大规模太阳能热发电的开发提供全面规范性的指导，推动相关产品和服务质量的提高，推动太阳能热利用产业健康有序的发展。通过近几十年对太阳能热发电系统的研究，我国目前关于太阳能热发电系统的相关技术标准和规范主要有：

（1）《槽式太阳能光热发电站设计标准》GB/T 51396-2019，该标准适用于采用蒸汽轮发电机组的新建、扩建和改建槽式太阳能光热发电站，也适用于与其他形式相结合的槽式太阳能光热利用部分。主要内容包括：总则、术语、符号、基本规定、电力系统、太阳能资源分析、站址选择、总体规划、集热系统及设备、热储存系统及设备、蒸汽发生系统及设备、汽轮机设备及系统、集热场布置、发电区布置、电气设备及系统、水处理设备及系统、辅助系统及附属设施、信息系统、水土保持、采暖通风等。

（2）《塔式太阳能光热发电站设计标准》GB/T 51307-2018，该标准是我国同时也是国际上第一部关于太阳能光热发电站设计的综合性技术标准。编制组针对塔式太阳能光热发电站的工程特性，充分结合我国国情编写而成，反映了目前国内外太阳能光热发电领域的最新设计理念、要求和技术水平，达到国际领先水平，为我国塔式太阳能光热发电站设计提供了依据，对今后太阳能光热发电领域相关标准的编制具有重大指导和示范意义。

（3）《太阳能集热器性能试验方法》GB/T 4271-2021，该标准由全国能源基础与管理标准化技术委员会提出。适用于利用太阳辐射加热、有透明盖板、传热工质为液体的平板型太阳能集热器，以及传热工质为液体的非聚光性全玻璃真空管型太阳能集热器、玻璃-金属结构真空管型太阳能集热器和热管式真空管型太阳能集热器。该标准规定了太阳能集热器稳态和动态热性能的试验方法及计算程序。规定了集热器的性能测试方法，主要包括耐压、泄露、破坏、耐高温（滞止温度）、空晒、外热冲击、内热冲击、淋雨、耐冻、机械荷载、耐撞击、热性能及压力降落的试验方法。

（4）《聚光型太阳能热发电术语》GB/T 26972-2011，该标准是我国乃至全球太阳能热发电领域第一部国家标准。该标准规定了聚光型太阳能热发电的有关术语和定义（151 条太阳能热发电相关名词解释）。适用于聚光型太阳能热发电中聚光、光热转换、储热、发电及并网等过程。该标准于 2008 年由中国标准化技术研究院批准立项，由全国太阳能标准化技术委员会提出并归口。

（5）《定日镜支架质量与性能检验方法》T/GRLM 13-2019，由国家太阳能光热产业技术创新战略联盟发布。该标准由中国科学院电工研究所提出，于 2017 年通过联盟立项。该标准规定了塔式太阳能热发电站用定日镜金属结构支架的质量与性能检验方法。适用于对定日镜金属结构支架成品的质量与性能检验。

（6）《光伏支架结构设计规程》NB/T 10115-2018，适用于我国光伏和光热发电站中支撑和固定光伏组件、聚光集热器等的支架的设计、制作、安装及验收。主要技术内容：总则、术语和符号、基本设计规定、材料、结构形式和布置、作用效应计算、构件设计、连接和节点设计、制作和安装、隔热和涂装等。

（7）《定日镜质量试验方法》T/GRLM 01-2014，由国家太阳能光热产业技术创新战略联盟发布。该标准规定了太阳能塔式电站用定日镜的质量试验方法，适用于对定日镜整机及其核心部件的质量检测。主要内容包括：定日镜整机抗风能力、传动装置与控制装置的耐候性、玻璃反射镜耐候性、定日镜整机最高及正常工作运行速度、电机功率、定日镜耗电量、定日镜大风条件下的应急能力。

上述规范和标准仅是目前已发布的部分文件，还有许多正在起草和拟立项的太阳能热发电相关国家和行业标准，比如：《槽式太阳能光热发电站集热器施工技术规程》《菲涅耳式太阳能光热发电站技术标准》《槽式太阳能光热发电站真空集热管监造导则》《槽式太阳能光热发电站柔性连接组件技术条件与测试方法》《槽式太阳能光热发电站集热器安装调试技术规程》等，这也反映出我国太阳能热发电产业正在健康有序地发展。但是，从已发布的规范和标准可以看出，目前我国仍然没有针对槽式太阳能热发电系统的结构抗风设计规范或标准，这也是有待于填补和完善的一项研究，希望作者团队针对槽式聚光器的抗风研究能为槽式太阳能热发电系统的抗风规范和标准提供一定的参考依据。

参考文献

[1] 国家太阳能光热产业技术创新战略联盟. 太阳能热发电的战略定位 [R]. 2019.

[2] 罗智慧, 龙新峰. 槽式太阳能热发电技术研究现状与发展 [J]. 电力设备, 2006, 7 (11)：29-32.

[3] 杨启岳, 赵敏, 周鑫发, 等. 热泵与太阳能利用技术 [M]. 杭州：浙江大学出版社, 2015：151-154.

[4] 陈维, 李戬洪. 抛物柱面聚焦的几种跟踪方式的光学性能分析 [J]. 太阳能学报, 2003, 24 (4)：477-482.

[5] 左远志, 丁静, 杨晓西. 蓄热技术在聚焦式太阳能热发电系统中的应用现状 [J]. 化工进展, 2006, 25 (9)：995-1000.

[6] 黄本才, 汪丛军. 结构抗风分析原理及应用 [M]. 2 版. 上海：同济大学出版社, 2008.

[7] 住房和城乡建设部, 国家质量监督检验检疫总局. 建筑结构荷载规范：GB 50009-2012 [S]. 北京：中国建筑工业出版社, 2012：16-56.

[8] 廖顺宝, 刘凯, 李泽辉. 中国风能资源空间分布的估算 [J]. 地球信息科学, 2008, 10 (5)：551-556.

[9] 梁达祺. 浅谈结构风工程的研究方法 [J]. 城市建设理论研究, 2012 (3)：1-6.

[10] 雷立志. 结构抗风研究发展现状综述 [J]. 中国水运, 2006, 4 (5)：1-20.

[11] Anderson D E, Thayer D A, Sahl H B. Design and characterization of solar concentrators [J]. Application of Solar Energy, 1975, 1：143-155.

[12] Hosoya N, Peterka J A, Gee R C, et al. Wind tunnel tests of parabolic Trough Solar Collectors [R]. National Renewable Energy Laboratory, Golden, CO, 2008, NREL/SR-550-32282.

[13] Winkelmann U, Kämper C, Höffer R, et al. Wind actions on large-aperture parabolic trough solar collectors：Wind tunnel tests and structural analysis [J]. Renewable Energy, 2020, 146：

2390-2407.

［14］ Naeeni N，Yaghoubi M. Analysis of wind flow around a parabolic collector（1）fluid flow ［J］. Renewable Energy，2007，32（11）：1898-1916.

［15］ Naeeni N，Yaghoubi M. Analysis of wind flow around a parabolic collector（2）heat transfer from receiver tube ［J］. Renewable Energy，2007，32（8）：1259-1272.

［16］ Andre M，Péntek M，Bletzinger K U，et al. Aeroelastic simulation of the wind-excited torsional vibration of a parabolic trough solar collector ［J］. Journal of Wind Engineering and Industrial Aerodynamics，2017，165：67-78.

［17］ Gong Bo，Wang Zhifeng，Li Zhengnong，et al. Field measurements of boundary layer wind characteristics and wind loads of a parabolic trough solar collector ［J］. Solar energy，2012，86（6）：1880-1898.

［18］ Fu W，Yang M C，Zhu Y Z，et al. The wind-structure interaction analysis and optimization of parabolic trough collector ［J］. Energy Procedia，2015，69：77-83.

［19］ 李正农，马冬，郑晶，等. 基于响应面法的槽式聚光器结构抗风可靠度分析 ［J］. 世界地震工程，2016，32（1）：36-42.

［20］ 邹琼，李正农，吴红华. 槽式聚光器的脉动风压特性与极值风压分布 ［J］. 太阳能学报，2016，37（2）：407-414.

［21］ Zou Qiong，Li Zhengnong，Wu Honghua，et al. Wind pressure distribution on trough concentrator and fluctuating wind pressure characteristics ［J］. Solar Energy，2015，120：464-478.

［22］ 邹琼，李正农，吴红华. 槽式聚光器风压分布的风洞试验与分析研究 ［J］. 地震工程与工程振动，2014，1（6）：227-23.

［23］ Zou Qiong，Li Zhengnong，Wu Honghua. Modal analysis of trough solar collector ［J］. Solar Energy，2017，141：81-90.

［24］ Zou Qiong，Li Zhengnong，Wu Honghua，et al. Wind-induced response and pedestal internal force analysis of a Trough Solar Collector ［J］. Journal of Wind Engineering and Industrial Aerodynamics，2019，193：103950.

［25］ American National Standards Institute. Minimum Design Loads for Buildings and other Structures ［S］. ANSIA58.1-1982. New York：American National Standards Institute. 1982：1-6.

［26］ Hosoya N，Peterka J A，Gee R C，et al. Wind tunnel tests of parabolic trough solar collectors ［R］. National Renewable Energy Laboratory Subcontract Report NREL/SR-550-32282，2008：1-70.

［27］ Gong B，Wang ZF，Li ZN. Fluctuating wind pressure characteristics of heliostats ［J］. Renewable Energy，2013，50：307-316.

［28］ 付康维. 槽式聚光器风效应的 CFD 数值模拟 ［D］. 长沙：湖南大学，2014：6-126.

［29］ 孙葵花，舒玮. 平板湍流边界层内的锥形涡 ［J］. 力学学报，1994，26（1）：121-127.

［30］ 李秋胜，刘顺. 基于大涡模拟的平屋盖锥形涡数值分析研究 ［J］. 湖南大学学报：自然科学版，2015，42（11）：72-79.

［31］ 孙瑛，许楠，武岳. 考虑特征湍流影响的体育场悬挑屋盖脉动风压谱模型 ［J］. 建筑结构，2010，31（10）：24-33.

［32］ Kumar K S. Simulation of fluctuating wind pressures on low building roofs ［D］. Montreal：Concordia University，1997：37-127.

［33］ 孙瑛，武岳，林志兴，等. 大跨屋盖结构风压脉动的非高斯特性 ［J］. 土木工程学报，2007，40（4）：1-5.

［34］ 柯世堂，葛耀君，赵林. 大型双曲冷却塔表面脉动风压随机特性——非高斯特性研究 ［J］. 实验流

体力学，2010，24（3）：12-18.

［35］Gong B，Li Z，Wang Z，et al. Wind-induced dynamic response of Heliostat［J］. Renewable Energy，2012，38（1）：206-213.

［36］邹琼. 槽式聚光器组系统的抗风性能研究［D］. 长沙：湖南大学，2016.

［37］Davenport A G. Note on the distribution of the largest value of a random function with application to gust loading［J］. Proceedings of the Institution of Civil Engineers，1964，28（2）：187-196.

［38］Kwon D K，Kareem A. Peak factors for non-Gaussian load effects revisited［J］. Journal of Structural Engineering，2011，137（12）：1611-1619.

［39］Sadek F，Simiu E. Peak non-gaussian wind effects for database-assisted low－rise building design［J］. Journal of Engineering，Mechanics，ASME，2002，128（5）：530-539.

［40］Grigoriu M. Applied non-Gaussian processes：Examples，theory，simulation，linear random vibration，and MATLAB solutions［M］. Prentice Hall，1995，1-12.

［41］Huang M，Lou W，Chan C M，et al. Peak factors of non－Gaussian wind forces on a complex-shaped tall building［J］. The Structural Design of Tall and Special Buildings，2013，22（14）：1105-1118.

［42］柯世堂，赵林，葛耀君，等. 动态风压极值分析中峰值因子取值的探讨［J］. 武汉理工大学学报，2010（6）：11-15.

［43］Mier-Torrecilla M，Herrera E，Doblaré M. Numerical calculation of wind loads over solar collectors［J］. Energy Procedia，2014，49：163-173.

［44］李正农，胡尚瑜，李秋胜. 结构试验测点的二维优化布置［J］. 工程力学，2009（5）：153-158.

［45］夏祥麟. 环境激励模态分析方法的比较［D］. 长沙：中南大学，2013.

［46］国家太阳能光热产业技术创新战略联盟. 定日镜质量试验方法：T/GRLM 01-2014［S］. 2014.

［47］宫博. 定日镜和幕墙结构的抗风性能研究［D］. 长沙：湖南大学，2012：12-150.

附录 1:

中华人民共和国住房和城乡建设部令第 37 号

《危险性较大的分部分项工程安全管理规定》已经 2018 年 2 月 12 日第 37 次部常务会议审议通过,现予发布,自 2018 年 6 月 1 日起施行。

住房城乡建设部部长　王蒙徽　2018 年 3 月 8 日

危险性较大的分部分项工程安全管理规定

第一章　总则

第一条　为加强对房屋建筑和市政基础设施工程中危险性较大的分部分项工程安全管理,有效防范生产安全事故,依据《中华人民共和国建筑法》《中华人民共和国安全生产法》《建设工程安全生产管理条例》等法律法规,制定本规定。

第二条　本规定适用于房屋建筑和市政基础设施工程中危险性较大的分部分项工程安全管理。

第三条　本规定所称危险性较大的分部分项工程(以下简称"危大工程"),是指房屋建筑和市政基础设施工程在施工过程中,容易导致人员群死群伤或者造成重大经济损失的分部分项工程。

危大工程及超过一定规模的危大工程范围由国务院住房城乡建设主管部门制定。

省级住房城乡建设主管部门可以结合本地区实际情况,补充本地区危大工程范围。

第四条　国务院住房城乡建设主管部门负责全国危大工程安全管理的指导监督。

县级以上地方人民政府住房城乡建设主管部门负责本行政区域内危大工程的安全监督管理。

第二章　前期保障

第五条　建设单位应当依法提供真实、准确、完整的工程地质、水文地质和工程周边环境等资料。

第六条　勘察单位应当根据工程实际及工程周边环境资料,在勘察文件中说明地质条件可能造成的工程风险。

设计单位应当在设计文件中注明涉及危大工程的重点部位和环节,提出保障工程周边环境安全和工程施工安全的意见,必要时进行专项设计。

第七条　建设单位应当组织勘察、设计等单位在施工招标文件中列出危大工程清单,要求施工单位在投标时补充完善危大工程清单并明确相应的安全管理措施。

第八条　建设单位应当按照施工合同约定及时支付危大工程施工技术措施费以及相应的安全防护文明施工措施费,保障危大工程施工安全。

第九条　建设单位在申请办理安全监督手续时，应当提交危大工程清单及其安全管理措施等资料。

第三章　专项施工方案

第十条　施工单位应当在危大工程施工前组织工程技术人员编制专项施工方案。

实行施工总承包的，专项施工方案应当由施工总承包单位组织编制。危大工程实行分包的，专项施工方案可以由相关专业分包单位组织编制。

第十一条　专项施工方案应当由施工单位技术负责人审核签字、加盖单位公章，并由总监理工程师审查签字、加盖执业印章后方可实施。

危大工程实行分包并由分包单位编制专项施工方案的，专项施工方案应当由总承包单位技术负责人及分包单位技术负责人共同审核签字并加盖单位公章。

第十二条　对于超过一定规模的危大工程，施工单位应当组织召开专家论证会对专项施工方案进行论证。实行施工总承包的，由施工总承包单位组织召开专家论证会。专家论证前专项施工方案应当通过施工单位审核和总监理工程师审查。

专家应当从地方人民政府住房城乡建设主管部门建立的专家库中选取，符合专业要求且人数不得少于5名。与本工程有利害关系的人员不得以专家身份参加专家论证会。

第十三条　专家论证会后，应当形成论证报告，对专项施工方案提出通过、修改后通过或者不通过的一致意见。专家对论证报告负责并签字确认。

专项施工方案经论证需修改后通过的，施工单位应当根据论证报告修改完善后，重新履行本规定第十一条的程序。

专项施工方案经论证不通过的，施工单位修改后应当按照本规定的要求重新组织专家论证。

第四章　现场安全管理

第十四条　施工单位应当在施工现场显著位置公告危大工程名称、施工时间和具体责任人员，并在危险区域设置安全警示标志。

第十五条　专项施工方案实施前，编制人员或者项目技术负责人应当向施工现场管理人员进行方案交底。

施工现场管理人员应当向作业人员进行安全技术交底，并由双方和项目专职安全生产管理人员共同签字确认。

第十六条　施工单位应当严格按照专项施工方案组织施工，不得擅自修改专项施工方案。

因规划调整、设计变更等原因确需调整的，修改后的专项施工方案应当按照本规定重新审核和论证。涉及资金或者工期调整的，建设单位应当按照约定予以调整。

第十七条　施工单位应当对危大工程施工作业人员进行登记，项目负责人应当在施工现场履职。

项目专职安全生产管理人员应当对专项施工方案实施情况进行现场监督，对未按照专项施工方案施工的，应当要求立即整改，并及时报告项目负责人，项目负责人应当及时组织限期整改。

施工单位应当按照规定对危大工程进行施工监测和安全巡视，发现危及人身安全的紧急情况，应当立即组织作业人员撤离危险区域。

第十八条　监理单位应当结合危大工程专项施工方案编制监理实施细则，并对危大工程施工实施专项巡视检查。

第十九条　监理单位发现施工单位未按照专项施工方案施工的，应当要求其进行整改；情节严重的，应当要求其暂停施工，并及时报告建设单位。施工单位拒不整改或者不停止施工的，监理单位应当及时报告建设单位和工程所在地住房城乡建设主管部门。

第二十条　对于按照规定需要进行第三方监测的危大工程，建设单位应当委托具有相应勘察资质的单位进行监测。

监测单位应当编制监测方案。监测方案由监测单位技术负责人审核签字并加盖单位公章，报送监理单位后方可实施。

监测单位应当按照监测方案开展监测，及时向建设单位报送监测成果，并对监测成果负责；发现异常时，及时向建设、设计、施工、监理单位报告，建设单位应当立即组织相关单位采取处置措施。

第二十一条　对于按照规定需要验收的危大工程，施工单位、监理单位应当组织相关人员进行验收。验收合格的，经施工单位项目技术负责人及总监理工程师签字确认后，方可进入下一道工序。

危大工程验收合格后，施工单位应当在施工现场明显位置设置验收标识牌，公示验收时间及责任人员。

第二十二条　危大工程发生险情或者事故时，施工单位应当立即采取应急处置措施，并报告工程所在地住房城乡建设主管部门。建设、勘察、设计、监理等单位应当配合施工单位开展应急抢险工作。

第二十三条　危大工程应急抢险结束后，建设单位应当组织勘察、设计、施工、监理等单位制定工程恢复方案，并对应急抢险工作进行后评估。

第二十四条　施工、监理单位应当建立危大工程安全管理档案。

施工单位应当将专项施工方案及审核、专家论证、交底、现场检查、验收及整改等相关资料纳入档案管理。

监理单位应当将监理实施细则、专项施工方案审查、专项巡视检查、验收及整改等相关资料纳入档案管理。

第五章　监督管理

第二十五条　设区的市级以上地方人民政府住房城乡建设主管部门应当建立专家库，制定专家库管理制度，建立专家诚信档案，并向社会公布，接受社会监督。

第二十六条　县级以上地方人民政府住房城乡建设主管部门或者所属施工安全监督机构，应当根据监督工作计划对危大工程进行抽查。

县级以上地方人民政府住房城乡建设主管部门或者所属施工安全监督机构，可以通过政府购买技术服务方式，聘请具有专业技术能力的单位和人员对危大工程进行检查，所需费用向本级财政申请予以保障。

第二十七条　县级以上地方人民政府住房城乡建设主管部门或者所属施工安全监督机构，在监督抽查中发现危大工程存在安全隐患的，应当责令施工单位整改；重大安全事故隐患排除前或者排除过程中无法保证安全的，责令从危险区域内撤出作业人员或者暂时停止施工；对依法应当给予行政处罚的行为，应当依法作出行政处罚决定。

第二十八条　县级以上地方人民政府住房城乡建设主管部门应当将单位和个人的处罚信息纳入建筑施工安全生产不良信用记录。

第六章　法律责任

第二十九条　建设单位有下列行为之一的，责令限期改正，并处 1 万元以上 3 万元以下的罚款；对直接负责的主管人员和其他直接责任人员处 1000 元以上 5000 元以下的罚款：

（一）未按照本规定提供工程周边环境等资料的；

（二）未按照本规定在招标文件中列出危大工程清单的；

（三）未按照施工合同约定及时支付危大工程施工技术措施费或者相应的安全防护文明施工措施费的；

（四）未按照本规定委托具有相应勘察资质的单位进行第三方监测的；

（五）未对第三方监测单位报告的异常情况组织采取处置措施的。

第三十条　勘察单位未在勘察文件中说明地质条件可能造成的工程风险的，责令限期改正，依照《建设工程安全生产管理条例》对单位进行处罚；对直接负责的主管人员和其他直接责任人员处 1000 元以上 5000 元以下的罚款。

第三十一条　设计单位未在设计文件中注明涉及危大工程的重点部位和环节，未提出保障工程周边环境安全和工程施工安全的意见的，责令限期改正，并处 1 万元以上 3 万元以下的罚款；对直接负责的主管人员和其他直接责任人员处 1000 元以上 5000 元以下的罚款。

第三十二条　施工单位未按照本规定编制并审核危大工程专项施工方案的，依照《建设工程安全生产管理条例》对单位进行处罚，并暂扣安全生产许可证 30 日；对直接负责的主管人员和其他直接责任人员处 1000 元以上 5000 元以下的罚款。

第三十三条　施工单位有下列行为之一的，依照《中华人民共和国安全生产法》《建设工程安全生产管理条例》对单位和相关责任人员进行处罚：

（一）未向施工现场管理人员和作业人员进行方案交底和安全技术交底的；

（二）未在施工现场显著位置公告危大工程，并在危险区域设置安全警示标志的；

（三）项目专职安全生产管理人员未对专项施工方案实施情况进行现场监督的。

第三十四条　施工单位有下列行为之一的，责令限期改正，处 1 万元以上 3 万元以下的罚款，并暂扣安全生产许可证 30 日；对直接负责的主管人员和其他直接责任人员处 1000 元以上 5000 元以下的罚款：

（一）未对超过一定规模的危大工程专项施工方案进行专家论证的；

（二）未根据专家论证报告对超过一定规模的危大工程专项施工方案进行修改，或者未按照本规定重新组织专家论证的；

（三）未严格按照专项施工方案组织施工，或者擅自修改专项施工方案的。

第三十五条　施工单位有下列行为之一的，责令限期改正，并处 1 万元以上 3 万元以下的罚款；对直接负责的主管人员和其他直接责任人员处 1000 元以上 5000 元以下的罚款：

（一）项目负责人未按照本规定现场履职或者组织限期整改的；

（二）施工单位未按照本规定进行施工监测和安全巡视的；

（三）未按照本规定组织危大工程验收的；

（四）发生险情或者事故时，未采取应急处置措施的；

（五）未按照本规定建立危大工程安全管理档案的。

第三十六条　监理单位有下列行为之一的，依照《中华人民共和国安全生产法》《建设工程安全生产管理条例》对单位进行处罚；对直接负责的主管人员和其他直接责任人员处 1000 元以上 5000 元以下的罚款：

（一）总监理工程师未按照本规定审查危大工程专项施工方案的；

（二）发现施工单位未按照专项施工方案实施，未要求其整改或者停工的；

（三）施工单位拒不整改或者不停止施工时，未向建设单位和工程所在地住房城乡建设主管部门报告的。

第三十七条　监理单位有下列行为之一的，责令限期改正，并处 1 万元以上 3 万元以下的罚款；对直接负责的主管人员和其他直接责任人员处 1000 元以上 5000 元以下的罚款：

（一）未按照本规定编制监理实施细则的；

（二）未对危大工程施工实施专项巡视检查的；

（三）未按照本规定参与组织危大工程验收的；

（四）未按照本规定建立危大工程安全管理档案的。

第三十八条　监测单位有下列行为之一的，责令限期改正，并处 1 万元以上 3 万元以下的罚款；对直接负责的主管人员和其他直接责任人员处 1000 元以上 5000 元以下的罚款：

（一）未取得相应勘察资质从事第三方监测的；

（二）未按照本规定编制监测方案的；

（三）未按照监测方案开展监测的；

（四）发现异常未及时报告的。

第三十九条　县级以上地方人民政府住房城乡建设主管部门或者所属施工安全监督机构的工作人员，未依法履行危大工程安全监督管理职责的，依照有关规定给予处分。

第七章　附则

第四十条　本规定自 2018 年 6 月 1 日起施行。

附录 2：

危险性较大的分部分项工程范围

一、基坑支护、降水工程

开挖深度超过 3m（含 3m）或虽未超过 3m 但地质条件和周边环境复杂的基坑（槽）支护、降水工程。

二、土方开挖工程

开挖深度超过 3m（含 3m）的基坑（槽）的土方开挖工程。

三、模板工程及支撑体系

（一）各类工具式模板工程：包括大模板、滑模、爬模、飞模等工程。

（二）混凝土模板支撑工程：搭设高度 5m 及以上；搭设跨度 10m 及以上；施工总荷载 $10kN/m^2$ 及以上；集中线荷载 $15kN/m^2$ 及以上；高度大于支撑水平投影宽度且相对独立无联系构件的混凝土模板支撑工程。

（三）承重支撑体系：用于钢结构安装等满堂支撑体系。

四、起重吊装及安装拆卸工程

（一）采用非常规起重设备、方法，且单件起吊重量在 10kN 及以上的起重吊装工程。

（二）采用起重机械进行安装的工程。

（三）起重机械设备自身的安装、拆卸。

五、脚手架工程

（一）搭设高度 24m 及以上的落地式钢管脚手架工程。

（二）附着式整体和分片提升脚手架工程。

（三）悬挑式脚手架工程。

（四）吊篮脚手架工程。

（五）自制卸料平台、移动操作平台工程。

（六）新型及异型脚手架工程。

六、拆除、爆破工程

（一）建筑物、构筑物拆除工程。

（二）采用爆破拆除的工程。

七、其他

（一）建筑幕墙安装工程。

（二）钢结构、网架和索膜结构安装工程。

（三）人工挖扩孔桩工程。

（四）地下暗挖、顶管及水下作业工程。

（五）预应力工程。

（六）采用新技术、新工艺、新材料、新设备及尚无相关技术标准的危险性较大的分部分项工程。

附录3：

超过一定规模的危险性较大的分部分项工程范围

一、深基坑工程

（一）开挖深度超过 5m（含 5m）的基坑（槽）的土方开挖、支护、降水工程。

（二）开挖深度虽未超过 5m，但地质条件、周围环境和地下管线复杂，或影响毗邻建筑（构筑）物安全的基坑（槽）的土方开挖、支护、降水工程。

二、模板工程及支撑体系

（一）工具式模板工程：包括滑模、爬模、飞模工程。

（二）混凝土模板支撑工程：搭设高度 8m 及以上；搭设跨度 18m 及以上；施工总荷载 $15kN/m^2$ 及以上；集中线荷载 20kN/m 及以上。

（三）承重支撑体系：用于钢结构安装等满堂支撑体系，承受单点集中荷载 700kg 以上。

三、起重吊装及安装拆卸工程

（一）采用非常规起重设备、方法，且单件起吊重量在 100kN 及以上的起重吊装工程。

（二）起重量 300kN 及以上的起重设备安装工程；高度 200m 及以上内爬起重设备的拆除工程。

四、脚手架工程

（一）搭设高度 50m 及以上落地式钢管脚手架工程。

（二）提升高度 150m 及以上附着式整体和分片提升脚手架工程。

（三）架体高度 20m 及以上悬挑式脚手架工程。

五、拆除、爆破工程

（一）采用爆破拆除的工程。

（二）码头、桥梁、高架、烟囱、水塔或拆除中容易引起有毒有害气（液）体或粉尘扩散、易燃易爆事故发生的特殊建、构筑物的拆除工程。

（三）可能影响行人、交通、电力设施、通信设施或其他建、构筑物安全的拆除工程。

（四）文物保护建筑、优秀历史建筑或历史文化风貌区控制范围的拆除工程。

六、其他

（一）施工高度 50m 及以上的建筑幕墙安装工程。

（二）跨度大于 36m 及以上的钢结构安装工程；跨度大于 60m 及以上的网架和索膜结构安装工程。

（三）开挖深度超过 16m 的人工挖孔桩工程。

（四）地下暗挖工程、顶管工程、水下作业工程。

（五）采用新技术、新工艺、新材料、新设备及尚无相关技术标准的危险性较大的分部分项工程。

附录 4：

住房和城乡建设部办公厅
关于印发危险性较大的分部分项工程专项施工方案
编制指南的通知

建办质〔2021〕48 号

各省、自治区住房和城乡建设厅，直辖市住房和城乡建设（管）委，新疆生产建设兵团住房和城乡建设局：

为进一步加强和规范房屋建筑和市政基础设施工程中危险性较大的分部分项工程安全管理，提升房屋建筑和市政基础设施工程安全生产水平，我部组织编写了《危险性较大的分部分项工程专项施工方案编制指南》。现印发给你们，请结合实际参照执行。

住房和城乡建设部办公厅

2021 年 12 月 8 日

危险性较大的分部分项工程专项施工方案编制指南
九、钢结构安装工程

（一）工程概况

1. 钢结构安装工程概况和特点：

（1）工程基本情况：建筑面积、高度、层数、结构形式、主要特点等。

（2）钢结构工程概况及超危大工程内容：钢结构工程平面图、立面图、剖面图，典型节点图、主要钢构件断面图、最大板厚、钢材材质和工程量等，列出超危大工程。

2. 施工平面布置：临时施工道路及运输车辆行进路线，钢构件堆放场地及拼装场地布置，起重机械布置、移动吊装机械行走路线等，施工、办公、生活区域布置，临时用电、用水、排水、消防布置等。

3. 施工要求：明确质量安全目标要求，工期要求（本工程开工日期、计划竣工日期），钢结构工程计划开始安装日期、完成安装日期。

4. 周边环境条件：工程所在位置、场地及其周边环境（邻近建（构）筑物、道路及地下地上管线、高压线路、基坑的位置关系）。

5. 风险辨识与分级：风险辨识及钢结构安装安全风险分级。

6. 参建各方责任主体单位。

（二）编制依据

1. 法律依据：钢结构安装工程所依据的相关法律、法规、规范性文件、标准、规范等。

2. 项目文件：施工合同（施工承包模式）、勘察文件、施工图纸等。

3. 施工组织设计等。

（三）施工计划

1. 施工总体安排及流水段划分。

2. 施工进度计划：钢结构安装工程的施工进度安排，具体到各分项工程的进度安排。

3. 施工所需的材料设备及进场计划：机械设备配置、施工辅助材料需求和进场计划，相关测量、检测仪器需求计划，施工用电计划，必要的检验试验计划。

4. 劳动力计划。

（四）施工工艺技术

1. 技术参数：

（1）钢构件的规格尺寸、重量、安装就位位置（平面距离和立面高度）。

（2）选择塔吊及移动吊装设备的性能、数量、安装位置；确定移动起重设备行走路线、选择吊索具、核定移动起重设备站位处地基承载力、并进行工况分析。

（3）钢结构安装所需操作平台、工装、拼装胎架、临时承重支撑架、构造措施及其基础设计、地基承载力等技术参数。

（4）季节性施工必要的技术参数。

（5）钢结构安装所需施工预起拱值等技术参数。

2. 工艺流程：钢结构安装工程总的施工工艺流程和各分项工程工艺流程（操作平台、拼装胎架及临时承重支撑架体的搭设、安装和拆除工艺流程）。

3. 施工方法及操作要求：钢结构工程施工前准备、现场组拼、安装顺序及就位、校正、焊接、卸载和涂装等施工方法、操作要点，以及所采取的安全技术措施（操作平台、拼装胎架、临时承重支撑架体及相关设施、设备等的搭设和拆除方法），常见安全、质量问题及预防、处理措施。

4. 检查要求：描述钢构件及其他材料进场质量检查，钢结构安装过程中对照专项施工方案进行有关工序、工艺等过程安全质量检查内容等。

（五）施工保证措施

1. 组织保障措施：安全组织机构、安全保证体系及相应人员安全职责等，明确制度性的安全管理措施，包括人员教育、技术交底、安全检查等要求。

2. 技术措施：安全保证措施（含防火安全保证措施）、质量技术保证措施、文明施工保证措施、环境保护措施、季节施工保证措施等。

3. 监测监控措施：监测组织机构，监测范围、监测项目、监测方法、监测频率、预警值及控制值、巡视检查、信息反馈，监测点布置图等。

（六）施工管理及作业人员配备和分工

1. 施工管理人员：管理人员名单及岗位职责（项目负责人、项目技术负责人、施工员、质量员、各班组长等）。

2. 专职安全人员：专职安全生产管理人员名单及岗位职责。

3. 特种作业人员：特种作业人员持证人员名单及岗位职责。

4. 其他作业人员：其他人员名单及岗位职责。

（七）验收要求

1. 验收标准：根据施工工艺明确相关验收标准及验收条件（专项施工方案，钢结构施工图纸及工艺设计图纸，钢结构工程施工质量验收标准，安全技术规范、标准、规程，其他验收标准）。

2. 验收程序及人员：具体验收程序，验收人员组成（建设、施工、监理、监测等单位相关负责人）。

3. 验收内容：

（1）吊装机械选型、使用备案证及其必要的地基承载力；双机或多机抬吊时的吊重分配、吊点位置及站车位置等。

（2）吊索具的规格、完好程度；吊耳尺寸、位置及焊接质量。

（3）大型拼装胎架，临时支承架体基础及架体搭设。

（4）构件吊装时的变形控制措施。

（5）工艺需要的结构加固补强措施。

（6）提升、顶升、平移（滑移）、转体等相应配套设备的规格和使用性能、配套工装。

（7）卸载条件。

（8）其他验收内容。

（八）应急处置措施

1. 应急救援领导小组组成与职责、应急救援小组组成与职责，包括应急处置逐级上报程序，抢险、安保、后勤、医救、善后、应急救援工作流程、联系方式等。

2. 应急事件（重大隐患和事故）及其应急措施。

3. 周边建（构）筑物、道路、地下管线等产权单位各方联系方式、救援医院信息（名称、电话、救援线路）。

4. 应急物资准备。

（九）计算书及相关图纸

1. 计算书：包括荷载条件、计算依据、计算参数、荷载工况组合、计算简图（模型）、控制指标、计算结果等。

2. 计算书内容：吊耳、吊索具、必要的地基或结构承载力验算、拼装胎架、临时支撑架体、有关提升、顶升、滑移及转体等相关工艺设计计算、双机或多机抬吊吊重分配、不同施工阶段（工况）结构强度、变形的模拟计算及其他必要验算的项目。

3. 相关措施施工图主要包括：吊耳、拼装胎架、临时支承架体、有关提升、顶升、滑移、转体及索、索膜结构张拉等工装、有关安全防护设施、操作平台及爬梯、结构局部加固等；监测点平面布置图；施工总平面布置图。

4. 相关措施施工图应符合绘图规范要求，不宜采用示意图。